2023

한국산업인력공단의 출제기준에 의한

용접기능사 필기 과년도 3주완성

피복아크, 이산화탄소 가스아크, 가스텅스텐(TIG)아크 용접기능사

용접분야 완벽대비 수험서

기본원리부터 정답에 이르기까지 명확하고 풍부한 해설을 통해 자신감은 물론 모든 문제에 탄력적으로 대응할 수 있는 능력을 키워줍니다.

저자 **용접문제연구회**

Craftsman Inert Gas
Arc Welding /
Craftsman Welding

엔플북스

목차

◐ 2014년도 / 1
- 2014년 제1회(용접기능사) ·· 2
- 2014년 제1회(특수용접기능사) ································ 12
- 2014년 제2회(용접기능사) ·· 22
- 2014년 제2회(특수용접기능사) ································ 31
- 2014년 제4회(용접기능사) ·· 40
- 2014년 제4회(특수용접기능사) ································ 49
- 2014년 제5회(용접기능사) ·· 58
- 2014년 제5회(특수용접기능사) ································ 68

◐ 2015년도 / 77
- 2015년 제1회(용접기능사) ·· 77
- 2015년 제1회(특수용접기능사) ································ 88
- 2015년 제2회(용접기능사) ·· 98
- 2015년 제2회(특수용접기능사) ······························· 109
- 2015년 제4회(용접기능사) ······································ 118
- 2015년 제4회(특수용접기능사) ······························· 128
- 2015년 제5회(용접기능사) ······································ 137
- 2015년 제5회(특수용접기능사) ······························· 147

◐ 2016년도 / 157
- 2016년 제1회(용접기능사) ······································ 157
- 2016년 제1회(특수용접기능사) ······························· 167
- 2016년 제2회(용접기능사) ······································ 177
- 2016년 제2회(특수용접기능사) ······························· 187
- 2016년 제4회(용접기능사) ······································ 197
- 2016년 제4회(특수용접기능사) ······························· 207

목차

◐ CBT 대비 모의고사 / 1
- 모의고사 문제 ·· 2
- 모의고사 해설 및 정답 ··· 62

과년도출제문제 및
해설

2014년 제1회 과년도출제문제 - 용접기능사

01 용접기 설치 및 보수할 때 지켜야 할 사항으로 옳은 것은?
① 셀렌 정류기형 직류 아크용접기에서는 습기나 먼지 등이 많은 곳에 설치해도 괜찮다.
② 조정핸들, 미끄럼 부분 등에는 주유해서는 안 된다.
③ 용접 케이블 등의 파손된 부분은 즉시 절연 테이프로 감아야 한다.
④ 냉각용 선풍기, 바퀴 등에도 주유해서는 안 된다.

02 서브머지드 아크용접에서 다전극 방식에 의한 분류가 아닌 것은?
① 탠덤식   ② 횡병렬식
③ 횡직렬식 ④ 이행형식

해설 서브머지드 아크용접 다전극 방식의 종류
㉠ 탠덤식 : 2개의 전극 와이어를 독립된 전원에 접속하고 전극의 간격을 10~30mm 정도로 하여 용접선의 방향으로 나란하게 위치한 다음 2개의 와이어를 동시에 용융시켜서 한꺼번에 많은 양의 용착금속을 얻을 수 있는 방법
㉡ 횡병렬식 : 한 종류의 전원에 두 개의 와이어를 동시에 연결하여 전류를 공급하는 전극방식으로 비드 폭이 넓고 용입이 깊은 용접부가 얻어진다.
㉢ 횡직렬식 : 두 개의 와이어에 전원을 직렬로 연결하여 한쪽 와이어에서 다른 쪽 와이어로 전류가 흐르면서 아크가 발생되고 그 열에 의해 용접이 이루어지는 방식으로 비교적 용입이 얕아 스테인리스강 등의 용접에 사용된다.

03 TIG 용접에서 직류정극성으로 용접할 때 전극 선단의 각도로 가장 적합한 것은?
① 5°~10°   ② 10°~20°
③ 30°~50° ④ 60°~70°

해설 TIG 용접에서 직류정극성 사용 시 전극봉은 원뿔 형태로 가공하며, 이때 원뿔의 각도(선단각도)는 30°~50°, 원뿔의 길이는 전극봉 지름의 2배 정도로 가공하여 사용한다.

04 용접결함 중 구조상 결함이 아닌 것은?
① 슬래그 섞임
② 용입불량과 융합불량
③ 언더컷
④ 피로강도 부족

해설 용접결함의 종류
㉠ 구조상 결함 : 용입불량, 언더컷, 오버랩, 선상조직, 균열, 기공, 슬래그 섞임, 피트 등
㉡ 성질상 결함 : 강도, 경도 부족, 취성증가, 연신율 감소 및 내식성 등의 변화
㉢ 치수상 결함 : 변형(수축과 팽창), 비틀림, 치수 부족, 형상 불량

05 화재 발생 시 사용하는 소화기에 대한 설명으로 틀린 것은?
① 전기로 인한 화재에는 포말소화기를 사

정답
1. ③ 2. ④ 3. ③ 4. ④ 5. ①

용한다.
② 분말 소화기는 기름 화재에 적합하다.
③ CO_2 가스 소화기는 소규모의 인화성 액체 화재나 전기설비 화재의 초기 진화에 좋다.
④ 보통화재에는 포말, 분말, CO_2 소화기를 사용한다.

해설 전기화재 초기 진화에는 CO_2 가스 소화기도 유효하며 일반적으로는 분말소화기를 사용한다.

06 필릿 용접부의 보수방법에 대한 설명으로 옳지 않은 것은?

① 간격이 1.5mm 이하일 때에는 그대로 용접하여도 좋다.
② 간격이 1.5~4.5mm일 때에는 넓혀진 만큼 각장을 감소시킬 필요가 있다.
③ 간격이 4.5mm일 때에는 라이너를 넣는다.
④ 간격이 4.5mm 이상일 때에는 300mm 정도의 치수로 판을 잘라낸 후 새로운 판으로 용접한다.

해설 간격이 1.5~4.5mm일 경우에는 넓혀진 만큼 각장을 증가시켜야 한다.

07 다음 그림과 같은 다층 용접법은?

① 빌드업법
② 캐스케이드법
③ 전진블록법
④ 스킵법

해설 다층 비드 쌓기의 종류

(a) 덧살 올림법

(b) 캐스케이드법

(c) 전진 블록법(용접중심선 단면도)

08 용접작업 시 작업자의 부주의로 발생하는 안염, 각막염, 백내장 등을 일으키는 원인은?

① 용접 퓸 가스
② 아크 불빛
③ 전격 재해
④ 용접 보호 가스

09 플라즈마 아크용접에 대한 설명으로 잘못된 것은?

① 아크 플라즈마의 온도는 10,000~30,000℃ 온도에 달한다.
② 핀치효과에 의해 전류밀도가 크므로 용입이 깊고 비드 폭이 좁다.
③ 무부하 전압이 일반 아크용접기에 비하여 2~5배 정도 낮다.
④ 용접장치 중에 고주파 발생장치가 필요하다.

해설 무부하전압이 일반 아크용접기에 비해 2~5배 정도 높다.

정답 6. ② 7. ② 8. ② 9. ③

10 전기저항 점 용접법에 대한 설명으로 틀린 것은?

① 인터랙 점 용접이란 용접점의 부분에 직접 2개의 전극을 물리지 않고 용접전류가 피용접물의 일부를 통하여 다른 곳으로 전달하는 방식이다.
② 단극식 점 용접이란 전극이 1쌍으로 1개의 점 용접부를 만드는 것이다.
③ 맥동 점 용접은 사이클 단위를 몇 번이고 전류를 연속하여 통전하는 것으로 용접 속도 향상 및 용접변형 방지에 좋다.
④ 직렬식 점 용접이란 1개의 전류 회로에 2개 이상의 용접점을 만드는 방법으로 전류 손실이 많아 전류를 증가시켜야 한다.

해설 맥동 점 용접은 두께가 다른 모재 용접 시 전극의 과열을 방지하기 위해 사이클 단위로 전류를 단속하여 통전하는 방식이다.

11 이산화탄소 아크용접의 솔리드와이어 용접봉에 대한 설명으로 YGA-50W-1.2-20에서 "50"이 뜻하는 것은?

① 용접봉의 무게
② 용착금속의 최소 인장강도
③ 용접와이어
④ 가스실드 아크용접

해설
• YGA : 용접법의 종류
• 1.2 : 와이어 지름
• 20 : 와이어 무게

12 다음 중 스터드 용접법의 종류가 아닌 것은?

① 아크 스터드 용접법
② 텅스텐 스터드 용접법
③ 충격 스터드 용접법
④ 저항 스터드 용접법

13 아크 용접부에 기공이 발생하는 원인과 가장 관련이 없는 것은?

① 이음 강도 설계가 부적당할 때
② 용착부가 급랭될 때
③ 용접봉에 습기가 많을 때
④ 아크 길이, 전류값 등이 부적당할 때

14 전자빔 용접의 종류 중 고전압 소전류형의 가속 전압은?

① 20~40kV   ② 50~70kV
③ 70~150kV   ④ 150~300kV

해설 전자 빔 용접의 용접 장치는 가속 전압 75~150kV의 고전압 소전류형과, 20~40kV의 저전압 대전류형으로 구분된다.

15 다음 중 TIG 용접기의 주요장치 및 기구가 아닌 것은?

① 보호가스 공급장치
② 와이어 공급장치
③ 냉각수 순환장치
④ 제어장치

16 용접부에 X선을 투과하였을 경우 검출할 수 있는 결함이 아닌 것은?

① 선상 조직   ② 비금속 개재물
③ 언더컷   ④ 융입불량

해설 선상 조직
용착금속의 냉각속도가 빠르거나 모재의 재질이 불량할 때 발생되는 용접부 파단면의 결함으로 주로 현미경 검사 또는 파면

정답
10. ③ 11. ② 12. ② 13. ① 14. ③ 15. ② 16. ①

시험으로 검사한다.

17 다층용접 방법 중 각 층마다 전체의 길이를 용접하면서 쌓아 올리는 용착법은?
① 전진 블록법 ② 덧살 올림법
③ 캐스케이드법 ④ 스킵법

18 용접부의 시험검사에서 야금학적 시험 방법에 해당되지 않는 것은?
① 파면 시험
② 육안 조직 시험
③ 노치 취성 시험
④ 설퍼 프린트 시험

해설 ㉠ 야금학적 시험법 : 육안 조직 시험, 설퍼 프린트 시험, 파면 시험, 현미경 조직 시험
㉡ 용접성 시험 : 노치 취성 시험, 용접 경화성 시험, 용접 연성 시험, 용접 균열 시험

19 구리와 아연을 주성분으로 한 합금으로 철강이나 비철금속의 납땜에 사용되는 것은?
① 황동납 ② 인동납
③ 은납 ④ 주석납

해설 ㉠ 인동납 : 구리가 주성분이며 소량의 은, 인을 포함한 것으로 구리 및 구리합금의 땜납재로 사용
㉡ 은납 : 구리, 은, 아연이 주성분으로 구리, 구리합금, 철강, 스테인리스강의 땜납재로 사용
㉢ 주석납 : 주석(40%)과 납(60%)의 합금으로 연납땜의 대표적인 땜납재이다.

20 탄산가스 아크용접에 대한 설명으로 맞지 않는 것은?
① 가시 아크이므로 시공이 편리하다.
② 철 및 비철류의 용접에 적합하다.
③ 전류밀도가 높고 용입이 깊다.
④ 바람의 영향을 받으므로 풍속 2m/s 이상일 때에는 방풍장치가 필요하다.

해설 탄산가스 아크용접은 철강재 용접에 주로 사용하며 비철금속은 미그용접이나 티그용접을 사용한다.

21 MIG 용접 제어장치의 기능으로 크레이터 처리 기능에 의해 낮아진 전류가 서서히 줄어들면서 아크가 끊어지며 이면용접부가 녹아내리는 것을 방지하는 것을 의미하는 것은?
① 예비 가스 유출시간
② 스타트 시간
③ 크레이터 충전 시간
④ 버언 백 시간

해설 ㉠ 예비 가스 유출시간 : 아크가 발생되기 전 보호가스를 흐르게 하여 아크의 안정과 결함 발생을 방지하기 위한 기능이다.
㉡ 스타트 시간 : 아크가 발생되는 순간 용접 전류와 전압을 크게 하여 아크 발생과 모재의 융합을 돕는 핫 스타트 기능과 아크가 발생하기 전에 와이어의 송급 속도를 천천히 하여 와이어가 튀는 것을 방지하는 슬로우 다운 기능이 있다.
㉢ 크레이터 충전시간 : 크레이터 처리를 위해 용접이 끝나는 지점에서 토치 스위치를 다시 누르면 용접 전류와 전압이 낮아져 크레이터가 채워져 결함을 방지하는 기능이다.

22 일반적으로 안전을 표시하는 색채 중 특정 행위의 지시 및 사실의 고지 등을 나타내는 색은?

17. ② 18. ③ 19. ① 20. ② 21. ④ 22. ③

① 노란색 ② 녹색
③ 파란색 ④ 흰색

해설 ㉠ 노랑색 : 주의(충돌, 추락, 걸려서 넘어지는 광고)
㉡ 녹색 : 안전, 피난, 위생 및 구호, 진행
㉢ 흰색 : 통로, 정돈
㉣ 빨강색 : 방화, 금지, 정지, 고도의 위험

23 산소 프로판 가스 절단에서, 프로판 가스 1에 대하여 얼마 비율의 산소를 필요로 하는가?

① 8 ② 6
③ 4.5 ④ 2.5

24 용접설계에 있어서 일반적인 주의사항 중 틀린 것은?

① 용접에 적합한 구조 설계를 할 것
② 용접 길이는 될 수 있는 대로 길게 할 것
③ 결함이 생기기 쉬운 용접 방법은 피할 것
④ 구조상의 노치부를 피할 것

25 가스용접에서 양호한 용접부를 얻기 위한 조건으로 틀린 것은?

① 모재 표면에 기름, 녹 등을 용접 전에 제거하여 결함을 방지하여야 한다.
② 용착 금속의 용입 상태가 불균일해야 한다.
③ 과열의 흔적이 없어야 하며, 용접부에 첨가된 금속의 성질이 양호해야 한다.
④ 슬래그, 기공 등의 결함이 없어야 한다.

26 직류 아크용접에서 역극성의 특징으로 맞는 것은?

① 용입이 깊어 후판 용접에 사용된다.
② 박판, 주철, 고탄소강, 합금강 등에 사용된다.
③ 봉의 녹음이 느리다.
④ 비드 폭이 좁다.

해설 직류정극성과 역극성의 비교

직류정극성(DCSP)	직류역극성(DCRP)
모재의 용입이 깊다.	모재의 용입이 얕다.
용접봉의 녹음이 느리다.	용접봉의 녹음이 빠르다.
비드 폭이 좁다	비드 폭이 넓다.
일반적으로 많이 사용된다.	박판, 주철, 비철금속의 용접에 사용된다.
열분배 : 모재(+) : 70%, 용접봉(-) 30%	열분배 : 모재(-) : 30%, 용접봉(+) 70%

27 직류 아크용접기와 비교한 교류 아크용접기의 설명에 해당되는 것은?

① 아크의 안전성이 우수하다.
② 자기쏠림 현상이 있다.
③ 역률이 매우 양호하다.
④ 무부하 전압이 높다.

해설 직류 및 교류 용접기의 비교

비교 항목	직류 용접기	교류 용접기
아크의 안정성	우수	약간 떨어짐
비피복봉 사용	가능	불가능
극성 변화	가능	불가능
자기쏠림 방지	불가능	가능(거의 없음)
무부하 전압	낮다(40~60V)	높다(70~85V)
전격의 위험	낮다.	높다.
역 률	양호	불량

28 피복 아크용접봉에서 피복 배합제인 아교는 무슨 역할을 하는가?

① 아크 안정제

정답 23. ③ 24. ② 25. ② 26. ② 27. ④ 28. ④

② 합금제
③ 탈산제
④ 환원가스 발생제

29 피복금속 아크용접봉은 습기의 영향으로 기공(blowhole)과 균열(crack)의 원인이 된다. 보통 용접봉(1)과 저수소계 용접봉(2)의 온도와 건조 시간은? (단, 보통 용접봉은 (1)로, 저수소계 용접봉은 (2)로 나타냈다.)

① (1) 70~100℃ 30~60분,
　(2) 100~150℃ 1~2시간
② (1) 70~100℃ 2~3시간,
　(2) 100~150℃ 20~30분
③ (1) 70~100℃ 30~60분,
　(2) 300~350℃ 1~2시간
④ (1) 70~100℃ 2~3시간,
　(2) 300~350℃ 20~30분

30 가스가공에서 강재 표면의 흠, 탈탄층 등의 결함을 제거하기 위해 얇게 그리고 타원형 모양으로 표면을 깎아내는 가공법은?
① 가스 가우징
② 분말 절단
③ 산소창 절단
④ 스카핑

31 가스용접에서 가변압식(프랑스식) 팁(tip)의 능력을 나타내는 기준은?
① 1분에 소비하는 산소가스의 양
② 1분에 소비하는 아세틸렌가스의 양
③ 1시간에 소비하는 산소가스의 양
④ 1시간에 소비하는 아세틸렌가스의 양

해설 불변압식(독일식)의 경우 팁의 능력은 용접 가능한 판 두께를 나타낸다.

32 아크 쏠림은 직류 아크용접 중에 아크가 한쪽으로 쏠리는 현상을 말하는데 아크 쏠림 방지법이 아닌 것은?
① 접지점을 용접부에서 멀리한다.
② 아크 길이를 짧게 유지한다.
③ 가용접을 한 후 후퇴 용접법으로 용접한다.
④ 가용접을 한 후 전진법으로 용접한다.

33 용접기의 가동 핸들로 1차 코일을 상하로 움직여 2차 코일의 간격을 변화시켜 전류를 조정하는 용접기로 맞는 것은?
① 가포화 리액터형
② 가동코어 리액터형
③ 가동 코일형
④ 가동 철심형

34 프로판 가스가 완전 연소하였을 때 설명으로 맞는 것은?
① 완전 연소하면 이산화탄소로 된다.
② 완전 연소하면 이산화탄소와 물이 된다.
③ 완전 연소하면 일산화탄소와 물이 된다.
④ 완전 연소하면 수소가 된다.

35 아세틸렌가스가 산소와 반응하여 완전 연소할 때 생성되는 물질은?
① CO, H_2O
② $2CO_2, H_2O$
③ CO, H_2
④ CO_2, H_2

정답
29. ③　30. ④　31. ④　32. ④　33. ③　34. ②　35. ②

36 가스용접 시 사용하는 용제에 대한 설명으로 틀린 것은?

① 용제의 융점은 모재의 융점보다 낮은 것이 좋다.
② 용제는 용융금속의 표면에 떠올라 용착금속의 성질을 양호하게 한다.
③ 용제는 용접 중에 생기는 금속의 산화물 또는 비금속 개재물을 용해하여 용융온도가 높은 슬래그를 만든다.
④ 연강에는 용제를 일반적으로 사용하지 않는다.

> 해설) 용제는 비금속 개재물을 용해하여 모재보다 용융온도가 낮은 슬래그를 만든다.

37 용접법을 융접, 압접, 납땜으로 분류할 때 압접에 해당하는 것은?

① 피복 아크용접
② 전자 빔 용접
③ 테르밋 용접
④ 심 용접

38 A는 병 전체 무게(빈병+아세틸렌가스)이고, B는 빈병의 무게이며, 또한 15℃ 1기압에서의 아세틸렌가스 용적을 905리터라고 할 때, 용해 아세틸렌가스의 양 C(리터)를 계산하는 식은?

① $C = 905(B-A)$
② $C = 905 + (B-A)$
③ $C = 905(A-B)$
④ $C = 905 + (A-B)$

39 내용적 40.7리터의 산소병에 150kgf/cm² 의 압력이 게이지에 표시되었다면 산소병에 들어 있는 산소량은 몇 리터인가?

① 3400
② 4055
③ 5055
④ 6105

> 해설) 산소의 량
> 내용적×충전압력이므로
> 40.7×150=6105리터가 된다.

40 저용융점 합금이 아닌 것은?

① 아연과 그 합금
② 금과 그 합금
③ 주석과 그 합금
④ 납과 그 합금

41 다음 중 알루미늄 합금(Alloy)의 종류가 아닌 것은?

① 실루민(silumin)
② Y합금
③ 로엑스(Lo-Ex)
④ 인코넬(Inconel)

> 해설) 인코넬
> 니켈 합금으로 Ni+Cr+Fe의 내식성 합금이다.

42 철강에서 펄라이트 조직으로 구성되어 있는 강은?

① 경질강
② 공석강
③ 강인강
④ 고용체강

43 Ni-Cu계 합금에서 60~70% Ni 합금은?

① 모넬메탈(Monel-metal)
② 어드밴스(Advance)
③ 콘스탄탄(Constantan)

정답
36. ③ 37. ④ 38. ③ 39. ④ 40. ② 41. ④ 42. ② 43. ①

④ 알민(Almin)

해설 ㉠ 어드밴스 : Ni+Cu+Mn의 합금으로 전기저항체용으로 사용된다.
㉡ 콘스탄탄 : Ni(40~50%)+Cu(55~60%)의 합금으로 열전대, 전열선 등에 사용된다.
㉢ 알민 : Al+Mn의 알루미늄 합금으로 내식용 합금에 속한다.

44 가스 침탄법의 특징에 대한 설명으로 틀린 것은?
① 침탄온도, 기체혼합비 등의 조절로 균일한 침탄층을 얻을 수 있다.
② 열효율이 좋고 온도를 임의로 조절할 수 있다.
③ 대량생산에 적합하다.
④ 침탄 후 직접 담금질이 불가능하다.

45 다음 중 풀림의 목적이 아닌 것은?
① 결정립을 조대화시켜 내부응력을 상승시킨다.
② 가공경화 현상을 해소시킨다.
③ 경도를 줄이고 조직을 연화시킨다.
④ 내부응력을 제거한다.

46 18-8 스테인리스강의 조직으로 맞는 것은?
① 페라이트   ② 오스테나이트
③ 펄라이트   ④ 마텐자이트

해설 18(Cr)-8(Ni) 스테인리스강은 오스테나이트계 스테인리스강의 표준형으로 비자성체이다.

47 주철의 편상 흑연 결함을 개선하기 위하여 마그네슘, 세륨, 칼슘 등을 첨가한 것으로 기계적 성질이 우수하여 자동차 주물 및 특수 기계의 부품용 재료에 사용되는 것은?
① 미하나이트 주철
② 구상흑연주철
③ 칠드주철
④ 가단주철

해설 ㉠ 미하나이트 주철 : 접종에 의해 만들어진 고급주철로 바탕조직은 펄라이트이며 내마모성이 요구되는 공작기계의 안내면과 강도를 요하는 기관의 실린더 제조에 사용된다.
㉡ 칠드주철 : 주물의 일부 또는 전부의 표면을 높은 경도 또는 내마모성으로 만들기 위해 금형에 접한 부분을 급랭 응고시켜서 제조하는 주철로 내마모성을 요하는 롤러, 차륜 제작에 사용된다.
㉢ 가단주철 : 백주철의 연신율을 보완하고 주강의 주조성을 개선하여 단조성을 부여한 주철로 자동차 부품 방직기 등에 사용된다.

48 특수 주강 중 주로 롤러 등으로 사용되는 것은?
① Ni 주강   ② Ni-Cr 주강
③ Mn 주강   ④ Mo 주강

49 탄소가 0.25%인 탄소강이 0~500℃의 온도범위에서 일어나는 기계적 성질의 변화 중 온도가 상승함에 따라 증가되는 성질은?
① 항복점   ② 탄성한계
③ 탄성계수   ④ 연신율

50 용접할 때 예열과 후열이 필요한 재료는?

정답
44. ④ 45. ① 46. ② 47. ② 48. ③ 49. ④ 50. ②

① 15mm 이하 연강판
② 중탄소강
③ 18℃일 때 18mm 연강판
④ 순철판

51 단면도의 표시방법에 관한 설명 중 틀린 것은?
① 단면을 표시할 때에는 해칭 또는 스머징을 한다.
② 인접한 단면의 해칭은 선의 방향 또는 각도를 변경하든지 그 간격을 변경하여 구별한다.
③ 절단했기 때문에 이해를 방해하는 것이나 절단하여도 의미가 없는 것은 원칙적으로 긴쪽 방향으로는 절단하여 단면도를 표시하지 않는다.
④ 개스킷같이 얇은 제품의 단면은 투상선을 한 개의 가는 실선으로 표시한다.

[해설] 개스킷, 패킹, 얇은 판, 형강 등과 같은 얇은 단면의 경우는 굵은 실선으로 표시할 수 있다.

52 2종류 이상의 선이 같은 장소에서 중복될 경우 다음 중 가장 우선적으로 그려야 할 선은?
① 중심선   ② 숨은선
③ 무게 중심선   ④ 치수 보조선

[해설] 선의 우선 순위
외형선 → 숨은선 → 절단선 → 중심선 → 무게 중심선 → 치수 보조선

53 배관도에 사용된 밸브표시가 올바른 것은?
① 밸브 일반 – ▷◁
② 게이트 밸브 – ▶◀
③ 나비 밸브 – ◁
④ 체크 밸브 – ◸

[해설] ① : 슬루스 밸브
② : 글로브 밸브
③ : 앵글 밸브

54 다음 중 일반구조용 탄소강관의 KS 재료 기호는?
① SPP   ② SPS
③ SKH   ④ STK

[해설]
• SPP : 배관용 탄소강관
• SPS : 스프링강
• SKH : 고속도강

55 용접 보조기호 중 현장용접을 나타내는 기호는?
① ⚑   ② ○
③ ●   ④ ⦿

56 도면에 리벳의 호칭이 "KS B 1102 보일러용 둥근 머리 리벳 13×30 SV 400"로 표시된 경우 올바른 설명은?
① 리벳의 수량 13개
② 리벳의 길이 30mm
③ 최대 인장강도 400kPa
④ 리벳의 호칭 지름 30mm

[해설] ㉠ 둥근 머리 리벳의 호칭
| 종류 | 지름×길이 | 재료 | 로 표시한다.
㉡ 리벳 종류
둥근 머리 리벳, 리벳 지름 : 13, 리벳 길이 : 30, 리벳 재료 : SV 400

정답
51. ④ 52. ② 53. ④ 54. ④ 55. ① 56. ②

57 전개도는 대상물을 구성하는 면을 평면 위에 전개한 그림을 의미하는데, 원기둥이나 각기둥의 전개에 가장 적합한 전개도법은?

① 평행선 전개도법
② 방사선 전개도법
③ 삼각형 전개도법
④ 사각형 전개도법

58 그림과 같은 정면도와 우측면도에 가장 적합한 평면도는?

59 그림은 투상법의 기호이다. 몇 각법을 나타내는 기호인가?

① 제1각법　② 제2각법
③ 제3각법　④ 제4각법

60 기계제도에서 도면에 치수를 기입하는 방법에 대한 설명으로 틀린 것은?

① 길이는 원칙적으로 mm의 단위로 기입하고, 단위 기호는 붙이지 않는다.
② 치수의 자릿수가 많을 경우 세 자리마다 콤마를 붙인다.
③ 관련 치수는 되도록 한 곳에 모아서 기입한다.
④ 치수는 되도록 주 투상도에 집중하여 기입한다.

> **해설** 기계제도에서는 자릿수가 많더라도 콤마를 사용하지 않는다.

정답
57. ① 58. ③ 59. ③ 60. ②

2014년 제1회 과년도출제문제 특수용접기능사

01 다음 중 정전압 특성에 관한 설명으로 옳은 것은?
① 부하 전압이 변화하면 단자 전압이 변하는 특성
② 부하 전류가 증가하면 단자 전압이 저하하는 특성
③ 부하 전압이 변화하여도 단자 전압이 변하지 않는 특성
④ 부하 전류가 변화하지 않아도 단자 전압이 변하는 특성

02 다음 중 연강 용접봉에 비해 고장력강 용접봉의 장점이 아닌 것은?
① 재료의 취급이 간단하고 가공이 용이하다.
② 동일한 강도에서 판의 두께를 얇게 할 수 있다.
③ 소요 강재의 중량을 상당히 무겁게 할 수 있다.
④ 구조물의 하중을 경감시킬 수 있어 그 기초공사가 단단해진다.

03 다음 중 피복 아크용접에 있어 위빙 운봉 폭은 용접봉 심선 지름의 얼마로 하는 것이 가장 적절한가?
① 1배 이하   ② 약 2~3배
③ 약 4~5배   ④ 약 6~7배

04 피복 아크용접에서 용접속도(welding speed)에 영향을 미치지 않는 것은?
① 모재의 재질   ② 이음 모양
③ 전류값   ④ 전압값

05 다음 중 가스 불꽃의 온도가 가장 높은 것은?
① 산소-메탄 불꽃
② 산소-프로판 불꽃
③ 산소-수소 불꽃
④ 산소-아세틸렌 불꽃

> **해설**
> • 산소-메탄 : 2700℃
> • 산소-프로판 : 2820℃
> • 산소-수소 : 2900℃
> • 산소-아세틸렌 : 3430℃

06 다음 중 아크 에어 가우징 시 압축공기의 압력으로 가장 적합한 것은?
① 1~3kgf/cm^2 ② 5~7kgf/cm^2
③ 9~15kgf/cm^2 ④ 11~20kgf/cm^2

07 다음 중 직류 아크용접의 극성에 관한 설명으로 틀린 것은?
① 전자의 충격을 받는 양극이 음극보다 발열량이 작다.
② 정극성일 때는 용접봉의 용융이 늦고 모재의 용입은 깊다.
③ 역극성일 때는 용접봉의 용융속도는 빠

정답
1. ③ 2. ③ 3. ② 4. ④ 5. ④ 6. ② 7. ①

르고 모재의 용입이 얕다.
④ 얇은 판의 용접에는 용락(burn through)을 피하기 위해 역극성을 사용하는 것이 좋다.

08 다음 중 원판상의 롤러 전극 사이에 용접할 2장의 판을 두고 가압·통전하여 전극을 회전시키며 연속적으로 점용접을 반복하는 용접법은?
① 심 용접 ② 프로젝션 용접
③ 전자빔 용접 ④ 테르밋 용접

해설) ㉠ 프로젝션 용접 : 용접하고자 하는 재료의 한쪽 또는 양쪽에 돌기를 만들어 이 부분에 용접전류를 집중시켜 압접하는 용접법으로 여러 개의 점 용접을 한 번에 할 수 있는 특징을 갖고 있다.
㉡ 전자빔 용접 : 진공 상태에서 고속의 전자빔을 형성시켜 그 에너지를 이용해서 용접하는 방법으로 폭이 좁고 용입이 깊은 용접부를 얻을 수 있으며 진공 중에서 용접하므로 매우 양호한 용접결과를 얻을 수 있다.
㉢ 테르밋 용접 : 미세한 알루미늄 분말과 산화철 분말을 3~4 : 1의 중량비로 혼합한 테르밋제에 과산화바륨과 마그네슘 분말을 혼합한 점화 촉진제를 넣어 연소시켜서 용융금속을 용접부에 유입시켜 용접하는 방법으로 철도 레일 등의 용접에 이용된다.

09 다음 중 정격 2차 전류가 200A, 정격 사용률이 40%의 아크용접기로 150A의 용접전류를 사용하여 용정하는 경우 허용 사용률은 약 몇 %인가?
① 33% ② 40%
③ 50% ④ 71%

해설) 허용사용률(%)
$= \dfrac{(정격 2차 전류)^2}{(실제 용접전류)^2} \times 정격사용률$이므로
$\dfrac{(200)^2}{(150)^2} \times 40 = 71(\%)$

10 다음 중 가연성 가스가 가져야 할 성질과 가장 거리가 먼 것은?
① 발열량이 클 것
② 연소속도가 느릴 것
③ 불꽃의 온도가 높을 것
④ 용융금속과 화학반응을 일으키지 않을 것

11 다음 중 전기용접에 있어 전격방지기가 기능하지 않을 경우 2차 무부하 전압은 어느 정도가 가장 적합한가?
① 20~30V ② 40~50V
③ 60~70V ④ 90~100V

12 다음 중 고속분출을 얻는 데 적합하고, 보통의 팁에 비하여 산소의 소비량이 같을 때 절단속도를 20~25% 증가시킬 수 있는 절단 팁은?
① 직선형 팁 ② 산소-LP형 팁
③ 보통형 팁 ④ 다이버전트형 팁

13 다음 중 산소-아세틸렌가스 용접에서 주철에 사용하는 용제에 해당하지 않는 것은?
① 붕사 ② 탄산나트륨
③ 염화나트륨 ④ 중탄산나트륨

해설) 가스 용접 시 각종 금속에 사용되는 용제의 종류

정답
8. ① 9. ④ 10. ② 11. ① 12. ④ 13. ③

㉠ 연강 : 용제를 사용하지 않는다.
㉡ 반경강 : 중탄산소다+탄산소다
㉢ 주철 : 탄산나트륨(15%)+붕사(15%) + 중탄산나트륨((70%)
㉣ 구리합금 : 붕사(75%)+염화리튬(25%)
㉤ 알루미늄 : 염화나트륨(30)%+염화칼륨(45%)+염화리튬(15%)+플루오르화칼륨(7%)+황산칼륨(3%)

14 다음 중 수중 절단(underwater cutting)에 관한 설명으로 틀린 것은?

① 일반적으로 수중 절단은 수심 45m 정도까지 작업이 가능하다.
② 수중 작업 시 절단 산소의 압력은 공기 중에서의 1.5~2배로 한다.
③ 수중 작업 시 예열 가스의 양은 공기 중에서의 4~8배 정도로 한다.
④ 연료가스로는 수소, 아세틸렌, 프로판, 벤젠 등이 사용되나 그 중 아세틸렌이 가장 많이 사용된다.

해설 수중절단용 가스로는 높은 수압에서 사용이 가능하고 수중 절단 중 기포 발생이 적은 수소가 주로 사용된다. 아세틸렌가스는 수압이 높으면 폭발 위험성이 있어서 사용되지 않는다.

15 강재의 가스절단 시 팁 끝과 연강판 사이의 거리는 백심에서 1.5~2.0mm 정도 떨어지게 하며, 절단부를 예열하여 약 몇 ℃ 정도가 되었을 때 고압 산소를 이용하여 절단을 시작하는 것이 좋은가?

① 300~450℃   ② 500~600℃
③ 650~750℃   ④ 800~900℃

해설 가스절단 시 예열은 모재 표면의 색이 적열상태, 즉 붉은색을 띠기 시작할 때까지 하는데 이때 모재의 온도는 약 900℃ 내외가 된다.

16 내용적이 40L, 충전압력이 150kgf/cm² 인 산소용기의 압력이 50kgf/cm²까지 내려갔다면 소비한 산소의 양은 몇 L인가?

① 2000L   ② 3000L
③ 4000L   ④ 5000L

해설 산소의 양=(150-50)×40=4000리터이다. 왜냐하면 최초 충전압력이 150kgf/cm² 이고 사용한 후 압력이 150-50kgf/cm² 이므로 100kgf/cm²를 소모하였다. 그러므로 100×40을 하면 4000리터가 남는다.

17 다음 중 연강용 피복 아크용접봉 피복제의 역할과 가장 거리가 먼 것은?

① 아크를 안정하게 한다.
② 전기를 잘 통하게 한다.
③ 용착금속의 급랭을 방지한다.
④ 용착금속의 탈산 및 정련작용을 한다.

해설 피복제는 광물질로 구성되어 있으며 전기가 통하지 않는 부도체이다.

18 담금질 가능한 스테인리스강으로 용접 후 경도가 증가하는 것은?

① STS 316   ② STS 304
③ STS 202   ④ STS 410

19 다음 중 저융점 합금에 대하여 설명한 것 중 틀린 것은?

① 납(Pb : 용융점 327℃)보다 낮은 융점을 가진 합금을 말한다.
② 가용합금이라 한다.
③ 2원 또는 다원계의 공정합금이다.

정답
14. ④   15. ④   16. ③   17. ②   18. ④   19. ①

④ 전기 퓨즈, 화재경보기, 저온 땜납 등에 이용된다.

해설 저융점 합금이란 주석(Sn)의 용융점(271.3℃)보다 낮은 용융점을 가진 합금을 말한다.

20 열처리 방법에 따른 효과로 옳지 않은 것은?
① 불림-미세하고 균일한 표준조직
② 풀림-탄소강의 경화
③ 담금질-내마멸성 향상
④ 뜨임-인성 개선

해설 풀림의 목적은 내부응력 제거이며, 경도를 높이기 위해서는 담금질을 실시한다.

21 고 Ni의 초고장력강이며 1370~2060MPa의 인장강도와 높은 인성을 가진 석출경화형 스테인리스강의 일종은?
① 마르에이징(maraging)강
② Cr 18% - Ni 8%의 스테인리스강
③ 13% Cr강의 마텐자이트계 스테인리스강
④ Cr 12-17%, C 0.2%의 페라이트계 스테인리스강

해설 무탄소로서 다량의 Ni, Co, Ti을 첨가하여 마텐자이트 조직에서 금속간 화합물을 미세하게 석출하여 강인성을 높이기 위한 초강력강(ultra high strength steel)의 일종이다. 마르에이징이란 마텐자이트와 에이징(aging)의 합성어로 이 강의 용도는 고체연료 로켓, 초고속 원심분리기 등에 사용된다.

22 다음 중 대표적인 주조경질 합금은?
① HSS
② 스텔라이트
③ 콘스탄탄
④ 켈밋

해설 스텔라이트는 Co를 주성분으로 한 Co-Cr-W-C계 합금으로 주조경질합금의 대표적인 합금강이다. 이 강의 용도는 절삭공구, 내마모, 내식, 내열용, 다이 등에 쓰인다.

23 침탄법을 침탄제의 종류에 따라 분류할 때 해당되지 않는 것은?
① 고체 침탄법
② 액체 침탄법
③ 가스 침탄법
④ 화염 침탄법

해설 화염 침탄법이란 표면경화법은 없으나 물리적인 표면경화법으로 화염경화법이 있다.

24 금속의 공통적 특성이 아닌 것은?
① 상온에서 고체이며 결정체이다.(단, Hg은 제외)
② 열과 전기의 양도체이다.
③ 비중이 크고 금속적 광택을 갖는다.
④ 소성변형이 없어 가공하기 쉽다.

해설 소성변형이 용이하기 때문에 가공이 쉽다.

25 비자성이고 상온에서 오스테나이트 조직인 스테인리스강은? (단, 숫자는 %를 의미한다.)
① 18 Cr - 8 Ni 스테인리스강
② 13 Cr 스테인리스강
③ Cr계 스테인리스강
④ 13 Cr - Al 스테인리스강

26 구리는 비철재료 중에 비중을 크게 차지한 재료이다. 다른 금속재료와의 비교 설명 중 틀린 것은?
① 철에 비해 용융점이 높아 전기제품에

정답
20. ② 21. ① 22. ② 23. ④ 24. ④ 25. ① 26. ①

많이 사용한다.
② 아름다운 광택과 귀금속적 성질이 우수하다.
③ 전기 및 열의 전도도가 우수하다.
④ 전연성이 좋아 가공이 용이하다.

해설 구리의 용융점은 1083℃로 철의 용융점(1539℃)보다 낮다.

27 크롬강의 특징을 잘못 설명한 것은?
① 크롬강은 담금질이 용이하고 경화층이 깊다.
② 탄화물이 형성되어 내마모성이 크다.
③ 내식 및 내열강으로 사용한다.
④ 구조용은 W, V, Co를 첨가하고 공구용은 Ni, Mn, Mo을 첨가한다.

해설 구조용 크롬합금강은 Ni, Mn, Mo를 첨가하고 공구용에는 W, V, Co를 첨가한다.

28 청동은 다음 중 어느 합금을 의미하는가?
① Cu - Zn   ② Fe - Al
③ Cu - Sn   ④ Zn - Sn

해설 황동은 구리+아연의 합금이고, 청동은 구리+주석의 합금이다.

29 용접부의 표면이 좋고 나쁨을 검사하는 것으로 가장 많이 사용하며 간편하고 경제적인 검사방법은?
① 자분검사   ② 외관검사
③ 초음파검사   ④ 침투검사

해설 ㉠ 자분검사 : 강자성체인 금속에 적용 가능한 방법으로 결함이 있을 때 흐트러진 자속을 보고 결함유무를 검사할 수 있는 방법으로 표면균열 검사에 사용된다.
㉡ 초음파 검사 : 파장이 짧은 음파를 검사물의 내부에 침투시켜 내부의 결함을 검사하는 방법이다.
㉢ 침투검사 : 용접부 표면의 결함을 검사할 수 있는 방법으로 표면에 침투액을 뿌리면 결함이 있는 부분에는 침투액이 스며들어 결함여부를 판단할 수 있는 검사법으로 특히 자기탐상검사가 되지 않는 재료의 검사에 매우 유용하다.

30 아크용접 작업에 관한 안전 사항으로서 올바르지 않은 것은?
① 용접기는 항상 환기가 잘 되는 곳에 설치할 것
② 전류는 아크를 발생하면서 조절할 것
③ 용접기는 항상 건조되어 있을 것
④ 항상 정격에 맞는 전류로 조절할 것

31 서브머지드 아크용접에 사용되는 용융형 용제에 대한 특징 설명 중 틀린 것은?
① 흡습성이 거의 없으므로 재건조가 불필요하다.
② 미용융 용제는 다시 사용이 가능하다.
③ 고속 용접성이 양호하다.
④ 합금 원소의 첨가가 용이하다.

32 보통 화재와 기름 화재의 소화기로는 적합하나 전기화재의 소화기로는 부적합한 것은?
① 포말 소화기   ② 분말 소화기
③ CO_2 소화기   ④ 물 소화기

33 다음 중 용접성 시험이 아닌 것은?
① 노치 취성 시험
② 용접 연성 시험
③ 파면 시험

정답
27. ④   28. ③   29. ②   30. ②   31. ④   32. ①   33. ③

④ 용접 균열 시험

해설 파면 시험은 용접재료 시험법으로 금속학적 시험방법이다.

34 용접 결함 방지를 위한 관리기법에 속하지 않는 것은?
① 설계도면에 따른 용접 시공 조건의 검토와 작업 순서를 정하여 시공한다.
② 용접 구조물의 재질과 형상에 맞는 용접 장비를 사용한다.
③ 작업 중인 시공 상황을 수시로 확인하고 올바르게 시공할 수 있게 관리한다.
④ 작업 후에 시공 상황을 확인하고 올바르게 시공할 수 있게 관리한다.

35 용접부의 인장응력을 완화하기 위하여 특수해머로 연속적으로 용접부 표면층을 소성변형시켜 주는 방법은?
① 피닝법
② 저온응력 완화법
③ 응력제거 어닐링법
④ 국부가열 어닐링법

해설 ㉠ 저온응력 완화법 : 용접선 양측을 일정 속도로 이동하는 가스 불꽃에 의해 너비 약 150mm를 150~200℃로 가열한 다음 곧 수냉하여 응력을 제거하는 방법
㉡ 국부 풀림법 : 용접선의 좌우 양측을 각각 250mm 범위 혹은 판 두께의 12배 이상의 범위를 가스 불꽃 등으로 노내 풀림과 같은 온도 및 시간을 유지한 다음 서냉하여 응력을 제거하는 방법

36 이산화탄소 아크용접에서 일반적인 용접작업(약 200A 미만)에서의 팁과 모재 간 거리는 몇 mm 정도가 가장 적합한가?
① 0~5mm   ② 10~15mm
③ 40~50mm ④ 30~40mm

해설 용접전류가 200A 이상일 경우 와이어 돌출길이는 15~25mm가 적당하다.

37 점용접 조건의 3대 요소가 아닌 것은?
① 고유저항   ② 가압력
③ 전류의 세기 ④ 통전시간

38 경납용 용제의 특징으로 틀린 것은?
① 모재와 친화력이 있어야 한다.
② 용융점이 모재보다 낮아야 한다.
③ 모재와의 전위차가 가능한 한 커야 한다.
④ 모재와 야금적 반응이 좋아야 한다.

39 액체 이산화탄소 25kg 용기는 대기 중에서 가스량이 대략 12700L이다. 20L/min의 유량으로 연속 사용할 경우 사용 가능한 시간(hour)은 약 얼마인가?
① 60시간   ② 6시간
③ 10시간   ④ 1시간

해설 12700÷20=635분, 그러므로 약 10시간 30분 정도 사용 가능하다.

40 파장이 같은 빛을 렌즈로 집광하면 매우 작은 점으로 집중이 가능하고 높은 에너지로 집속하면 높은 열을 얻을 수 있다. 이것을 열원으로 하여 용접하는 방법은?
① 레이저 용접
② 일렉트로 슬래그 용접
③ 테르밋 용접
④ 플라즈마 아크용접

정답
34. ④ 35. ① 36. ② 37. ① 38. ③ 39. ③ 40. ①

해설 ㉠ 일렉트로 슬래그 용접 : 접합하고자 하는 모재의 양쪽에 수냉 동판을 대고 용융된 슬래그 속에서 전극 와이어를 연속적으로 공급하여 용융 슬래그의 저항열에 의하여 와이어와 모재를 용융시키면서 용접하는 단층 수직 상진 용접법이다.
㉡ 테르밋 용접 : 산화철과 알루미늄 분말을 3~4 : 1로 혼합한 테르밋제에 과산화바륨과 마그네슘의 혼합 분말로 된 점화제를 넣고 여기에 라이터 등을 이용해 점화하면 테르밋 반응이라는 화학 반응에 의해 2800℃에 달하는 고온을 일으키면서 이루어지는 용접법이다.
㉢ 플라즈마 아크용접 : 기체를 수천도 이상 높은 온도로 가열했을 때 가스가 이온상태가 된다. 이것을 플라즈마라 하며 이 열을 이용하여 용접하는 방법을 플라즈마 용접이라 한다.

41 티그용접의 전원 특성 및 사용법에 대한 설명이 틀린 것은?
① 역극성을 사용하면 전극의 소모가 많아진다.
② 알루미늄 용접 시 교류를 사용하면 용접이 잘 된다.
③ 정극성은 연강, 스테인리스강 용접에 적당하다.
④ 정극성을 사용할 때 전극은 둥글게 가공하여 사용하는 것이 아크가 안정된다.

해설 TIG 용접 시 전극봉의 가공방법은 직류정극성을 사용할 때는 끝이 뾰족한 원뿔 형태로 가공하고 직류역극성 사용 시에는 둥글게 구 형태로 가공한다.

42 플러그 용접에서 전단강도는 일반적으로 구멍의 면적 전 용착금속 인장강도의 몇 % 정도로 하는가?
① 20~30% ② 40~50%
③ 60~70% ④ 80~90%

43 용접에서 변형교정 방법이 아닌 것은?
① 얇은 판에 대한 점 수축법
② 롤러에 거는 방법
③ 형재에 대한 직선 수축법
④ 노내풀림법

해설 노내풀림법은 용접 후 응력을 제거하는 열처리법이다.

44 이산화탄소 가스 아크용접에서 아크 전압이 높을 때 비드 형상으로 맞는 것은?
① 비드가 넓어지고 납작해진다.
② 비드가 좁아지고 납작해진다.
③ 비드가 넓어지고 볼록해진다.
④ 비드가 좁아지고 볼록해진다.

45 용접재 예열의 목적으로 옳지 않은 것은?
① 변형 방지
② 잔류응력 감소
③ 균열 발생 방지
④ 수소 이탈 방지

46 다음 중 용접부에 언더컷이 발생했을 경우 결함보수 방법으로 가장 적당한 것은?
① 드릴로 정지 구멍을 뚫고 다듬질한다.
② 절단 작업을 한 다음 재용접한다.
③ 가는 용접봉을 사용하여 보수용접한다.
④ 일부분을 깎아내고 재용접한다.

해설 ①, ② 는 균열 발생 시 보수 방법이며, ④

정답
41. ④ 42. ③ 43. ④ 44. ① 45. ④ 46. ③

는 오버랩 발생 시 보수하는 방법이다.

47 화재 및 폭발의 방지 조치사항으로 틀린 것은?
① 용접 작업 부근에 점화원을 두지 않는다.
② 인화성 액체의 반응 또는 취급은 폭발 한계범위 이내의 농도로 한다.
③ 아세틸렌이나 LP 가스 용접 시에는 가연성 가스가 누설되지 않도록 한다.
④ 대기 중에 가연성 가스를 누설 또는 방출시키지 않는다.

48 가스용접 작업 시 주의사항으로 틀린 것은?
① 반드시 보호안경을 착용한다.
② 산소호스와 아세틸렌 호스는 색깔 구분 없이 사용한다.
③ 불필요한 긴 호스를 사용하지 말아야 한다.
④ 용기 가까운 곳에서는 인화물질의 사용을 금한다.

해설) 산소 호스는 녹색, 아세틸렌 호스는 주황색으로 구분하여 사용한다.

49 불활성 가스 금속 아크용접의 용접토치 구성 부품 중 와이어가 송출되면서 전류를 통전시키는 역할을 하는 것은?
① 가스 분출기(gas diffuser)
② 팁(tip)
③ 인슐레이터(insulator)
④ 플렉시블 콘딧(flexible conduit)

50 다음 중 테르밋 용접의 점화제가 아닌 것은?
① 과산화바륨
② 망간
③ 알루미늄
④ 마그네슘

51 그림과 같은 도면에서 지름 3mm 구멍의 수는 모두 몇 개인가?

① 24
② 38
③ 48
④ 60

52 다음 중 도면의 일반적인 구비 조건으로 거리가 먼 것은?
① 대상물의 크기, 모양, 자세, 위치의 정보가 있어야 한다.
② 대상물을 명확하고 이해하기 쉬운 방법으로 표현해야 한다.
③ 도면의 보존, 검색 이용이 확실히 되도록 내용과 양식을 구비해야 한다.
④ 무역과 기술의 국제 교류가 활발하므로 대상물의 특징을 알 수 없도록 보안성을 유지해야 한다.

53 그림과 같은 용접기호에서 a7이 의미하는 뜻으로 알맞은 것은?

① 용접부 목 길이가 7mm이다.
② 용접 간격이 7mm이다.
③ 용접 모재의 두께가 7mm이다.

정답
47. ② 48. ② 49. ② 50. ② 51. ② 52. ④ 53. ④

④ 용접부 목 두께가 7mm이다.

54 일반적으로 표면의 결 도시 기호에서 표시하지 않는 것은?
① 표면 재료 종류
② 줄무늬 방향의 기호
③ 표면의 파상도
④ 컷오프값 평가 길이

55 치수 숫자와 함께 사용되는 기호가 바르게 연결된 것은?
① 지름 : P
② 정사각형 : □
③ 구면의 지름 : φ
④ 구면의 반지름 : C

> 해설 • 지름 : φ
> • 구면의 지름 : sφ
> • 구면의 반지름 : sR
> • 모따기 : C

56 그림과 같은 입체도에서 화살표 방향을 정면으로 할 때 제3각법으로 올바르게 정투상한 것은?

①

②

③

④

57 다음 중 일반구조용 압연강재의 KS 재료 기호는?
① SS 490   ② SSW 41
③ SBC 1   ④ SM 400A

58 배관의 접합 기호 중 플랜지 연결을 나타내는 것은?

①   ②
③   ④

> 해설 ① : 일반이음
> ③ : 유니언 이음

59 그림에서 '6.3' 선이 나타내는 선의 명칭으로 옳은 것은?

① 가상선   ② 절단선
③ 중심선   ④ 무게 중심선

정답
54. ① 55. ② 56. ② 57. ① 58. ② 59. ①

60 다음 중 직원뿔 전개도의 형태로 가장 적합한 형상은?

①   ②
③   ④

60. ②

2014년 제2회 과년도출제문제 — 용접기능사

01 다음 [보기]와 같은 용착법은?

[보기] ① ④ ② ⑤ ③
→ → → → →

① 대칭법 ② 전진법
③ 후진법 ④ 스킵법

해설 용착법의 종류
㉠ 전진법 : 한 끝에서 다른 끝을 향해 연속적으로 진행하는 용착법
㉡ 후진법 : ④③②① : 용접진행 방향과 용착 방향이 서로 반대가 되는 용착법으로 잔류응력 감소효과가 있으나 작업 능률이 다소 떨어진다.
㉢ 대칭법 : ③①②④ : 용접부의 중앙으로부터 양끝을 향해 대칭적으로 용접해 나가는 방법으로 이음의 수축에 의한 변형이 서로 대칭이 되게 할 경우에 사용된다.

02 가연성 가스로 스파크 등에 의한 화재에 대하여 가장 주의해야 할 가스는?

① C_3H_8 ② CO_2
③ He   ④ O_2

해설 C_3H_8 : 프로판 가스

03 서브머지드 아크용접기에서 다전극 방식에 의한 분류에 속하지 않는 것은?

① 푸시 풀식   ② 탠덤식
③ 횡병렬식   ④ 횡직렬식

해설 푸시 풀식이란 MIG 용접이나 CO_2 용접에서 사용되는 와이어 송급방식(푸시식, 풀식, 푸시 풀식)의 한 종류이다.

04 용접기의 구비 조건에 해당되는 사항으로 옳은 것은?

① 사용 중 용접기 온도 상승이 커야 한다.
② 용접 중 단락되었을 경우 대전류가 흘러야 된다.
③ 소비전력이 큰 역률이 좋은 용접기를 구비한다.
④ 무부하 전압을 최소로 하여 전격기의 위험을 줄인다.

05 CO_2 가스 아크용접장치 중 용접전원에서 박판 아크 전압을 구하는 식은? (단, I는 용접전류의 값이다.)

① $V = 0.04 \times I + 15.5 \pm 1.5$
② $V = 0.004 \times I + 155.5 \pm 11.5$
③ $V = 0.05 \times I + 11.5 \pm 2$
④ $V = 0.005 \times I + 111.5 \pm 2$

해설 후판의 아크 전압 $V = 0.04 \times I + 15 \pm 2$이다.

06 이산화탄소의 특징이 아닌 것은?

① 색, 냄새가 없다.
② 공기보다 가볍다.
③ 상온에서도 쉽게 액화한다.
④ 대기 중에서 기체로 존재한다.

정답
1. ④ 2. ① 3. ① 4. ④ 5. ① 6. ②

해설 CO_2 가스의 비중은 1.53으로 공기보다 무거우며 무색, 무취, 무미이나 공기 중에서 농도가 높아지면 눈, 코, 입 등에 자극을 느낀다.

07 용접 전류가 낮거나, 운봉 및 유지 각도가 불량할 때 발생하는 용접 결함은?
① 용락 ② 언더컷
③ 오버랩 ④ 선상조직

해설 ㉠ 용락(burn through) : 용입량이 과다하여 뒷면으로 흘러내리는 것을 말하는 것으로 전류과다, 모재과열 시 발생하는 결함이다.
㉡ 언더컷(under cut) : 비드의 가장자리가 파이는 현상으로 전류가 높거나 아크 길이가 길 때 발생하는 결함이다.
㉢ 선상조직(ice-flower structure) : 용접부의 파단면에 나타나는 조직으로, 아주 미세한 주상 결정에 서리 모양이 나란히 있고 그 사이에 현미경적인 비금속 개재물과 기공이 있는 결함이다.

08 CO_2 가스 아크용접에서 일반적으로 용접 전류를 높게 할 때의 사항을 열거한 것 중 옳은 것은?
① 용접입열이 작아진다.
② 와이어의 녹아내림이 빨라진다.
③ 용착률과 용입이 감소한다.
④ 우수한 비드 형상을 얻을 수 있다.

09 용접부의 검사법 중 기계적 시험이 아닌 것은?
① 인장시험 ② 부식시험
③ 굽힘시험 ④ 피로시험

해설 부식시험은 화학적 시험법의 한 종류이다.

10 주성분이 은, 구리, 아연의 합금인 경납으로 인장강도, 전연성 등의 성질이 우수하여 구리, 구리합금, 철강, 스테인리스강 등에 사용되는 납재는?
① 양은납 ② 알루미늄납
③ 은납 ④ 내열납

11 용접 이음을 설계할 때 주의사항으로 틀린 것은?
① 구조상의 노치부를 피한다.
② 용접 구조물의 특성 문제를 고려한다.
③ 맞대기 용접보다 필릿 용접을 많이 하도록 한다.
④ 용접성을 고려한 사용 재료의 선정 및 열 영향 문제를 고려한다.

12 불활성 가스 아크용접에 관한 설명으로 틀린 것은?
① 아크가 안정되어 스패터가 적다.
② 피복제나 용제가 필요하다.
③ 열 집중성이 좋아 능률적이다.
④ 철 및 비철 금속의 용접이 가능하다.

해설 불활성 가스 아크용접에는 불활성 가스(Ar)가 용접부를 보호하는 피복제의 역할을 수행한다.

13 용접 후 인장 또는 굴곡시험으로 파단시켰을 때 은점을 발견할 수 있는데 이 은점을 없애는 방법은?
① 수소 함유량이 많은 용접봉을 사용한다.
② 용접 후 실온으로 수개월간 방치한다.
③ 용접부를 염산으로 세척한다.
④ 용접부를 망치로 두드린다.

정답
7. ③ 8. ② 9. ② 10. ③ 11. ③ 12. ② 13. ②

14 가스 중에서 최소의 밀도로 가장 가볍고 확산속도가 빠르며, 열전도가 가장 큰 가스는?
① 수소 ② 메탄
③ 프로판 ④ 부탄

15 초음파 탐상법에서 널리 사용되며 초음파의 펄스를 시험체의 한쪽 면으로부터 송신하여 결함 에코의 형태로 결함을 판정하는 방법은?
① 투과법 ② 공진법
③ 침투법 ④ 펄스 반사법

해설 초음파 탐상법의 종류
투과법, 펄스 반사법, 공진법
㉠ 투과법 : 시험체 속에 초음파의 펄스 또는 연속파를 투과하고 뒷면에서 이를 수신하여 결함으로 인한 초음파의 장해 및 약해진 정도를 조사한다.
㉡ 공진법 : 시험체의 두께에 따라 어떤 특정 주파수일 때 시험체 속에 초음파의 정상파가 생겨 공진하므로 그 상황을 근거로 결함을 검출할 수 있다.

16 전기 저항 점용접 작업 시 용접기에서 조정할 수 있는 3대 요소에 해당하지 않는 것은?
① 용접 전류 ② 전극 가압력
③ 용접 전압 ④ 통전 시간

17 다음 중 비용극식 불활성 가스 아크용접은?
① GMAW ② GTAW
③ MMAW ④ SMAW

해설 ㉠ GMAW(Gas metal arc welding) : 가스메탈아크용접으로 용극식 용접법이며 MIG, MAG, CO_2 용접 등이 이에 속한다.
㉡ GTAW(Gas tungsten arc welding) : 가스텅스텐아크용접으로 TIG 용접이라고도 한다.
㉢ MMAW(Manual metal arc welding) : 수동금속아크용접으로 용극식 용접법이다.
㉣ SMAW(Shielded metal arc welding) : 피복금속아크용접으로 용극식 용접법이다.

18 알루미늄 분말과 산화철 분말을 1 : 3의 비율로 혼합하고, 점화제로 점화하면 일어나는 화학반응은?
① 테르밋반응 ② 용융반응
③ 포정반응 ④ 공석반응

19 불활성가스 금속 아크용접에서 가스 공급 계통의 확인 순서로 가장 적합한 것은?
① 용기 → 감압밸브 → 유량계 → 제어장치 → 용접토치
② 용기 → 유량계 → 감압밸브 → 제어장치 → 용접토치
③ 감압밸브 → 용기 → 유량계 → 제어장치 → 용접토치
④ 용기 → 제어장치 → 감압밸브 → 유량계 → 용접토치

20 용접을 크게 분류할 때 압접에 해당되지 않는 것은?
① 저항용접 ② 초음파용접
③ 마찰용접 ④ 전자빔용접

해설 전자빔용접은 융접법이다.

정답
14. ① 15. ④ 16. ③ 17. ② 18. ① 19. ① 20. ④

21 용접 현장에서 지켜야 할 안전 사항 중 잘못 설명한 것은?
① 탱크 내에서는 혼자 작업한다.
② 인화성 물체 부근에서는 작업을 하지 않는다.
③ 좁은 장소에서의 작업 시는 통풍을 실시한다.
④ 부득이 가연성 물체 가까이서 작업 시는 화재발생 예방조치를 한다.

22 용접 시 냉각속도에 관한 설명 중 틀린 것은?
① 예열을 하면 냉각속도가 완만하게 된다.
② 얇은 판보다는 두꺼운 판이 냉각속도가 크다.
③ 알루미늄이나 구리는 연강보다 냉각속도가 느리다.
④ 맞대기 이음보다는 T형 이음이 냉각속도가 크다.

> 해설) 열전도율이 빠른 금속일수록 냉각속도가 빠르다. 열전도율은 은←구리←금←알루미늄←마그네슘←아연←니켈←철 순서이다.

23 수소 함유량이 타 용접봉에 비해서 $\frac{1}{10}$ 정도 현저하게 적고 특히 균열의 감수성이나 탄소, 황의 함유량이 많은 강의 용접에 적합한 용접봉은?
① E4301   ② E4313
③ E4316   ④ E4324

24 다음 중 아크 에어 가우징에 사용되지 않는 것은?
① 가우징 토치   ② 가우징봉
③ 압축공기   ④ 열교환기

25 다음 중 주철 용접 시 주의사항으로 틀린 것은?
① 용접봉은 가능한 한 지름이 굵은 용접봉을 사용한다.
② 보수 용접을 행하는 경우는 결함부분을 완전히 제거한 후 용접한다.
③ 균열의 보수는 균열의 성장을 방지하기 위해 균열의 양 끝에 정지 구멍을 뚫는다.
④ 용접 전류는 필요 이상 높이지 말고 직선비드를 배치하며, 지나치게 용입을 깊게 하지 않는다.

26 가스용접용 토치의 팁 중 표준불꽃으로 1시간 용접 시 아세틸렌 소모량이 100L인 것은?
① 고압식 200번 팁
② 중압식 200번 팁
③ 가변압식 100번 팁
④ 불변압식 100번 팁

> 해설) 프랑스식(가변압식) 토치의 숫자는 표준불꽃 사용 시 한시간당 소비되는 아세틸렌가스의 양(리터)을 나타내고 독일식(불변압식) 토치의 숫자는 용접 가능한 판 두께를 나타낸다.

27 고체 상태에 있는 두 개의 금속 재료를 융접, 압접, 납땜으로 분류하여 접합하는 방법은?
① 기계적인 접합법
② 화학적 접합법

정답 21. ① 22. ③ 23. ③ 24. ④ 25. ① 26. ③ 27. ④

③ 전기적 접합법
④야금적 접합법

28 헬멧이나 핸드실드의 차광유리 앞에 보호유리를 끼우는 가장 타당한 이유는?
① 시력을 보호하기 위하여
② 가시광선을 차단하기 위하여
③ 적외선을 차단하기 위하여
④ 차광유리를 보호하기 위하여

해설 차광유리는 아크로부터 작업자의 눈을 보호하기 위해 끼우고 차광유리 앞에 끼우는 보호유리(맨유리)는 차광유리를 보호하기 위해 끼운다.

29 직류 아크용접기의 음(-)극에 용접봉을, 양(+)극에 모재를 연결한 상태의 극성을 무엇이라 하는가?
① 직류정극성   ② 직류역극성
③ 직류음극성   ④ 직류용극성

30 수동 가스절단 작업 중 절단면의 윗 모서리가 녹아 둥글게 되는 현상이 생기는 원인과 거리가 먼 것은?
① 팁과 강판 사이의 거리가 가까울 때
② 절단가스의 순도가 높을 때
③ 예열불꽃이 너무 강할 때
④ 절단속도가 너무 느릴 때

해설 절단산소의 순도가 높을수록 절단 속도가 빨라진다.

31 교류 아크용접기의 종류 중 조작이 간단하고 원격 조정이 가능한 용접기는?
① 가포화 리액터형 용접기
② 가동 코일형 용접기
③ 가동 철심형 용접기
④ 탭 전환형 용접기

32 가연성 가스에 대한 설명 중 가장 옳은 것은?
① 가연성 가스는 CO_2와 혼합하면 더욱 잘 탄다.
② 가연성 가스는 혼합 공기가 적은 만큼 완전 연소한다.
③ 산소, 공기 등과 같이 스스로 연소하는 가스를 말한다.
④ 가연성 가스는 혼합한 공기와의 비율이 적절한 범위 안에서 잘 연소한다.

33 수중 절단 작업을 할 때에는 예열 가스의 양을 공기 중의 몇 배로 하는가?
① 0.5~1배   ② 1.5~2배
③ 4~8배   ④ 9~16배

34 아크용접기의 구비 조건으로 틀린 것은?
① 구조 및 취급이 간단해야 한다.
② 사용 중에 온도 상승이 커야 한다.
③ 전류 조정이 용이하고, 일정한 전류가 흘러야 한다.
④ 아크 발생 및 유지가 용이하고 아크가 안정되어야 한다.

해설 **아크용접기의 구비 조건**
㉠ 위 문제 보기의 ①, ③, ④ 외에 사용 중에 온도 상승이 적어야 한다.
㉡ 아크 발생이 잘 되도록 무부하 전압이 유지되어야 한다.(교류 70~80V, 직류 40~60V)
㉢ 가격이 저렴하고 사용 유지비가 적게 들어야 한다.

정답
28. ④ 29. ① 30. ② 31. ① 32. ④ 33. ③ 34. ②

ⓔ 역률 및 효율이 좋아야 한다.

35 철강을 가스절단하려고 할 때 절단조건으로 틀린 것은?
① 슬래그의 이탈이 양호하여야 한다.
② 모재에 연소되지 않는 물질이 적어야 한다.
③ 생성된 산화물의 유동성이 좋아야 한다.
④ 생성된 금속 산화물의 용융온도는 모재의 용융점보다 높아야 한다.

> **해설** 절단 시 생성되는 금속산화물의 용융온도가 모재의 용융온도보다 낮아야 절단이 이루어진다.

36 아크용접에서 피복제의 역할이 아닌 것은?
① 전기 절연 작용을 한다.
② 용착금속의 응고와 냉각속도를 빠르게 한다.
③ 용착금속에 적당한 합금원소를 첨가한다.
④ 용적(globule)을 미세화하고, 용착효율을 높인다.

> **해설** 피복제의 역할
> ㉠ 위 문제 보기의 ①, ③, ④ 외에 용착금속의 냉각속도를 느리게 하여 급랭을 방지한다.
> ㉡ 중성 또는 환원성 분위기로 대기 중의 유해한 원소로부터 산화, 질화를 방지하고 용착금속을 보호한다.
> ㉢ 용착금속을 탈산 정련시키며, 융점이 낮은 적당한 점성의 가벼운 슬래그를 만든다.
> ㉣ 슬래그 제거를 쉽게 하고 파형이 고운 비드를 만든다.
> ㉤ 모재 표면의 산화물을 제거하고 양호한 용접부를 만든다.
> ㉥ 스패터 발생을 적게 한다.

37 직류 용접에서 발생되는 아크 쏠림의 방지 대책 중 틀린 것은?
① 큰 가접부 또는 이미 용접이 끝난 용착부를 향하여 용접할 것
② 용접부가 긴 경우 후퇴 용접법(back step welding)으로 할 것
③ 용접봉 끝을 아크가 쏠리는 방향으로 기울일 것
④ 되도록 아크를 짧게 하여 사용할 것

> **해설** ㉠ 위 문제 보기의 ①, ②, ④ 외에 용접봉 끝을 아크 쏠림 반대 방향으로 할 것
> ㉡ 직류 대신 교류 용접으로 할 것
> ㉢ 접지점을 될 수 있는 대로 용접부에서 멀리할 것
> ㉣ 이음의 처음과 끝에 엔드 탭을 사용할 것
> ㉤ 접지점 2개를 연결할 것

38 산소-아세틸렌가스 불꽃 중 일반적인 가스용접에는 사용하지 않고 구리, 황동 등의 용접에 주로 이용되는 불꽃은?
① 탄화 불꽃
② 중성 불꽃
③ 산화 불꽃
④ 아세틸렌 불꽃

> **해설** ㉠ 탄화불꽃(아세틸렌 과잉불꽃) : 스테인리스, 모넬메탈, 스텔라이트
> ㉡ 중성불꽃(표준불꽃) : 연강, 납, 주철, 주강
> ㉢ 산화불꽃(산소과잉불꽃) : 구리, 황동, 청동

39 두 개의 모재를 강하게 맞대어 놓고 서로 상대 운동을 주어 발생되는 열을 이용하는 방식은?
① 마찰 용접
② 냉간 압접
③ 가스 압접
④ 초음파 용접

정답
35. ④ 36. ② 37. ③ 38. ③ 39. ①

40 18-8형 스테인리스강의 특징을 설명한 것 중 틀린 것은?
① 비자성체이다.
② 18-8에서 18은 Cr%, 8은 Ni%이다.
③ 결정구조는 면심입방격자를 갖는다.
④ 500~800℃로 가열하면 탄화물이 입계에 석출하지 않는다.

41 용접금속의 용융부에서 응고 과정의 순서로 옳은 것은?
① 결정핵 생성 → 수지상정 → 결정경계
② 결정핵 생성 → 결정경계 → 수지상정
③ 수지상정 → 결정핵 생성 → 결정경계
④ 수지상정 → 결정경계 → 결정핵 생성

42 질량의 대소에 따라 담금질 효과가 다른 현상을 질량 효과라고 한다. 탄소강에 니켈, 크롬, 망간 등을 첨가하면 질량 효과는 어떻게 변하는가?
① 질량 효과가 커진다.
② 질량 효과가 작아진다.
③ 질량 효과는 변하지 않는다.
④ 질량 효과가 작아지다가 커진다.

해설 질량 효과가 커지면 담금질 효과가 떨어진다. 즉, 외부는 경화되어도 내부는 경화되지 않는다. 이와 같이 담금질 효과가 떨어지는 것(담금성 저하)을 방지하기 위해 니켈, 크롬, 망간 등을 첨가하여 질량 효과를 작게 한다. 즉, 질량 효과가 작아진다는 것은 담금질 효과가 증가한다는 것이다.

43 Mg(마그네슘)의 융점은 약 몇 ℃인가?
① 650℃   ② 1538℃
③ 1670℃   ④ 3600℃

44 주철에 관한 설명으로 틀린 것은?
① 인장강도가 압축강도보다 크다.
② 주철은 백주철, 반주철, 회주철 등으로 나눈다.
③ 주철은 메짐(취성)이 연강보다 크다.
④ 흑연은 인장강도를 약하게 한다.

해설 주철의 인장강도는 압축강도의 약 1/2이다.

45 강재 부품에 내마모성이 좋은 금속을 용착시켜 경질의 표면층을 얻는 방법은?
① 브레이징(brazing)
② 숏 피닝(shot peening)
③ 하드 페이싱(hard facing)
④ 질화법(nitriding)

해설 ㉠ 브레이징 : 납땜의 한 방법으로 경납땜(hard soldering)이라고도 하며, 놋쇠납, 은납 등을 접착제로 하여 접착부를 가열하고, 이것을 용해시켜서 접합시키는 것
㉡ 숏 피닝 : 지름이 아주 작은(1mm 내외) 강철볼을 재료표면에 고속으로 분사시켜 표면을 경화시키는 방법
㉢ 질화법 : 암모니아를 고온으로 가열할 때 분리된 질소를 모재 표면에 침투시켜서 표면을 경화시키는 방법

46 용해 시 흡수한 산소를 인(P)으로 탈산하여 산소를 0.01% 이하로 한 것이며, 고온에서 수소 취성이 없고 용접성이 좋아 가스관, 열교환관 등으로 사용되는 구리는?
① 탈산구리   ② 정련구리
③ 전기구리   ④ 무산소구리

정답
40. ④ 41. ① 42. ② 43. ① 44. ① 45. ③ 46. ①

47 저합금강 중에서 연강에 비하여 고장력강의 사용 목적으로 틀린 것은?
① 재료가 절약된다.
② 구조물이 무거워진다.
③ 용접공수가 절감된다.
④ 내식성이 향상된다.

> 해설 • 위 문제 보기의 ①, ③, ④ 외에 구조물의 무게를 경감시킬 수 있으며, 강도, 경도가 증가한다.

48 다음 중 주조상태의 주강품 조직이 거칠고 취약하기 때문에 반드시 실시해야 하는 열처리는?
① 침탄   ② 풀림
③ 질화   ④ 금속침투

49 합금강이 탄소강에 비하여 좋은 성질이 아닌 것은?
① 기계적 성질 향상
② 결정입자의 조대화
③ 내식성, 내마멸성 향상
④ 고온에서 기계적 성질 저하 방지

50 산소나 탈산제를 품지 않으며, 유리에 대한 봉착성이 좋고 수소취성이 없는 시판동은?
① 무산소동   ② 전기동
③ 전련동   ④ 탈산동

51 도면에 아래와 같이 리벳이 표시되었을 경우 올바른 설명은?

"ks b 1101 둥근 머리 리벳 25×36 SWRM 10"

① 호칭 지름은 25mm이다.
② 리벳이음의 피치는 400mm이다.
③ 리벳의 재질은 황동이다.
④ 둥근머리부의 바깥지름은 36mm이다.

> 해설 • 리벳의 호칭은 "규격번호 종류 지름×길이 재료"로 표시한다.
> • 규격번호 : KSB
> • 종류 : 둥근 머리 리벳, 지름 : 25mm, 길이 : 36mm, 재료 : SWRM 10(연강선재)

52 기계제도 도면에서 "t20"이라는 치수가 있을 경우 "t"가 의미하는 것은?
① 모따기   ② 재료의 두께
③ 구의 지름   ④ 정사각형의 변

> 해설 • 모따기 : C
> • 구의 지름 : s∅
> • 정사각형의 변 : □

53 도면에서의 지시한 용접법으로 바르게 짝지어진 것은?

① 이면 용접, 필릿 용접
② 겹치기 용접, 플러그 용접
③ 평형 맞대기 용접, 필릿 용접
④ 심 용접, 겹치기 용접

54 그림은 배관용 밸브의 도시 기호이다. 어떤 밸브의 도시 기호인가?

정답
47. ② 48. ② 49. ② 50. ① 51. ① 52. ② 53. ③ 54. ②

① 앵글 밸브 ② 체크 밸브
③ 게이트 밸브 ④ 안전 밸브

55 배관용 아크용접 탄소강 강관의 KS 기호는?

① PW ② WM
③ SCW ④ SPW

> **해설**
> • PW : 피아노선
> • WM : 화이트메탈
> • SCW : 용접구조용 주강품

56 기계 제작 부품 도면에서 도면의 윤곽선 오른쪽 아래 구석에 위치하는 표제란을 가장 올바르게 설명한 것은?

① 품번, 품명, 재질, 주서 등을 기재한다.
② 제작에 필요한 기술적인 사항을 기재한다.
③ 제조 공정별 처리방법, 사용공구 등을 기재한다.
④ 도번, 도명, 제도 및 검도 등 관련자 서명, 척도 등을 기재한다.

57 그림과 같이 제3각법으로 정면도와 우측면도를 작도할 때 누락된 평면도로 적합한 것은?

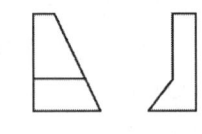

58 그림과 같은 원추를 전개하였을 경우 전개면의 꼭지각이 180°가 되려면 φD의 치수는 얼마가 되어야 하는가?

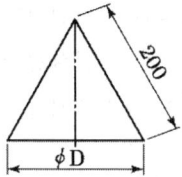

① φ100 ② φ120
③ φ180 ④ φ200

> **해설** 꼭지각 $\alpha = 360 \times$ 밑원의 반지름/빗변의 실제 길이이므로 $180 = 360 \times x/200$에서 x값은 100이다. 그러므로 반지름이 100이므로 지름은 200이다.

59 단면을 나타내는 해칭선의 방향이 가장 적합하지 않은 것은?

① ②
③ ④

60 기계제도에서 사용하는 선의 굵기의 기준이 아닌 것은?

① 0.9mm ② 0.25mm
③ 0.18mm ④ 0.7mm

정답
55. ④ 56. ④ 57. ② 58. ④ 59. ③ 60. ①

2014년 제2회 과년도출제문제 — 특수용접기능사

01 아세틸렌가스의 성질에 대한 설명으로 옳은 것은?
① 수소와 산소가 화합된 매우 안정된 기체이다.
② 1리터의 무게는 1기압 15℃에서 117g이다.
③ 가스용접용 가스이며, 카바이드로부터 제조된다.
④ 공기를 1로 했을 때의 비중은 1.91이다.

해설 아세틸렌가스는 불포화탄화수소(탄소와 수소의 화합물)의 한 종류로 불완전한 상태의 가스이며 비중은 0.906이고 1리터의 무게는 15℃ 1기압에서 1.176g이다.

02 금속의 접합법 중 야금학적 접합법이 아닌 것은?
① 융접   ② 압접
③ 납땜   ④ 볼트 이음

해설 금속의 접합법에는 기계적 접합법과 야금적 접합법이 있다. 야금적 접합법으로는 용접이 있으며, 기계적 접합법으로는 나사이음, 리벳이음, 확관, 심(접어잇기) 등이 있다.

03 오스테나이트계 스테인리스강은 용접 시 냉각되면서 고온균열이 발생되는데 주원인이 아닌 것은?
① 아크 길이가 짧을 때
② 모재가 오염되어 있을 때
③ 크레이터 처리를 하지 않을 때
④ 구속력이 가해진 상태에서 용접할 때

04 직류 아크용접의 극성에 관한 설명으로 옳은 것은?
① 직류정극성에서는 용접봉의 녹음 속도가 빠르다.
② 직류역극성에서는 용접봉에 30%의 열 분배가 되기 때문에 용입이 깊다.
③ 직류정극성에서는 용접봉에 70%의 열 분배가 되기 때문에 모재의 용입이 얕다.
④ 직류역극성은 박판, 주철, 고탄소강, 비철금속의 용접에 주로 사용된다.

해설 직류정극성은 모재에 (+)극, 용접봉에 (-)극을 연결하는 것으로, (+)극에서 전체 열량의 70%가 발생되는 특성상 모재의 녹음이 빠르고 용입이 깊은 것이 정극성의 특징이다.

05 다음 중 가스 압접의 특징으로 틀린 것은?
① 이음부의 탈탄층이 전혀 없다.
② 작업이 거의 기계적이어서, 숙련이 필요하다.
③ 용가재 및 용제가 불필요, 용접시간이 빠르다.
④ 장치가 간단하여 설비비, 보수비가 싸고 전력이 불필요하다.

정답 1. ③ 2. ④ 3. ① 4. ④ 5. ②

06 직류 용접기와 비교하여 교류 용접기의 특징을 틀리게 설명한 것은?
① 유지가 쉽다.
② 아크가 불안정하다.
③ 감전의 위험이 적다.
④ 고장이 적고, 값이 싸다.

　해설　교류 용접기는 무부하 전압이 70~80V 정도로 직류(40~60V)보다 높으므로 감전의 위험이 직류보다 크다.

07 가스절단 시 예열 불꽃이 약할 때 나타나는 현상으로 틀린 것은?
① 절단속도가 늦어진다.
② 역화 발생이 감소된다.
③ 드래그가 증가한다.
④ 절단이 중단되기 쉽다.

08 피복 아크용접 작업에서 아크 길이에 대한 설명 중 틀린 것은?
① 아크 길이는 일반적으로 3mm 정도가 적당하다.
② 아크 전압은 아크 길이에 반비례한다.
③ 아크 길이가 너무 길면 아크가 불안정하게 된다.
④ 양호한 용접은 짧은 아크(short arc)를 사용한다.

09 가스 절단에 영향을 미치는 인자가 아닌 것은?
① 후열 불꽃　② 예열 불꽃
③ 절단 속도　④ 절단 조건

10 피복 아크용접에서 아크열에 의해 모재가 녹아 들어간 깊이는?
① 용적　② 용입
③ 용락　④ 용착금속

　해설　㉠ 용적 : 용접봉이 아크에 의해 녹으면서 모재로 이행되는 현상
㉡ 용착금속 : 용접봉심선과 모재가 녹아 금속으로 이루어진 부분
㉢ 용락 : 전류가 높거나 모재가 과열 시 용융금속이 모재에 용착되지 않고 흘러내리는 현상

11 가스용접 시 전진법과 후진법을 비교 설명한 것 중 틀린 것은?
① 전진법은 용접속도가 느리다.
② 후진법은 열 이용률이 좋다.
③ 후진법은 용접변형이 크다.
④ 전진법은 개선 홈의 각도가 크다.

12 피복 아크용접봉에서 피복 배합제인 아교의 역할은?
① 고착제　② 합금제
③ 탈산제　④ 아크 안정제

13 교류 아크용접기 부속장치 중 용접봉 홀더의 종류(KS)가 아닌 것은?
① 100호　② 200호
③ 300호　④ 400호

　해설　용접봉 홀더의 종류
125호, 160호, 200호, 250호, 300호, 400호, 500호

14 절단용 산소 중의 불순물이 증가되면 나타나는 결과가 아닌 것은?

정답　6. ③　7. ②　8. ②　9. ①　10. ②　11. ③　12. ①　13. ①　14. ②

① 절단속도가 늦어진다.
② 산소의 소비량이 적어진다.
③ 절단 개시 시간이 길어진다.
④ 절단 홈의 폭이 넓어진다.

15 탄소 아크 절단에 압축공기를 병용하여 전극 홀더의 구멍에서 탄소 전극봉에 나란히 분출하는 고속의 공기를 분출시켜 용융금속을 불어내어 홈을 파는 방법은?
① 금속 아크 절단
② 아크 에어 가우징
③ 플라즈마 아크 절단
④ 불활성가스 아크 절단

해설
㉠ 금속 아크 절단 : 탄소 전극봉 대신 절단 전용의 특수 피복을 입힌 피복봉을 사용하여 절단하는 방법이다.
㉡ 플라즈마 아크 절단 : 아크 플라즈마의 바깥 둘레를 강제로 냉각하여 발생하는 고온, 고속의 플라즈마를 이용한 절단법으로 금속재료는 물론 비철금속의 절단도 가능하다.
㉢ 불활성가스 아크 절단 : 전극의 주위에서 아르곤이나 헬륨 등과 같이 금속과 반응이 잘 일어나지 않는 불활성가스를 유출시키면서 절단하는 방법으로 티그 절단과 미그 절단이 있다.

16 균열에 대한 감수성이 좋아 구속도가 큰 구조물의 용접이나 탄소가 많은 고탄소강 및 황의 함유량이 많은 쾌삭강 등의 용접에 사용되는 용접봉의 계통은?
① 고산화티탄계   ② 일미나이트계
③ 라임티탄계   ④ 저수소계

17 서브머지드 아크용접법에서 다전극 방식의 종류에 해당되지 않는 것은?
① 탠덤식 방식
② 횡 병렬식 방식
③ 횡 직렬식 방식
④ 종 직렬식 방식

18 스테인리스강을 용접하면 용접부가 입계부식을 일으켜 내식성을 저하시키는 원인으로 가장 적합한 것은?
① 자경성 때문이다.
② 적열취성 때문이다.
③ 탄화물의 석출 때문이다.
④ 산화에 의한 취성 때문이다.

19 라우탈(Lautal) 합금의 주성분은?
① Al - Cu - Si   ② Al - Si - Ni
③ Al - Cu - Mn   ④ Al - Si - Mn

20 다음의 열처리 중 항온열처리 방법에 해당되지 않는 것은?
① 마퀜칭   ② 마템퍼링
③ 오스템퍼링   ④ 인상 담금질

해설 인상 담금질
담금질의 한 종류로 강을 상온까지 냉각시키지 않고 재료가 뜨거울 때 꺼내서 서서히 냉각시키는 담금질 방법

21 금속의 공통적 특성에 대한 설명으로 틀린 것은?
① 열과 전기의 부도체이다.
② 금속특유의 광택을 갖는다.
③ 소성변형이 있어 가공이 가능하다.
④ 수은을 제외하고 상온에서 고체이며,

정답
15. ② 16. ④ 17. ④ 18. ③ 19. ① 20. ④ 21. ①

결정체이다.

해설 위 문제 보기의 ②, ③, ④ 외에 비중이 크고, 열과 전기의 양도체이다.

22 베어링에 사용되는 대표적인 구리합금으로 70% Cu – 30% Pb 합금은?
① 켈밋(kelmet)
② 톰백(tombac)
③ 다우메탈(dow metal)
④ 배빗메탈(babbit metal)

해설 ㉠ 톰백 : 구리에 아연을 8~20% 정도 함유한 것으로 모조금 등 금 대용으로 사용한다.
㉡ 다우메탈 : 마그네슘에 알루미늄을 10% 내외 함유한 것으로 주물용으로 주로 사용된다.
㉢ 배빗메탈 : 이것은 주석(Sn) 80~90%, 안티몬(Sb) 3~12%, 구리(Cu) 3~7%가 표준 조성이고, 이 밖에 납(Pb), 아연(Zn) 등을 포함한 것으로 내연기관용 베어링에 주로 사용된다.

23 구리(Cu)와 그 합금에 대한 설명 중 틀린 것은?
① 가공하기 쉽다.
② 전연성이 우수하다.
③ 아름다운 색을 가지고 있다.
④ 비중이 약 2.7인 경금속이다.

해설 구리의 비중은 8.96으로 중금속에 속한다.

24 주강에 대한 설명으로 틀린 것은?
① 주조 조직 개선과 재질 균일화를 위해 풀림처리를 한다.
② 주철에 비해 기계적 성질이 우수하고, 용접에 의한 보수가 용이하다.
③ 주철에 비해 강도는 작으나 용융점이 낮고 유동성이 커서 주조성이 좋다.
④ 탄소함유량에 따라 저탄소 주강, 중탄소 주강, 고탄소 주강으로 분류한다.

해설 주강은 주철에 비해 강도가 크고 용융점이 높으나, 쇳물의 유동성이 떨어지므로 주조성이 떨어진다.

25 주철에서 탄소와 규소의 함유량에 의해 분류한 조직의 분포를 나타낸 것은?
① T.T.T 곡선
② Fe-C 상태도
③ 공정반응 조직도
④ 마우러(maurer) 조직도

해설 ㉠ TTT 곡선 : Time Temperature Transformation diagram의 머리글자를 딴 것으로 온도-시간 변태 곡선, 즉 온도와 시간에 따라 과냉 오스테나이트의 조직 변태를 나타낸 곡선이다.
㉡ Fe-C 상태도 : 탄소의 함유량과 온도에 따라 탄소강의 조직과 변태에 대해 나타낸 상태도

26 탄소강의 담금질 중 고온의 오스테나이트 영역에서 소재를 냉각하면 냉각 속도의 차에 따라 마텐자이트, 페라이트, 펄라이트, 소르바이트 등의 조직으로 변태되는데 이들 조직 중에서 강도와 경도가 가장 높은 것은?
① 마텐자이트
② 페라이트
③ 펄라이트
④ 소르바이트

해설 담금질 조직의 강도 순서
마텐자이트>펄라이트>소르바이트>오스테나이트 순이다.

정답
22. ① 23. ④ 24. ③ 25. ④ 26. ①

27 Mg-Al에 소량의 Zn과 Mn을 첨가한 합금은?

① 엘린바(Elinvar)
② 엘렉트론(Elektron)
③ 퍼멀로이(Permalloy)
④ 모넬메탈(Monel metal)

해설 ㉠ 엘린바 : 철-니켈-크롬의 합금으로 불변강의 한 종류이며 고급시계 등에 사용된다.
㉡ 퍼멀로이 : 니켈-철계 합금으로 투자율이 높아 자기헤드, 변성기, 릴레이 등에 사용된다.
㉢ 모넬메탈 : 니켈-철-구리계 합금으로 화학공업용으로 사용된다.

28 산소-아세틸렌가스를 사용하여 담금질성이 있는 강재의 표면만을 경화시키는 방법은?

① 질화법
② 가스 침탄법
③ 화염 경화법
④ 고주파 경화법

29 시험재료의 전성, 연성 및 균열의 유무 등 용접부위를 시험하는 시험법은?

① 굴곡시험 ② 경도시험
③ 압축시험 ④ 조직시험

30 납땜 시 사용하는 용제가 갖추어야 할 조건이 아닌 것은?

① 사용재료의 산화를 방지할 것
② 전기 저항 납땜에는 부도체를 사용할 것
③ 모재와의 친화력을 좋게 할 것
④ 산화피막 등의 불순물을 제거하고 유동성이 좋을 것

31 불활성가스 텅스텐 아크용접의 장점으로 틀린 것은?

① 용제가 불필요하다.
② 용접품질이 우수하다.
③ 전자세 용접이 가능하다.
④ 후판용접에 능률적이다.

32 제품을 제작하기 위한 조립 순서에 대한 설명으로 틀린 것은?

① 대칭으로 용접하여 변형을 예방한다.
② 리벳작업과 용접을 같이 할 때는 리벳작업을 먼저 한다.
③ 동일 평면 내에 많은 이음이 있을 때는 수축은 가능한 한 자유단으로 보낸다.
④ 용접선의 직각 단면 중심축에 대하여 용접의 수축력의 합이 0(zero)이 되도록 용접순서를 취한다.

33 언더컷의 원인이 아닌 것은?

① 전류가 높을 때
② 전류가 낮을 때
③ 빠른 용접 속도
④ 운봉각도의 부적합

해설 전류가 낮으면 오버랩과 용입 불량, 슬래그 섞임 등의 결함이 발생한다.

34 반자동 CO_2 가스 아크 편면(one side)용접 시 뒷댐 재료로 가장 많이 사용되는 것은?

① 세라믹 제품
② CO_2 가스

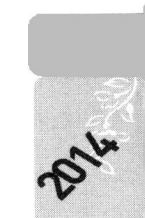

③ 테플론 테이프
④ 알루미늄 판재

35 서브머지드 아크용접에서 맞대기 용접이음 시 받침쇠가 없을 경우 루트 간격은 몇 mm 이하가 가장 적합한가?
① 0.8mm ② 1.5mm
③ 2.0mm ④ 2.5mm

36 용접 후 잔류응력이 있는 제품에 하중을 주어 용접부에 약간의 소성 변형을 일으키게 한 다음 하중을 제거하는 잔류응력 경감 방법은?
① 노내 풀림법
② 국부 풀림법
③ 기계적 응력 완화법
④ 저온 응력 완화법

> **해설** ㉠ 노내 풀림법 : 제품 전체를 가열로 안에 넣고 적당한 온도에서 일정 시간 유지한 다음 노 내에서 서냉시켜 잔류응력을 경감시키는 방법
> ㉡ 저온 응력 완화법 : 용접선 양측을 일정 속도로 이동하는 가스 불꽃에 의해 너비 약 150mm를 150~200℃로 가열한 다음 곧 수냉하여 응력을 제거하는 방법
> ㉢ 국부 풀림법 : 용접선의 좌우 양측을 각각 250mm 범위 혹은 판 두께의 12배 이상의 범위를 가스 불꽃 등으로 노내 풀림과 같은 온도 및 시간을 유지한 다음 서냉하여 응력을 제거하는 방법

37 연강용 피복용접봉에서 피복제의 역할이 아닌 것은?
① 아크를 안정시킨다.
② 스패터(spatter)를 많게 한다.
③ 파형이 고운 비드를 만든다.
④ 용착금속의 탈산정련 작용을 한다.

38 전기누전에 의한 화재의 예방대책으로 틀린 것은?
① 금속관 내에는 접속점이 없도록 해야 한다.
② 금속관의 끝에는 캡이나 절연 부싱을 하여야 한다.
③ 전선 공사 시 전선피복의 손상이 없는지를 점검한다.
④ 전기기구의 분해조립을 쉽게 하기 위하여 나사의 조임을 헐겁게 해 놓는다.

39 솔리드 이산화탄소 아크용접의 특징에 대한 설명으로 틀린 것은?
① 바람의 영향을 전혀 받지 않는다.
② 용제를 사용하지 않아 슬래그의 혼입이 없다.
③ 용접 금속의 기계적, 야금적 성질이 우수하다.
④ 전류 밀도가 높아 용입이 깊고 용융 속도가 빠르다.

> **해설** 이산화탄소 아크용접은 탄산가스를 보호가스로 사용하므로 풍속이 0.8m 이상이면 방풍대책을 세워야 한다.

40 화상에 의한 응급조치로서 적절하지 않은 것은?
① 냉찜질을 한다.
② 붕산수로 찜질한다.
③ 전문의의 치료를 받는다.

정답 35. ① 36. ③ 37. ② 38. ④ 39. ① 40. ④

④ 물집을 터트리고 수건으로 감싼다.

41 서브머지드 아크용접에 사용되는 용접용 용제 중 용융형 용제에 대한 설명으로 옳은 것은?
① 화학적 균일성이 양호하다.
② 미용융 용제는 다시 사용이 불가능하다.
③ 흡습성이 있어 재건조가 필요하다.
④ 용융 시 분해되거나 산화되는 원소를 첨가할 수 있다.

해설
• 용융형 용제의 특징
  ㉠ 비드 외관이 아름답다.
  ㉡ 흡습성이 거의 없으므로 재건조가 불필요하다.
  ㉢ 미용융 용제는 재사용이 가능하다.
  ㉣ 용제의 화학적 균일성이 양호하다.
  ㉤ 용접전류에 따라 입자의 크기가 다른 용제를 사용해야 한다.
  ㉥ 용융 시 분해되거나 산화되는 원소를 첨가할 수 없다.
  ㉦ 흡습이 심한 경우 사용하기 전 150℃에서 1시간 정도 건조가 필요하다.
• 소결형 용제의 특징
  ㉠ 고전류에서의 용접 작업성이 좋고 후판의 고능률 용접에 적합하다.
  ㉡ 용접금속의 성질이 우수하며 특히 절연성이 우수하다.
  ㉢ 합금원소 첨가가 용이하다.
  ㉣ 용융형 용제에 비해 용제의 소모량이 적다.
  ㉤ 낮은 전류에서 높은 전류까지 동일 입도의 용제로 용접이 가능하다.
  ㉥ 흡습성이 높으므로 사용 전에 200~300℃로 1시간 정도 건조해야 한다.

42 아크 발생 시간이 3분, 아크 발생 정지 시간이 7분일 경우 사용률(%)은?
① 100% ② 70%
③ 50% ④ 30%

해설 사용률(%)=아크 발생 시간/아크 발생 시간+휴식시간×100

43 용접부의 결함 검사법에서 초음파 탐상법의 종류에 해당되지 않는 것은?
① 공진법 ② 투과법
③ 스테레오법 ④ 펄스반사법

44 서브머지드 아크용접용 재료 중 와이어의 표면에 구리를 도금한 이유에 해당되지 않는 것은?
① 콘택트 팁과의 전기적 접촉을 좋게 한다.
② 와이어에 녹이 발생하는 것을 방지한다.
③ 전류의 통전 효과를 높게 한다.
④ 용착금속의 강도를 높게 한다.

45 공랭식 MIG 용접토치의 구성 요소가 아닌 것은?
① 와이어 ② 공기 호스
③ 보호가스 호스 ④ 스위치 케이블

46 전기저항 점 용접 작업 시 용접기 조작에 대한 3대 요소가 아닌 것은?
① 가압력 ② 통전시간
③ 전극봉 ④ 전류세기

47 논 가스 아크용접(non gas arc welding)의 장점에 대한 설명으로 틀린 것은?
① 바람이 있는 옥외에서도 작업이 가능하다.
② 용접 장치가 간단하며 운반이 편리하다.

정답
41. ① 42. ④ 43. ③ 44. ④ 45. ② 46. ③ 47. ③

③ 융착금속의 기계적 성질은 다른 용접법에 비해 우수하다.
④ 피복 아크용접봉의 저수소계와 같이 수소의 발생이 적다.

48 전격에 의한 사고를 입을 위험이 있는 경우와 거리가 가장 먼 것은?
① 옷이 습기에 젖어 있을 때
② 케이블의 일부가 노출되어 있을 때
③ 홀더의 통전부분이 절연되어 있을 때
④ 용접 중 용접봉 끝에 몸이 닿았을 때

49 용접부의 내부 결함으로서 슬래그 섞임을 방지하는 것은?
① 용접전류를 최대한 낮게 한다.
② 루트 간격을 최대한 좁게 한다.
③ 전층의 슬래그는 제거하지 않고 용접한다.
④ 슬래그가 앞지르지 않도록 운봉속도를 유지한다.

50 수냉 동판을 용접부의 양면에 부착하고 용융된 슬래그 속에서 전극와이어를 연속적으로 송급하여 용융슬래그 내를 흐르는 저항열에 의하여 전극와이어 및 모재를 용융 접합시키는 용접법은?
① 초음파 용접
② 플라즈마 제트 용접
③ 일렉트로 가스 용접
④ 일렉트로 슬래그 용접

51 냉간 압연 강판 및 강대에서 일반용으로 사용되는 종류의 KS 재료 기호는?
① SPSC
② SPHC
③ SSPC
④ SPCC

52 원호의 길이 치수 기입에서 원호를 명확히 하기 위해서 치수에 사용되는 치수 보조 기호는?
① (20)
② C20
③ 20 (사각형)
④ 20 (호)

해설 (20) : 참고 치수
C20 : 모따기 치수
20 : 이론적으로 정확한 치수

53 미터 나사의 호칭지름은 수나사의 바깥지름을 기준으로 정한다. 이에 결합되는 암나사의 호칭지름은 무엇이 되는가?
① 암나사의 골지름
② 암나사의 안지름
③ 암나사의 유효지름
④ 암나사의 바깥지름

54 배관의 간략도시방법 중 환기계 및 배수계의 끝부분 장치 도시방법의 평면도에서 그림과 같이 도시된 것의 명칭은?
① 회전식 환기삿갓
② 고정식 환기삿갓
③ 벽붙이 환기삿갓
④ 콕이 붙은 배수구

55 바퀴의 암(arm), 림(rim), 축(shaft), 훅(hook) 등을 나타낼 때 주로 사용하는 단면도로서, 단면의 일부를 90° 회전하여 나타낸

정답
48. ③ 49. ④ 50. ④ 51. ④ 52. ④ 53. ① 54. ④ 55. ②

단면도는?
① 부분 단면도
② 회전도시 단면도
③ 계단 단면도
④ 곡면 단면도

56 도면의 마이크로필름 촬영, 복사할 때 등의 편의를 위해 만든 것은?
① 중심마크 ② 비교눈금
③ 도면구역 ④ 재단마크

57 그림과 같은 입체를 제3각법으로 나타낼 때 가장 적합한 투상도는? (단, 화살표 방향을 정면으로 한다.)

58 그림과 같은 입체도에서 화살표 방향이 정면일 경우 좌측면도로 가장 적합한 것은?

59 용기 모양의 대상물 도면에서 아주 굵은 실선을 외형선으로 표시하고 치수 표시가 ϕint 34로 표시된 경우 가장 올바르게 해독한 것은?
① 도면에서 int로 표시된 부분의 두께 치수
② 화살표로 지시된 부분의 폭방향 치수가 ϕ34mm
③ 화살표로 지시된 부분의 안쪽 치수가 ϕ34mm
④ 도면에서 int로 표시된 부분만 인치단위 치수

60 용접부의 도시기호가 "a4▷3×25(7)"일 때의 설명으로 틀린 것은?
① ▷ - 필릿 용접
② 3 - 용접부의 폭
③ 25 - 용접부의 길이
④ 7 - 인접한 용접부의 간격

해설 a4 : 목 두께, 3 : 용접부의 개수

정답
56. ① 57. ④ 58. ② 59. ③ 60. ②

2014년 제4회 과년도출제문제 용접기능사

01 납땜 시 강한 접합을 위한 틈새는 어느 정도가 가장 적당한가?
① 0.02~0.10mm
② 0.20~0.30mm
③ 0.30~0.40mm
④ 0.40~0.50mm

02 다음 중 맞대기 저항용접의 종류가 아닌 것은?
① 업셋 용접
② 프로젝션 용접
③ 퍼커션 용접
④ 플래시 버트 용접

해설 ㉠ 겹치기 저항용접 : 점 용접, 프로젝션 용접, 심 용접(메시 심 용접)
㉡ 맞대기 저항용접 : 업셋 용접, 퍼커션 용접, 플래시 버트 용접, 심 용접(포일 심 용접, 버트 심 용접)

03 MIG 용접에서 가장 많이 사용되는 용적 이행 형태는?
① 단락 이행
② 스프레이 이행
③ 입상 이행
④ 글로뷸러 이행

04 다음 중 용접부의 검사방법에 있어 비파괴 검사법이 아닌 것은?
① X선 투과 시험
② 형광침투 시험
③ 피로시험
④ 초음파 시험

해설 피로시험
시험 재료에 반복적으로 하중을 가해서 재료가 파단될 때까지의 반복횟수를 구하는 방법으로 강도시험, 경도시험과 함께 기계적 시험법의 한 종류이다.

05 CO_2 가스 아크용접에서 솔리드 와이어에 비교한 복합 와이어의 특징을 설명한 것으로 틀린 것은?
① 양호한 용착금속을 얻을 수 있다.
② 스패터가 많다.
③ 아크가 안정된다.
④ 비드 외관이 깨끗하며 아름답다.

06 다음 용접법 중 저항용접이 아닌 것은?
① 스폿 용접
② 심 용접
③ 프로젝션 용접
④ 스터드 용접

해설 저항용접은 압접의 일종이고, 스터드 용접은 융접의 일종이다.

07 아크용접의 재해라 볼 수 없는 것은?
① 아크 광선에 의한 전안염
② 스패터 비산으로 인한 화상
③ 역화로 인한 화재
④ 전격에 의한 감전

해설 역화는 가스용접 시 발생하는 현상으로 팁 끝이 막혔거나, 팁의 과열 시 나타나는 것

정답 1. ① 2. ② 3. ② 4. ③ 5. ② 6. ④ 7. ③

으로 "펑"하는 폭발음과 함께 불꽃이 꺼졌다가 다시 나타나는 현상이다.

08 다음 중 전자 빔 용접의 장점과 거리가 먼 것은?

① 고진공 속에서 용접을 하므로 대기와 반응되기 쉬운 활성 재료도 용이하게 용접된다.
② 두꺼운 판의 용접이 불가능하다.
③ 용접을 정밀하고 정확하게 할 수 있다.
④ 에너지 집중이 가능하기 때문에 고속으로 용접이 된다.

09 대상물에 감마선(γ-선), 엑스선(X-선)을 투과시켜 필름에 나타나는 상으로 결함을 판별하는 비파괴 검사법은?

① 초음파 탐상 검사
② 침투 탐상 검사
③ 와전류 탐상 검사
④ 방사선 투과 검사

해설 ㉠ 초음파 탐상 검사 : 파장이 짧은 음파(0.5~15MHz)를 검사물의 내부에 침투시켜 결함을 검사하는 비파괴 시험법으로 검사 방법에 따라 투과법, 펄스 반사법, 공진법이 있다.
㉡ 침투 탐상 검사 : 용접부의 표면을 깨끗이 세척한 다음 침투력이 강한 액체를 표면에 칠하면 결함이 있는 곳에 침투액이 스며들고 건조 후 현상액을 칠하면 침투액과의 반응으로 결함을 발견한다.
㉢ 와전류 탐상 검사 : 금속재료에 맴돌이 전류를 발생시켜 그 와류 전류의 변화를 측정하여 용접부의 결함 유무 및 그 크기를 추정하는 비파괴 검사법이다.

10 다음 그림 중에서 용접 열량의 냉각속도가 가장 큰 것은?

11 MIG 용접의 용적이행 중 단락 아크용접에 관한 설명으로 맞는 것은?

① 용적이 안정된 스프레이 형태로 용접된다.
② 고주파 및 저전류 펄스를 활용한 용접이다.
③ 임계전류 이상의 용접 전류에서 많이 적용된다.
④ 저전류, 저전압에서 나타나며 박판용접에 사용된다.

12 용접결함 중 내부에 생기는 결함은?

① 언더컷
② 오버랩
③ 크레이터 균열
④ 기공

13 다음 중 불활성 가스 텅스텐 아크용접에서 중간 형태의 용입과 비드 폭을 얻을 수 있으며, 청정 효과가 있어 알루미늄이나 마그네슘 등의 용접에 사용되는 전원은?

정답 8. ② 9. ④ 10. ④ 11. ④ 12. ④ 13. ③

① 직류정극성　② 직류역극성
③ 고주파 교류　④ 교류 전원

14 용접용 용제는 성분에 의해 용접 작업성, 용착 금속의 성질이 크게 변화하는데 다음 중 원료와 제조방법에 따른 서브머지드 아크용접의 용접용 용제에 속하지 않는 것은?
① 고온 소결형 용제
② 저온 소결형 용제
③ 용융형 용제
④ 스프레이형 용제

15 용접 시 발생하는 변형을 적게 하기 위하여 구속하고 용접하였다면 잔류응력은 어떻게 되는가?
① 잔류응력이 작게 발생한다.
② 잔류응력이 크게 발생한다.
③ 잔류응력은 변함없다.
④ 잔류응력과 구속용접과는 관계없다.

> 해설 변형방지를 위해 구속을 크게 할수록 잔류응력이 증가하고, 잔류응력 방지를 위해 구속을 적게 할수록 변형이 증가한다.

16 용접결함 중 균열의 보수방법으로 가장 옳은 방법은?
① 작은 지름의 용접봉으로 재용접한다.
② 굵은 지름의 용접봉으로 재용접한다.
③ 전류를 높게 하여 재용접한다.
④ 정지구멍을 뚫어 균열부분은 홈을 판 후 재용접한다.

17 안전·보건 표지의 색채, 색도기준 및 용도에서 문자 및 빨간색 또는 노란색에 대한 보조색으로 사용되는 색채는?
① 파란색　② 녹색
③ 흰색　④ 검은색

18 감전의 위험으로부터 용접 작업자를 보호하기 위해 교류 용접기에 설치하는 것은?
① 고주파 발생 장치
② 전격 방지 장치
③ 원격 제어 장치
④ 시간 제어 장치

> 해설 ㉠ 고주파 발생 장치 : 교류 아크용접기에서 안정된 아크를 얻기 위하여 고전압(2000~3000V)의 고주파(300~1000kc)를 중첩시키는 방법의 장치이다.
> ㉡ 원격 제어 장치 : 교류 아크용접기 중 가포화 리액터형 용접기에 부착하는 장치로 원격에서 전류를 조정할 수 있는 부속장치이다.

19 산화하기 쉬운 알루미늄을 용접할 경우에 가장 적합한 용접법은?
① 서브머지드 아크용접
② 불활성가스 아크용접
③ CO_2 아크용접
④ 피복 아크용접

> 해설 불활성가스 아크용접 중 TIG 용접의 경우 산화하기 쉬운 비철금속류 용접 시에는 고주파를 부착한 고주파 교류(ACHF) 용접이 가장 적합하다.

20 용접 홈의 형식 중 두꺼운 판의 양면 용접을 할 수 없는 경우에 가공하는 방법으로 한쪽 용접에 의해 충분한 용입을 얻으려고 할 때 사용되는 홈은?
① I형 홈　② V형 홈

정답 14. ④　15. ②　16. ④　17. ④　18. ②　19. ②　20. ③

③ U형 홈   ④ H형 홈

21 금속산화물이 알루미늄에 의하여 산소를 빼앗기는 반응에 의해 생성되는 열을 이용하여 금속을 접합시키는 용접법은?

① 스터드 용접
② 테르밋 용접
③ 원자수소 용접
④ 일렉트로슬래그 용접

22 아래 [그림]과 같이 각 층마다 전체의 길이를 용접하면서 쌓아 올리는 가장 일반적인 방법으로 주로 사용하는 용착법은?

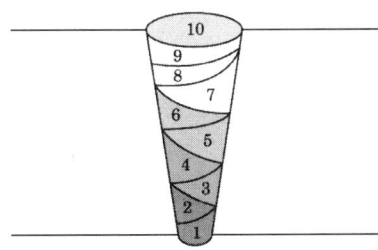

① 교호법   ② 덧살 올림법
③ 캐스케이드법   ④ 전진 블록법

해설 다층 비드 쌓기의 종류

(a) 덧살 올림법

(b) 캐스케이드법

(c) 전진 블록법(용접중심선 단면도)

㉠ 캐스케이드법 : 한 부분의 몇 층을 용접하다가 이것을 다음 부분의 층으로 연속시켜 전체가 계단형태로 단계를 이루도록 용착시켜 나가는 방법
㉡ 전진블록법 : 한 개의 용접봉으로 살을 붙일 만한 길이로 구분해서, 홈을 한 부분씩 여러 층으로 쌓아 올린 다음, 다른 부분으로 진행하는 방법이다.

23 용접에 의한 이음을 리벳이음과 비교했을 때, 용접이음의 장점이 아닌 것은?

① 이음구조가 간단하다.
② 판 두께에 제한을 거의 받지 않는다.
③ 용접 모재의 재질에 대한 영향이 작다.
④ 기밀성과 수밀성을 얻을 수 있다.

24 피복 아크용접 회로의 순서가 올바르게 연결된 것은?

① 용접기 – 전극케이블 – 용접봉 홀더 – 피복 아크용접봉 – 아크 – 모재 – 접지케이블
② 용접기 – 용접봉 홀더 – 전극케이블 – 모재 – 아크 – 피복 아크용접봉 – 접지케이블
③ 용접기 – 피복 아크용접봉 – 아크 – 모재 – 접지케이블 – 전극케이블 – 용접봉 홀더
④ 용접기 – 전극케이블 – 접지케이블 – 용접봉 홀더 – 피복 아크용접봉 – 아크 – 모재

25 연강용 가스 용접봉의 용착금속의 기계적 성질 중 시험편의 처리에서 "용접한 그대로 응력을 제거하지 않은 것"을 나타내는 기호는?

정답
21. ② 22. ② 23. ③ 24. ① 25. ①

① NSR ② SR
③ GA ④ GB

> **해설**
> • SR : 응력을 제거한 것
> • GA, GB : 용접봉의 종류를 나타내는 기호

26 용접 중에 아크가 전류의 자기작용에 의해서 한쪽으로 쏠리는 현상을 아크 쏠림(Arc Blow)이라 한다. 다음 중 아크 쏠림의 방지법이 아닌 것은?

① 직류 용접기를 사용한다.
② 아크의 길이를 짧게 한다.
③ 보조판(엔드 탭)을 사용한다.
④ 후퇴법을 사용한다.

27 발전(모터, 엔진형)형 직류 아크용접기와 비교하여 정류기형 직류 아크용접기를 설명한 것 중 틀린 것은?

① 고장이 적고 유지보수가 용이하다.
② 취급이 간단하고 가격이 싸다.
③ 초소형 경량화 및 안정된 아크를 얻을 수 있다.
④ 완전한 직류를 얻을 수 있다.

> **해설** 정류기형 용접기는 교류를 받아서 직류로 변환하여 사용하는 용접기로 완전한 직류를 얻을 수 없다.

28 가스 절단에서 양호한 절단면을 얻기 위한 조건으로 맞지 않는 것은?

① 드래그가 가능한 한 클 것
② 절단면 표면의 각이 예리할 것
③ 슬래그 이탈이 양호할 것
④ 경제적인 절단이 이루어질 것

> **해설** 드래그는 판 두께의 20% 정도가 적당

29 용접봉의 용융금속이 표면장력의 작용으로 모재에 옮겨가는 용적이행으로 맞는 것은?

① 스프레이형 ② 핀치효과형
③ 단락형 ④ 용적형

> **해설**
> ㉠ 단락형 : 비피복 용접봉 사용 시 나타난다.
> ㉡ 스프레이형 : 피복제의 일부가 가스화하여 가스를 뿜어냄으로써 미세한 용적이 스프레이와 같이 날려 모재로 이행하는 형식으로 일미나이트를 비롯한 피복용접 시 나타난다.
> ㉢ 글로뷸러형 : 비교적 큰 용적이 단락되지 않고 옮겨가는 형식이며, 서브머지드 아크용접과 같이 대전류 사용 시에 나타나며 일명 핀치효과형이라 한다.

30 피복 아크용접봉에서 피복제의 가장 중요한 역할은?

① 변형 방지 ② 인장력 증대
③ 모재 강도 증가 ④ 아크 안정

31 저수소계 용접봉의 특징이 아닌 것은?

① 용착금속 중의 수소량이 다른 용접봉에 비해서 현저하게 적다.
② 용착금속의 취성이 크며 화학적 성질도 좋다.
③ 균열에 대한 감수성이 특히 좋아서 두꺼운 판 용접에 사용된다.
④ 고탄소강 및 황의 함유량이 많은 쾌삭강 등의 용접에 사용되고 있다.

> **해설** 저수소계 용접봉의 특징
> (위의 보기 ①, ③, ④ 외에)
> ㉠ 용착금속의 강인성이 풍부하고 기계적 성질, 내균열성이 매우 우수하다.
> ㉡ 아크가 약간 불안한 현상이 있으므로 짧은 아크 사용 및 백스텝법을 이용하

정답
26. ① 27. ④ 28. ① 29. ③ 30. ④ 31. ②

면 해결할 수 있다.
ⓒ 고압용기, 후판 중구조물, 탄소당량이 높은 금속, 중요한 부재의 용접 등에 결함이 없는 양호한 용접부를 얻을 수 있다.

32 폭발 위험성이 가장 큰 산소와 아세틸렌의 혼합비(%)는? (단, 산소 : 아세틸렌)
① 40 : 60   ② 15 : 85
③ 60 : 40   ④ 85 : 15

33 연강용 피복금속 아크용접봉에서 다음 중 피복제의 염기성이 가장 높은 것은?
① 저수소계   ② 고산화철계
③ 고셀룰로오스계 ④ 티탄계

34 35℃에서 150kgf/cm²으로 압축하여 내부용적 45.7리터의 산소 용기에 충전하였을 때, 용기 속의 산소량은 몇 리터인가?
① 6855   ② 5250
③ 6105   ④ 7005

> 해설) 산소량=내용적×충전기압(현재의 용기압력)이므로, 150×45.7=6855리터가 된다.

35 산소 프로판 가스용접 시 산소 : 프로판 가스의 혼합비로 가장 적당한 것은?
① 1 : 1   ② 2 : 1
③ 2.5 : 1   ④ 4.5 : 1

> 해설) • 산소 : 아세틸렌(1.7 : 1)
> • 산소 : 수소(0.5 : 1)
> • 산소 : 메탄(2.1 : 1)

36 교류 피복 아크용접기에서 아크발생 초기에 용접전류를 강하게 흘려보내는 장치를 무엇이라고 하는가?
① 원격 제어장치
② 핫 스타트 장치
③ 전격 방지기
④ 고주파 발생장치

37 아크 절단법의 종류가 아닌 것은?
① 플라즈마 제트 절단
② 탄소 아크 절단
③ 스카핑
④ 티그 절단

38 부탄가스의 화학 기호로 맞는 것은?
① C_4H_{10} ② C_3H_8
③ C_5H_{12} ④ C_2H_6

> 해설) • C_3H_8 : 프로판
> • C_5H_{12} : 펜탄
> • C_2H_6 : 에탄
> • C_4H_8 : 부틸렌
> • C_3H_6 : 프로필렌

39 아크 에어 가우징에 가장 적합한 홀더 전원은?
① DCRP
② DCSP
③ DCRP, DCSP 모두 좋다.
④ 대전류의 DCSP가 가장 좋다.

40 열간가공이 쉽고 다듬질 표면이 아름다우며 용접성이 우수한 강으로 몰리브덴 첨가로 담금질성이 높아 각종 축, 강력볼트, 암, 레버 등에 많이 사용되는 강은?
① 크롬 – 몰리브덴강

정답
32. ④ 33. ① 34. ① 35. ④ 36. ② 37. ③ 38. ① 39. ① 40. ①

② 크롬 – 바나듐강
③ 규소 – 망간강
④ 니켈 – 구리 – 코발트강

41 고장력강(HT)의 용접성을 가급적 좋게 하기 위해 줄여야 할 합금원소는?
① C
② Mn
③ Si
④ Cr

42 내식강 중에서 가장 대표적인 특수 용도용 합금강은?
① 주강
② 탄소강
③ 스테인리스강
④ 알루미늄강

43 아공석강의 기계적 성질 중 탄소함유량이 증가함에 따라 감소하는 성질은?
① 연신율
② 경도
③ 인장강도
④ 항복강도

44 금속침투법에서 칼로라이징이란 어떤 원소로 사용하는 것인가?
① 니켈
② 크롬
③ 붕소
④ 알루미늄

> **해설** 금속침투법의 종류
> • 크로마이징 : Cr
> • 세라다이징 : Zn
> • 실리코나이징 : Si
> • 보로나이징 : B

45 주조 시 주형에 냉금을 삽입하여 주물표면을 급랭시키는 방법으로 제조되며 금속 압연용 롤 등으로 사용되는 주철은?
① 가단주철
② 칠드주철
③ 고급주철
④ 페라이트주철

> **해설** ㉠ 가단주철 : 백주철의 부족한 연신율을 보완하고 주강의 주조성을 보완하여 백주철과 주강의 중간 성질을 갖게 하고 단조성을 부여한 주철이다.
> ㉡ 고급주철 : 인장강도가 25kg/mm² 이상으로 펄라이트와 미세한 흑연으로 되어 있다.
> ㉢ 페라이트주철 : 구상흑연주철을 바탕 조직의 종류에 따라서 분류한 경우의 한 분류로 기지의 거의 대부분이 페라이트로 이루어져 있는 것. 대체로 인장강도는 40~4525kg/mm²로서 낮지만 연신율이 높으며 내마모성은 약하다.

46 알루마이트법이라 하며, Al 제품을 2% 수산 용액에서 전류를 흘려 표면에 단단하고 치밀한 산화막을 만드는 방법은?
① 통산법
② 황산법
③ 수산법
④ 크롬산법

> **해설** 수산법, 황산법, 크롬산법은 알루미늄 방식법으로 전해액 중에서 양극산화처리하여 알루미늄 표면에 강력한 산화피막을 형성시키는 방법이다.

47 주위의 온도에 의하여 선팽창 계수나 탄성률 등의 특정한 성질이 변하지 않는 불변강이 아닌 것은?
① 인바
② 엘린바
③ 슈퍼인바
④ 배빗 메탈

정답
41. ① 42. ③ 43. ① 44. ④ 45. ② 46. ③ 47. ④

> **해설** 배빗 메탈
> 주석, 안티몬 및 구리를 주성분으로 할 경우의 화이트 메탈로서, 주로 내연기관용 베어링에 많이 쓰인다.

48 다음 가공법 중 소성가공법이 아닌 것은?
① 주조   ② 압연
③ 단조   ④ 인발

> **해설** 소성가공
> 금속의 소성을 이용하여 구부리거나 해머로 두드리거나, 잡아당기는 등의 방법으로 제품을 만드는 가공법을 말하며, 주조란 용융상태의 금속을 어떤 틀에 부어 제품을 만드는 방법이다.

49 다음 중 담금질에서 나타나는 조직으로 경도와 강도가 가장 높은 조직은?
① 시멘타이트
② 오스테나이트
③ 소르바이트
④ 마텐자이트

50 일반적으로 강에 S, Pb, P 등을 첨가하여 절삭성을 향상시킨 강은?
① 구조용강
② 쾌삭강
③ 스프링강
④ 탄소공구강

51 그림과 같이 파단선을 경계로 필요로 하는 요소의 일부만을 단면으로 표시하는 단면도는?

① 온 단면도
② 부분 단면도
③ 한쪽 단면도
④ 회전 도시 단면도

52 그림과 같은 치수 기입 방법은?

① 직렬 치수 기입법
② 병렬 치수 기입법
③ 조합 치수 기입법
④ 누진 치수 기입법

53 관의 구배를 표시하는 방법 중 틀린 것은?

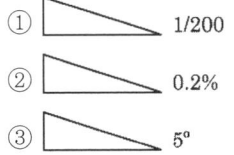

① 1/200
② 0.2%
③ 5°
④ 0.5

54 도면에서 표제란과 부품란으로 구분할 때 다음 중 일반적으로 표제란에만 기입하는 것은?

정답
48. ① 49. ④ 50. ② 51. ② 52. ④ 53. ④ 54. ④

① 부품번호　　② 부품기호
③ 수량　　　　④ 척도

55 그림과 같은 용접이음 방법의 명칭으로 가장 적합한 것은?

① 연속 필릿 용접
② 플랜지형 겹치기 용접
③ 연속 모서리 용접
④ 플랜지형 맞대기 용접

56 KS 재료 기호에서 고압 배관용 탄소강관을 의미하는 것은?

① SPP　　　② SPS
③ SPPA　　 ④ SPPH

57 용도에 의한 명칭에서 선의 종류가 모두 가는 실선인 것은?

① 치수선, 치수보조선, 지시선
② 중심선, 지시선, 숨은선
③ 외형선, 치수보조선, 해칭선
④ 기준선, 피치선, 수준면선

> 해설 ㉠ 가는 실선 : 치수선, 치수보조선, 지시선, 해칭선, 수준면선
> ㉡ 가는 일점쇄선 : 중심선, 기준선, 피치선
> ㉢ 파선 : 숨은선
> ㉣ 굵은실선 : 외형선

58 그림과 같은 원뿔을 전개하였을 경우 나타난 부채꼴의 전개각(전개된 물체의 꼭지각)이 150°가 되려면 L의 치수는?

① 100　　　② 122
③ 144　　　④ 150

> 해설 "꼭지각(α)=360°×밑변의 반지름/빗변의 길이"이므로 150=360×60/x는 144가 된다.

59 리벳의 호칭 방법으로 옳은 것은?

① 규격 번호, 종류, 호칭지름×길이, 재료
② 명칭, 등급, 호칭지름×길이, 재료
③ 규격번호, 종류, 부품 등급, 호칭, 재료
④ 명칭, 다듬질 정도, 호칭, 등급, 강도

60 그림과 같은 제3각법 정투상도의 3면도를 기초로 한 입체도로 가장 적합한 것은?

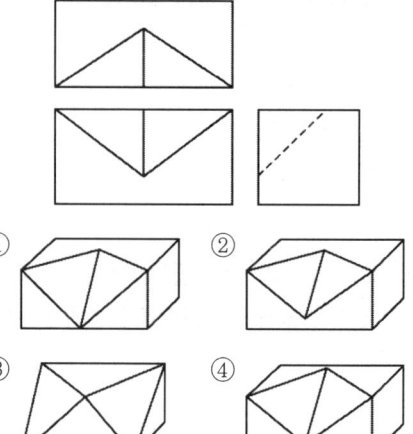

정답
55. ④　56. ④　57. ①　58. ③　59. ①　60. ②

2014년 제4회 과년도출제문제 — 특수용접기능사

01 가스 용접봉의 성분 중에서 인(P)이 모재에 미치는 영향을 올바르게 설명한 것은?
① 기공을 막을 수 있으나 강도가 떨어지게 된다.
② 강의 강도를 증가시키나 연신율, 굽힘성 등이 감소된다.
③ 용접부의 저항력을 감소시키고, 기공 발생의 원인이 된다.
④ 강에 취성을 주며 가연성을 잃게 하는데 특히 암적색으로 가열한 경우는 대단히 심하다.

02 탄소강의 종류 중 탄소함유량이 0.3~0.5%이고 탄소량이 증가함에 따라서 용접부에서 저온 균열이 발생될 위험성이 커지기 때문에 150~250℃로 예열을 실시할 필요가 있는 탄소강은?
① 저탄소강 ② 중탄소강
③ 고탄소강 ④ 대탄소강

> **해설** 탄소강의 종류(탄소의 함유량에 따른)
> ㉠ 저탄소강(0.3% 이하) : 용접이 비교적 쉽고 용접법의 적용에도 제한이 없으며 일반적으로 판 두께 25mm까지는 예열이 필요 없다.
> ㉡ 중탄소강(0.3~0.5%) : 탄소량이 0.4% 이상이면 후열처리도 필요하다.
> ㉢ 고탄소강(0.5~1.7%) : 용접 후 용접부의 경화가 현저하여 용접균열이 발생할 위험성이 매우 높기 때문에 예열과 후열처리가 필수적이다. 예열온도는 200℃ 이상의 온도에서 실시하고, 후열처리는 650℃ 이상의 온도에서 실시하는 것이 바람직하다.

03 피복 아크용접 시 용접회로의 구성 순서가 바르게 연결된 것은?
① 용접기 → 접지케이블 → 용접봉홀더 → 용접봉 → 아크 → 모재 → 헬멧
② 용접기 → 전극케이블 → 용접봉홀더 → 용접봉 → 아크 → 접지케이블 → 모재
③ 용접기 → 접지케이블 → 용접봉홀더 → 용접봉 → 아크 → 전극케이블 → 모재
④ 용접기 → 전극케이블 → 용접봉홀더 → 용접봉 → 아크 → 모재 → 접지케이블

04 정류기형 직류 아크용접기의 특성에 관한 설명으로 틀린 것은?
① 보수와 점검이 어렵다.
② 취급이 간단하고 가격이 싸다.
③ 고장이 적고, 소음이 나지 않는다.
④ 교류를 정류하므로 완전한 직류를 얻지 못한다.

05 피복 아크용접봉의 보관과 건조 방법으로 틀린 것은?
① 건조하고 진동이 없는 곳에 보관한다.
② 저소수계는 100~150℃에서 30분 건조한다.

정답 1. ④ 2. ② 3. ④ 4. ① 5. ②

③ 피복제의 계통에 따라 건조 조건이 다르다.
④ 일미나이트계는 70~100℃에서 30~60분 건조한다.

해설 저수소계 용접봉은 사용 전에 300~350℃에서 1~2시간 정도 재건조하여 사용하고, 저수소계를 제외한 일반 피복 아크용접봉은 70~100℃로 30~60분 정도 재건조하여 사용한다.

06 아크전류가 일정할 때 아크전압이 높아지면 용접봉의 용융속도가 늦어지고, 아크전압이 낮아지면 용융속도가 빨라지는 특성은?

① 부저항 특성
② 전압회복 특성
③ 절연회복 특성
④ 아크길이 자기제어 특성

해설 ㉠ 부저항 특성 : 일반 전기회로의 옴의 법칙과 반대로 전류가 커지면 저항이 감소하여 전압도 낮아지는 아크의 특성으로 전류밀도가 낮을 때 나타나며, 낮은 전압에서도 아크의 발생을 원활하게 한다.
㉡ 전압회복 특성 : 용접 중에 의도하지 않은 상황에서 아크가 절연됐을 때 재빨리 아크의 재발생을 위하여 순간적으로 높은 전압을 흘려주는 특성으로 이때 필요한 전압을 재점호전압이라 한다.
㉢ 절연회복 특성 : 교류에서 전류의 흐름이 1사이클당 값이 0이 되므로 아크가 불안정해진다. 이와 같이 불안정한 아크가 단락지지 않고 지속적으로 유지되도록 해주는 특성을 절연회복 특성이라 한다.

07 예열용 연소 가스로는 주로 수소가스를 이용하며, 침몰선의 해체, 교량의 교각 개조 등에 사용되는 절단법은?

① 스카핑
② 산소창 절단
③ 분말 절단
④ 수중 절단

해설 ㉠ 스카핑 : 강재 표면의 흠이나 탈탄층을 제거하기 위해 얇고 넓게 표면을 깎아내는 가공법이다.
㉡ 산소창 절단 : 토치의 팁 대신에 안지름 3.2~6mm, 길이 1.5~3m 정도의 긴 강관에 산소를 공급하여 그 강관이 산화 연소할 때의 반응열로 금속을 절단하는 방법이다.
㉢ 분말 절단 : 절단부위에 철분이나 용제의 미세한 분말을 압축 공기 또는 압축 질소를 통해 분출시키면서 예열불꽃과 연소 반응을 시켜 그 산화열 또는 용제의 화학작용을 이용하여 절단하는 방법으로 주로 스테인리스강, 구리 등의 절단에 효과적이다.

08 강의 인성을 증가시키며, 특히 노치 인성을 증가시켜 강의 고온 가공을 쉽게 할 수 있도록 하는 원소는?

① P
② Si
③ Pb
④ Mn

09 아크용접기에 사용하는 변압기는 어느 것이 가장 적합한가?

① 누설 변압기
② 단권 변압기
③ 계기용 변압기
④ 전압 조정용 변압기

10 산소에 대한 설명으로 틀린 것은?

① 가연성 가스이다.

정답
6. ④ 7. ④ 8. ④ 9. ① 10. ①

② 무색, 무취, 무미이다.
③ 물의 전기분해로도 제조한다.
④ 액체 산소는 보통 연한 청색을 띤다.

해설 산소는 스스로 타지 않고 타는 것을 도와 주는 지연성 가스로 비중은 1.105, 1리터의 중량은 0℃ 1기압하에서 1.429g이다.

11 아크용접에서 피복제의 작용을 설명한 것 중 틀린 것은?
① 전기절연 작용을 한다.
② 아크(arc)를 안정하게 한다.
③ 스패터링(spattering)을 많게 한다.
④ 용착금속의 탈산정련 작용을 한다.

12 동일한 용접조건에서 피복 아크용접할 경우 용입이 가장 깊게 나타나는 것은?
① 교류(AC)
② 직류역극성(DCRP)
③ 직류정극성(DCSP)
④ 고주파 교류(ACHF)

해설 용입의 깊이 비교
직류정극성>교류>직류역극성 순이다.

13 가스용접에서 전진법과 비교한 후진법의 설명으로 맞는 것은?
① 열이용률이 나쁘다.
② 용접속도가 느리다.
③ 용접변형이 크다.
④ 두꺼운 판의 용접에 적합하다.

해설 전진법과 후진법의 비교

항목	전진법	후진법
열이용률	나쁘다.	양호하다.
용접속도	늦다.	빠르다.
비드모양	미려하다.	거칠다.
홈 각 도	크다.(80° 정도)	작다.(60° 정도)
용접변형	심하다.	적다.
용접가능 판 두께	얇다.(5mm까지)	두껍다.
산화의 정도	심하다.	약하다.
용착 금속의 조직	거칠어진다.	미세해진다.
용착금속의 냉각도	빠르다.(급랭)	느리다.(서냉)

14 가스절단 작업을 할 때 양호한 절단면을 얻기 위하여 예열 후 절단을 실시하는데 예열불꽃이 강할 경우 미치는 영향 중 잘못 표현된 것은?
① 절단면이 거칠어진다.
② 절단면이 매우 양호하다.
③ 모서리가 용융되어 둥글게 된다.
④ 슬래그 중의 철 성분의 박리가 어려워진다.

15 일반적으로 피복 아크용접 시 운봉 폭은 심선 지름의 몇 배인가?
① 1~2배
② 2~3배
③ 5~6배
④ 7~8배

16 플라즈마 아크 절단법에 관한 설명이 틀린 것은?
① 알루미늄 등의 경금속에는 작동가스로 아르곤과 수소의 혼합가스가 사용된다.

정답
11. ③ 12. ③ 13. ④ 14. ② 15. ② 16. ④

② 가스절단과 같은 화학반응은 이용하지 않고, 고속의 플라즈마를 사용한다.
③ 텅스텐 전극과 수냉 노즐 사이에 아크를 발생시키는 것을 비이행형 절단법이라 한다.
④ 기체의 원자가 저온에서 음(-) 이온으로 분리된 것을 플라즈마라 한다.

해설 플라즈마
기체를 수천도의 높은 온도로 가열하면 그 속의 가스원자가 원자핵과 전자로 유리되어 양(+)과 음(-)의 상태로 되는 것을 플라즈마라 한다.

17 AW 220, 무부하 전압 80V, 아크 전압이 30V인 용접기의 효율은? (단, 내부 손실은 2.5kW이다.)
① 71.5% ② 72.5%
③ 73.5% ④ 74.5%

해설 효율=아크출력/소비전력이다.
아크출력=(아크전압×정격 2차 전류)
소비전력=(아크전압×정격 2차 전류)+내부손실이므로
효율=220×30/(220×30)+2500이므로 6600/9100은 72.5%이다.

18 저온 뜨임의 목적이 아닌 것은?
① 치수의 경년 변화 방지
② 담금질 응력 제거
③ 내마모성의 향상
④ 기공의 방지

19 텅스텐(W)의 용융점은 약 몇 ℃인가?
① 1538℃ ② 2610℃
③ 3410℃ ④ 4310℃

20 주강제품에는 기포, 기공 등이 생기기 쉬우므로 제강작업 시에 쓰이는 탈산제는?
① P, S ② Fe-Mn
③ SO_2 ④ Fe_2O_3

21 18% Cr-8% Ni계 스테인리스강의 조직은?
① 페라이트계
② 마텐자이트계
③ 오스테나이트계
④ 시멘타이트계

22 암모니아(NH_3) 가스 중에서 500℃ 정도로 장시간 가열하여 강제품의 표면을 경화시키는 열처리는?
① 침탄 처리
② 질화 처리
③ 화염 경화처리
④ 고주파 경화처리

해설 ㉠ 침탄법 : 탄소를 재료 표면에 장시간 침투시켜서 표면을 경화시키는 표면경화법
㉡ 화염 경화법 : 산소-아세틸렌 불꽃을 이용하여 모재를 가열한 후 급랭시켜서 표면을 경화시키는 방법
㉢ 고주파 경화법 : 고주파 전류를 재료 표면에 흘려 주어 가열한 후 급랭시켜서 표면을 경화시키는 방법

23 저온 메짐을 일으키는 원소는?
① 인(P) ② 황(S)
③ 망간(Mn) ④ 니켈(Ni)

해설 인(P)은 저온취성, 청열취성을 일으키는 원인이 되며, 황(S)은 적열취성을 일으키는 원인이 된다.

정답
17. ② 18. ④ 19. ③ 20. ② 21. ③ 22. ② 23. ①

24 시중에서 시판되는 구리 제품의 종류가 아닌 것은?
① 전기동   ② 산화동
③ 정련동   ④ 무산소동

25 오스테나이트계 스테인리스강을 용접 시 냉각과정에서 고온균열이 발생하게 되는 원인으로 틀린 것은?
① 아크의 길이가 너무 길 때
② 모재가 오염되어 있을 때
③ 크레이터 처리를 하였을 때
④ 구속력이 가해진 상태에서 용접할 때

26 Fe-C 상태도에서 아공석강의 탄소함량으로 옳은 것은?
① 0.025~0.80% C
② 0.80~2.0% C
③ 2.0~4.3% C
④ 4.3~6.67% C

> **해설** · 순철 : 0.025% 이하
> · 아공석강 : 0.025~0.8%
> · 공석강 : 0.8%
> · 과공석강 : 0.8~2.0%

27 황동의 화학적 성질에 해당되지 않는 것은?
① 질량 효과   ② 자연 균열
③ 탈아연 부식   ④ 고온 탈아연

> **해설** **질량 효과**
> 강을 담금질할 때 재료의 두께가 두꺼울수록 내·외부의 온도 차이로 인해 내부는 경화되지 않는 현상을 질량 효과라 한다.

28 냉간가공을 받은 금속의 재결정에 대한 일반적인 설명으로 틀린 것은?
① 가공도가 낮을수록 재결정 온도는 낮아진다.
② 가공시간이 길수록 재결정 온도는 낮아진다.
③ 철의 재결정온도는 330~450℃ 정도이다.
④ 재결정 입자의 크기는 가공도가 낮을수록 커진다.

29 용접부의 비파괴 시험에 속하는 것은?
① 인장시험   ② 화학분석시험
③ 침투시험   ④ 용접균열시험

30 서브머지드 아크용접에서 루트 간격이 0.8mm보다 넓을 때 누설방지 비드를 배치하는 가장 큰 이유로 맞는 것은?
① 기공을 방지하기 위하여
② 크랙을 방지하기 위하여
③ 용접변형을 방지하기 위하여
④ 용락을 방지하기 위하여

31 납땜에 관한 설명 중 맞는 것은?
① 경납땜은 주로 납과 주석의 합금용제를 많이 사용한다.
② 연납땜은 450℃ 이상에서 하는 작업이다.
③ 납땜은 금속 사이에 융점이 낮은 별개의 금속을 용융 첨가하여 접합한다.
④ 은납의 주성분은 은, 납, 탄소 등의 합금이다.

> **해설** ㉠ 납땜은 땜납재의 온도에 따라 450℃ 이하에서 하는 납땜을 연납이라 하고 그 이상은 경납이라 한다.

정답 24. ② 25. ③ 26. ① 27. ① 28. ① 29. ③ 30. ④ 31. ③

ⓒ 연납의 대표적인 납땜은 주석-납이며, 은납은 구리-은-아연이 주성분이다.

32 용접 시 발생되는 아크 광선에 대한 재해 원인이 아닌 것은?
① 차광도가 낮은 차광 유리를 사용했을 때
② 사이드에 아크 빛이 들어왔을 때
③ 아크 빛을 직접 눈으로 보았을 때
④ 차광도가 높은 차광 유리를 사용했을 때

33 용접작업을 할 때 발생한 변형을 가열하여 소성변형을 시켜서 교정하는 방법으로 틀린 것은?
① 박판에 대한 점수축법
② 형재에 대한 직선수축법
③ 가열 후 해머질하는 법
④ 피닝법

34 이산화탄소 아크용접의 시공법에 대한 설명으로 맞는 것은?
① 와이어의 돌출길이가 길수록 비드가 아름답다.
② 와이어의 용융속도는 아크전류에 정비례하여 증가한다.
③ 와이어의 돌출길이가 길수록 늦게 용융된다.
④ 와이어의 돌출길이가 길수록 아크가 안정된다.

35 다음 중 서브머지드 아크용접에서 기공의 발생 원인과 거리가 가장 먼 것은?
① 용제의 건조불량
② 용접속도의 과대
③ 용접부의 구속이 심할 때
④ 용제 중에 불순물의 혼입

🔍**해설** 용접부를 심하게 구속할 때는 잔류응력이 과다하게 발생되고 비틀림 등이 발생될 위험이 커진다.

36 다음 중 CO_2 가스 아크용접에 적용되는 금속으로 맞는 것은?
① 알루미늄   ② 황동
③ 연강   ④ 마그네슘

37 TIG 용접에서 청정작용이 가장 잘 발생하는 용접전원은?
① 직류역극성일 때
② 직류정극성일 때
③ 교류정극성일 때
④ 극성에 관계없음

38 전기에 감전되었을 때 체내에 흐르는 전류가 몇 mA일 때 근육 수축이 일어나는가?
① 5mA   ② 20mA
③ 50mA   ④ 100mA

🔍**해설** 전류가 인체에 미치는 영향
ⓐ 8mA : 위험을 수반하지 않는다.
ⓑ 8~15mA : 고통을 수반한 쇼크를 느끼나 근육운동은 자유롭다.
ⓒ 15~20mA : 고통을 느끼고 가까운 근육이 저려서 움직이지 않는다.
ⓓ 20~50mA : 고통을 느끼고 강한 근육 수축이 일어나며 호흡이 곤란하다.
ⓔ 50~100mA : 순간적으로 사망할 위험이 있다.
ⓕ 100~200mA : 순간적으로 확실히 사망한다.

정답
32. ④ 33. ④ 34. ② 35. ③ 36. ③ 37. ① 38. ②

39 용접 전의 일반적인 준비사항이 아닌 것은?
① 용접재료 확인
② 용접사 선정
③ 용접봉의 선택
④ 후열과 풀림

40 매크로 조직 시험에서 철강재의 부식에 사용되지 않는 것은?
① 염산 1 : 물 1의 액
② 염산 3.8 : 황산 1.2 : 물 5.0의 액
③ 소금 1 : 물 1.5의 액
④ 초산 1 : 물 3의 액

41 MIG 용접 시 와이어 송급 방식의 종류가 아닌 것은?
① 풀 방식
② 푸시 방식
③ 푸시 풀 방식
④ 푸시 언더 방식

42 현미경 시험용 부식제 중 알루미늄 및 그 합금용에 사용되는 것은?
① 초산알코올 용액
② 피크린산 용액
③ 왕수
④ 수산화나트륨 용액

> **해설** 현미경 시험 부식제의 종류 및 적용 재료
> ㉠ 철강용 : 초산알코올 용액, 알코올액, 피크린산
> ㉡ 스테인리스강용 : 왕수, 알코올액, 구리
> ㉢ 구리합금용 : 연화철액
> ㉣ 알루미늄 및 그 합금용 : 플루오르수소액, 수산화나트륨 또는 수산화칼륨액 등

43 용접 결함과 그 원인을 조합한 것으로 틀린 것은?
① 선상조직 – 용착금속의 냉각속도가 빠를 때
② 오버랩 – 전류가 너무 낮을 때
③ 용입 불량 – 전류가 너무 높을 때
④ 슬래그 섞임 – 전층의 슬래그 제거가 불완전할 때

> **해설** 용입 불량
> 이음 설계의 결함, 용접 속도가 너무 빠를 때, 용접 전류가 낮을 때, 용접봉 선택 불량

44 모재의 열 변형이 거의 없으며, 이종 금속의 용접이 가능하고 정밀한 용접을 할 수 있으며, 비접촉식 방식으로 모재에 손상을 주지 않는 용접은?
① 레이저 용접
② 테르밋 용접
③ 스터드 용접
④ 플라즈마 제트 아크용접

> **해설** ㉠ 테르밋 용접 : 미세한 알루미늄 분말과 산화철 분말을 3~4 : 1의 중량비로 혼합하면 테르밋 반응이 일어나는데 이때 발생되는 열을 이용하여 용접하는 방법
> ㉡ 스터드 용접 : 일명 볼트 용접 또는 심기 용접이라고도 하며 스터드 용접 건을 이용해 판재에 볼트 및 환봉 등을 압력을 가해서 용접하는 방법

45 다음 중 심 용접의 종류가 아닌 것은?
① 맞대기 심 용접
② 슬롯 심 용접
③ 매시 심 용접
④ 포일 심 용접

정답
39. ④ 40. ③ 41. ④ 42. ④ 43. ③ 44. ① 45. ②

46 서브머지드 아크용접의 용제에서 광물성 원료를 고온(1300℃ 이상)으로 용융한 후 분쇄하여 적합한 입도로 만드는 용제는?

① 용융형 용제　② 소결형 용제
③ 첨가형 용제　④ 혼성형 용제

47 안전모의 일반구조에 대한 설명으로 틀린 것은?

① 안전모는 모체, 착장체 및 턱끈을 가질 것
② 착장체의 구조는 착용자의 머리부위에 균등한 힘이 분배되도록 할 것
③ 안전모의 내부 수직거리는 25mm 이상 50mm 미만일 것
④ 착장체의 머리 고정대는 착용자의 머리 부위에 고정하도록 조절할 수 없을 것

48 TIG 용접에서 보호 가스로 주로 사용하는 가스는?

① Ar, He　② CO, Ar
③ He, CO₂　④ CO, He

49 금속산화물이 알루미늄에 의하여 산소를 빼앗기는 반응에 의해 생성되는 열을 이용하여 금속을 접합하는 용접방법은?

① 일렉트로 슬래그 용접
② 테르밋 용접
③ 불활성 가스 금속 아크용접
④ 스폿 용접

50 맞대기 용접에서 판 두께가 대략 6mm 이하의 경우에 사용되는 홈의 형상은?

① I형　② X형
③ U형　④ H형

> 해설
> • V형 : 6~20mm
> • X형, U형, H형 : 15~40mm 또는 그 이상

51 다음 그림에서 축 끝에 도시된 센터 구멍 기호가 뜻하는 것은?

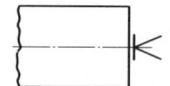

① 센터 구멍이 남아 있어도 좋다.
② 센터 구멍이 필요하지 않다.
③ 센터 구멍을 반드시 남겨둔다.
④ 센터 구멍이 필요하다.

52 물체의 정면도를 기준으로 하여 뒤쪽에서 본 투상도는?

① 정면도　② 평면도
③ 저면도　④ 배면도

53 기계제도에서 도면의 크기 및 양식에 대한 설명 중 틀린 것은?

① 도면 용지는 A열 사이즈를 사용할 수 있으며, 연장하는 경우에는 연장사이즈를 사용한다.
② A4~A0 도면 용지는 반드시 긴 쪽을 좌우 방향으로 놓고서 사용해야 한다.
③ 도면에는 반드시 윤곽선 및 중심마크를 그린다.
④ 복사한 도면을 접을 때 그 크기는 원칙적으로 A4 크기로 한다.

정답
46. ①　47. ④　48. ①　49. ②　50. ①　51. ②　52. ④　53. ②

54 다음 중 치수 보조 기호를 적용할 수 없는 것은?

① 구의 지름 치수
② 단면이 정사각형인 면
③ 단면이 정삼각형인 면
④ 판재의 두께 치수

> 해설 • 구의 지름 치수 : s∅
> • 정사각형 : □
> • 두께 : t

55 그림과 같은 도면에서 ⓐ 판의 두께는 얼마인가?

① 6mm ② 12mm
③ 15mm ④ 16mm

56 다음 중 기계제도 분야에서 가장 많이 사용되며, 제3각법에 의하여 그리므로 모양을 엄밀, 정확하게 표시할 수 있는 도면은?

① 캐비닛도 ② 등각투상도
③ 투시도 ④ 정투상도

57 다음 중 용접구조용 압연강재의 KS 기호는?

① SS 400 ② SCW 450
③ SM 400 C ④ SCM 415 M

> 해설 • SS 400 : 일반구조용 압연강재
> • SCW : 용접구조용 주강품
> • SCM : 크롬몰리브덴강 강재

58 그림과 같은 용접 이음을 용접 기호로 옳게 표시한 것은?

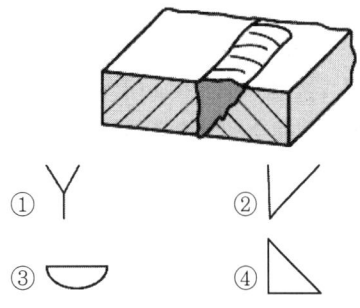

59 다음 중 단독형체로 적용되는 기하공차로만 짝지어진 것은?

① 평면도, 진원도
② 진직도, 직각도
③ 평행도, 경사도
④ 위치도, 대칭도

60 배관 도시 기호 중 체크 밸브를 나타내는 것은?

①   ②
③   ④ —▷|—

> 해설 ① 밸브 일반
> ② 글로브 밸브
> ③ 조작부 표시법(자동조작부에 수동조작부가 부속되어 있을 경우의 표시법)

2014년 제5회 과년도출제문제 용접기능사

01 차축, 레일의 접합, 선박의 프레임 등 비교적 큰 단면을 가진 주조나 단조품의 맞대기용접과 보수용접에 주로 사용되는 용접법은?

① 서브머지드 아크용접
② 테르밋 용접
③ 원자 수소 아크용접
④ 오토콘 용접

02 용접부 시험 중 비파괴 시험방법이 아닌 것은?

① 피로시험　　② 누설 시험
③ 자기적 시험　④ 초음파 시험

해설 피로시험
　　　강도시험법의 한 종류로, 재료에 반복응력을 가해서 재료가 파괴될 때까지의 반복 횟수를 구하는 시험으로 파괴시험법이다.

03 불활성 가스 금속 아크용접의 제어장치로서 크레이터 처리 기능에 의해 낮아진 전류가 서서히 줄어들면서 아크가 끊어지는 기능으로 이면용접 부위가 녹아내리는 것을 방지하는 것은?

① 예비가스 유출시간
② 스타트 시간
③ 크레이터 충전시간
④ 버언 백 시간

해설 ㉠ 예비 가스 유출시간 : 아크가 발생되기 전 보호가스를 흐르게 하여 아크의 안정과 결함 발생을 방지하기 위한 기능이다.
㉡ 스타트 시간 : 아크가 발생되는 순간 용접 전류와 전압을 크게 하여 아크 발생과 모재의 융합을 돕는 핫 스타트 기능과 아크가 발생하기 전에 와이어의 송급속도를 천천히 하여 와이어가 튀는 것을 방지하는 슬로우 다운 기능이 있다.
㉢ 크레이터 충전시간 : 크레이터 처리를 위해 용접이 끝나는 지점에서 토치 스위치를 다시 누르면 용접 전류와 전압이 낮아져 크레이터가 채워져 결함을 방지하는 기능이다.

04 다음 중 용접 결함의 보수 용접에 관한 사항으로 가장 적절하지 않은 것은?

① 재료의 표면에 있는 얕은 결함은 덧붙임 용접으로 보수한다.
② 언더컷이나 오버랩 등은 그대로 보수용접을 하거나 정으로 따내기 작업을 한다.
③ 결함이 제거된 모재 두께가 필요한 치수보다 얕게 되었을 때에는 덧붙임 용접으로 보수한다.
④ 덧붙임 용접으로 보수할 수 있는 한도를 초과할 때에는 결함부분을 잘라내어 맞대기 용접으로 보수한다.

해설 재료표면의 얕은 결함은 결함을 제거한 후 보수용접을 한다.

정답 1. ② 2. ① 3. ④ 4. ①

05 불활성가스 금속 아크용접의 용적 이행 방식 중 용융이행 상태는 아크기류 중에서 용가재가 고속으로 용융, 미립자의 용적으로 분사되어 모재에 용착되는 용적 이행은?

① 용락 이행
② 단락 이행
③ 스프레이 이행
④ 글로뷸러 이행

> **해설** ㉠ 단락 이행 : 불활성가스 금속 아크용접에서 단락이행 형태는 직경이 0.7~1.2mm인 가는 와이어를 사용하여 사용 전류를 낮게 하고 짧은 아크를 사용할 경우 나타나는 이행 형식이다.
> ㉡ 글로뷸러 이행 : 단락형이 일어나는 최대 전류값보다 용접 전류와 전압을 증가시키면 나타나는 이행 형태로 비교적 큰 용적이 용접봉으로부터 모재로 이행하는 형태이다.

06 경납용 용가재에 대한 각각의 설명이 틀린 것은?

① 은납 : 구리, 은, 아연이 주성분으로 구성된 합금으로 인장강도, 전연성 등의 성질이 우수하다.
② 황동납 : 구리와 니켈의 합금으로, 값이 저렴하여 공업용으로 많이 쓰인다.
③ 인동납 : 구리가 주성분이며 소량의 은, 인을 포함한 합금으로 되어 있다. 일반적으로 구리 및 구리합금의 땜납으로 쓰인다.
④ 알루미늄납 : 일반적으로 알루미늄에 규소, 구리를 첨가하여 사용하며 융점은 600℃ 정도이다.

> **해설** 황동납
> 구리와 아연의 합금이며 융점은 820~935℃

이다.

07 토륨 텅스텐 전극봉에 대한 설명으로 맞는 것은?

① 전자 방사 능력이 떨어진다.
② 아크 발생이 어렵고 불순물 부착이 많다.
③ 직류정극성에는 좋으나 교류에는 좋지 않다.
④ 전극의 소모가 많다.

> **해설** 토륨 텅스텐 전극봉의 특징
> 전극봉의 수명이 길고, 전류 전도성이 우수하며, 아크 발생이 양호하다. 또한 아크가 안정되어 전극봉이 오염될 염려가 거의 없으므로 직류 전원의 용접에 이용된다. 교류에는 순 텅스텐 전극봉이 사용된다.

08 일렉트로 슬래그 용접의 단점에 해당되는 것은?

① 용접 능률과 용접 품질이 우수하므로 후판용접 등에 적당하다.
② 용접진행 중에 용접부를 직접 관찰할 수 없다.
③ 최소한의 변형과 최단시간의 용접법이다.
④ 다전극을 이용하면 더욱 능률을 높일 수 있다.

09 다음 전기저항용접 중 맞대기 용접이 아닌 것은?

① 업셋 용접   ② 버트 심 용접
③ 프로젝션 용접   ④ 퍼커션 용접

> **해설** ㉠ 맞대기 저항용접 : 업셋 용접, 플래시 버트 용접, 퍼커션 용접, 버트 심 용접, 포일 심 용접

정답
5. ③ 6. ② 7. ③ 8. ② 9. ③

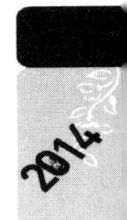

ⓒ 겹치기 저항용접 : 점 용접, 심 용접, 프로젝션 용접

10 CO_2 가스 아크용접 시 저전류 영역에서 가스유량은 약 몇 L/min 정도가 가장 적당한가?
① 1~5
② 6~10
③ 10~15
④ 16~20

해설 탄산가스 아크용접에서 가스의 유량은 저전류 영역에서는 10~15리터, 고전류 영역에서는 15~20리터가 적당하다.

11 상온에서 강하게 압축함으로써 경계면을 국부적으로 소성 변형시켜 접합하는 것은?
① 냉간 압접
② 플래시 버트 용접
③ 업셋 용접
④ 가스 압접

해설 ㉠ 플래시 버트 용접 : 용접할 두 개의 금속 단면을 가볍게 접촉과 분리를 반복하면서 대전류를 통하여 가열한 후 강한 압력을 주어 접합하는 용접법 (예열-플래시-업셋의 3단계로 구분)
㉡ 업셋 용접 : 용접할 두 개의 금속 단면을 강하게 맞대어 놓고 전류를 흘려보내 맞닿은 부위가 적당한 온도로 가열됐을 때 큰 압력을 주어 접합하는 용접법
㉢ 가스 압접 : 접합할 부분을 가스 불꽃으로 가열한 후 접합 가능한 온도가 되었을 때 압력을 가하여 접합하는 방법

12 서브머지드 아크용접에서 다전극 방식에 의한 분류가 아닌 것은?
① 유니언식
② 횡 병렬식
③ 횡 직렬식
④ 탠덤식

13 용착금속의 극한 강도가 30kg/mm²에 안전율이 6이면 허용응력은?
① $3kg/mm^2$
② $4kg/mm^2$
③ $5kg/mm^2$
④ $6kg/mm^2$

14 하중의 방향에 따른 필릿 용접의 종류가 아닌 것은?
① 전면 필릿
② 측면 필릿
③ 연속 필릿
④ 경사 필릿

해설 ① 전면 필릿 용접 : 하중의 방향과 용접선의 방향이 90°인 필릿 용접
② 측면 필릿 용접 : 하중의 방향과 용접선의 방향이 수평(180°)인 필릿 용접
④ 경사 필릿 용접 : 하중의 방향과 용접선의 방향이 0°~90° 사이의 필릿 용접

15 모재 두께 9mm, 용접 길이 150mm인 맞대기 용접의 최대 인장 하중(kg)은 얼마인가? (단, 용착금속의 인장강도는 43kg/mm²이다.)
① 716kg
② 4450kg
③ 40635kg
④ 58050kg

해설 인장강도(σ)=하중/단면적이다. 여기에서 인장강도는 43kg/mm²이고, 단면적은 9×150이므로 1350이 된다. 그러므로 43(인장강도)=하중/1350(단면적)이므로, 하중=43×1350이 된다.

16 화재의 폭발 및 방지조치 중 틀린 것은?
① 필요한 곳에 화재를 진화하기 위한 발화 설비를 설치할 것
② 배관 또는 기기에서 가연성 증기가 누출되지 않도록 할 것
③ 대기 중에 가연성 가스를 누설 또는 방

정답
10. ③ 11. ① 12. ① 13. ③ 14. ③ 15. ④ 16. ①

출시키지 말 것
④ 용접 작업 부근에 점화원을 두지 않도록 할 것

17 용접 변형에 대한 교정 방법이 아닌 것은?
① 가열법
② 가압법
③ 절단에 의한 정형과 재용접
④ 역변형법

> **해설** 역변형법
> 용접하기 전에 변형이 일어날 것을 미리 예측하여 반대 방향으로 미리 변형을 주는 것으로 변형에 대한 교정법이 아닌 변형 방지법이다.

18 용접 시 두통이나 뇌빈혈을 일으키는 이산화탄소 가스의 농도는?
① 1~2%
② 3~4%
③ 10~15%
④ 20~30%

> **해설**
> • 3~4% : 뇌빈혈
> • 15% 이상 : 위험상태
> • 30% 이상 : 극히 위험

19 용접에서 예열에 관한 설명 중 틀린 것은?
① 용접 작업에 의한 수축 변형을 감소시킨다.
② 용접부의 냉각 속도를 느리게 하여 결함을 방지한다.
③ 고급 내열합금도 용접 균열을 방지하기 위하여 예열을 한다.
④ 알루미늄합금, 구리합금은 50~70℃의 예열이 필요하다.

> **해설** 구리합금, 알루미늄합금의 예열온도 : 200~400℃

20 현미경 조직시험 순서 중 가장 알맞은 것은?
① 시험편 채취-마운팅-샌드 페이퍼 연마-폴리싱-부식-현미경 검사
② 시험편 채취-폴리싱-마운팅-샌드 페이퍼 연마-부식-현미경 검사
③ 시험편 채취-마운팅-폴리싱-샌드 페이퍼 연마-부식-현미경 검사
④ 시험편 채취-마운팅-부식-샌드 페이퍼 연마-폴리싱-현미경 검사

21 용접부의 연성결함의 유무를 조사하기 위하여 실시하는 시험법은?
① 경도시험
② 인장시험
③ 초음파 시험
④ 굽힘 시험

> **해설** 경도시험
> • 경도 검사, 인장시험 : 인장강도 검사
> • 초음파 시험 : 금속재료 내부의 결함 검사

22 TIG 용접 및 MIG 용접에 사용되는 불활성 가스로 가장 적합한 것은?
① 수소가스
② 아르곤가스
③ 산소가스
④ 질소가스

23 가스용접 시 양호한 용접부를 얻기 위한 조건에 대한 설명 중 틀린 것은?
① 용착금속의 용입 상태가 균일해야 한다.
② 슬래그, 기공 등의 결함이 없어야 한다.
③ 용접부에 첨가된 금속의 성질이 양호하지 않아도 된다.
④ 용접부에는 기름, 먼지, 녹 등을 완전히 제거하여야 한다.

정답
17. ④ 18. ② 19. ④ 20. ① 21. ④ 22. ② 23. ③

24 교류 아크용접기 종류 중 AW-500의 정격 부하 전압은 몇 V인가?

① 28V   ② 32V
③ 36V   ④ 40V

25 연강 피복 아크용접봉인 E4316의 계열은 어느 계열인가?

① 저수소계
② 고산화티탄계
③ 철분저수소계
④ 일미나이트계

> **해설**
> • 고산화티탄계 : E4313
> • 철분저수소계 : E4326
> • 일미나이트계 : E4301

26 용해 아세틸렌가스는 각각 몇 ℃, 몇 kgf/cm^2로 충전하는 것이 가장 적합한가?

① 40℃, $160kgf/cm^2$
② 35℃, $150kgf/cm^2$
③ 20℃, $30kgf/cm^2$
④ 15℃, $15kgf/cm^2$

27 다음 ( ) 안에 알맞은 용어는?

"용접의 원리는 금속과 금속을 서로 충분히 접근시키면 금속원자 간에 ( )이 작용하여 스스로 결합하게 된다."

① 인력   ② 기력
③ 자력   ④ 응력

28 산소 아크 절단을 설명한 것 중 틀린 것은?

① 가스절단에 비해 절단면이 거칠다.
② 직류정극성이나 교류를 사용한다.
③ 중실(속이 찬) 원형봉의 단면을 가진 강(steel) 전극을 사용한다.
④ 절단속도가 빨라 철강 구조물 해체, 수중 해체 작업에 이용된다.

> **해설** 산소 아크 절단은 속이 빈(중공) 전극을 사용한다.

29 피복 아크용접봉의 피복 배합제의 성분 중에서 탈산제에 해당하는 것은?

① 산화티탄(TiO_2)
② 규소철(Fe-Si)
③ 셀룰로오스(Cellulose)
④ 일미나이트($TiO_2 \cdot FeO$)

30 다음 가스 중 가연성 가스로만 되어 있는 것은?

① 아세틸렌, 헬륨
② 수소, 프로판
③ 아세틸렌, 아르곤
④ 산소, 이산화탄소

> **해설** 산소는 조연성 가스(타는 것을 도와 줌)이며, 아르곤과 헬륨은 불활성 가스로 연소하지 않는다.

31 용접법을 크게 융접, 압접, 납땜으로 분류할 때 압접에 해당되는 것은?

① 전자빔용접
② 초음파용접
③ 원자수소용접
④ 일렉트로슬래그용접

32 정격 2차 전류 200A, 정격사용률 40%, 아크용접기로 150A의 용접전류 사용 시

정답
24. ④ 25. ① 26. ④ 27. ① 28. ③ 29. ② 30. ② 31. ② 32. ③

허용사용률은 약 얼마인가?

① 51%   ② 61%
③ 71%   ④ 81%

해설 허용사용률
= (정격 2차 전류)^2/(용접 전류)^2×정격사용률
= $200^2/150^2 × 40 = 71\%$이다.

33 가스용접에 대한 설명 중 옳은 것은?
① 아크용접에 비해 불꽃의 온도가 높다.
② 열집중성이 좋아 효율적인 용접이 가능하다.
③ 전원 설비가 있는 곳에서만 설치가 가능하다.
④ 가열할 때 열량 조절이 비교적 자유롭기 때문에 박판 용접에 적합하다.

34 연강용 피복 아크용접봉의 피복배합제 중 아크 안정제 역할을 하는 종류로 묶어 놓은 것 중 옳은 것은?
① 적철강, 알루미나, 붕산
② 붕산, 구리, 마그네슘
③ 알루미나, 마그네슘, 탄산나트륨
④ 산화티탄, 규산나트륨, 석회석, 탄산나트륨

35 가스 가우징용 토치의 본체는 프랑스식 토치와 비슷하나 팁은 비교적 저압으로 대용량의 산소를 방출할 수 있도록 설계되어 있는데 이는 어떤 설계구조인가?
① 초코
② 인젝트
③ 오리피스
④ 슬로우 다이버전트

36 가스용접 작업에서 후진법의 특징이 아닌 것은?
① 열 이용률이 좋다.
② 용접속도가 빠르다.
③ 용접 변형이 작다.
④ 얇은 판의 용접에 적당하다.

37 가스절단 시 양호한 절단면을 얻기 위한 품질 기준이 아닌 것은?
① 슬래그 이탈이 양호할 것
② 절단면의 표면각이 예리할 것
③ 절단면이 평활하며 노치 등이 없을 것
④ 드래그의 홈이 높고 가능한 한 클 것

38 피복 아크용접봉은 피복제가 연소한 후 생성된 물질이 용접부를 보호한다. 용접부의 보호방식에 따른 분류가 아닌 것은?
① 가스 발생식
② 스프레이형
③ 반가스 발생식
④ 슬래그 생성식

39 직류 아크용접에서 정극성의 특징 설명으로 맞는 것은?
① 비드 폭이 넓다.
② 주로 박판용접에 쓰인다.
③ 모재의 용입이 깊다.
④ 용접봉의 녹음이 빠르다.

정답
33. ④ 34. ④ 35. ④ 36. ④ 37. ④ 38. ② 39. ③

40 스테인리스강의 종류에 해당되지 않는 것은?
① 페라이트계 스테인리스강
② 레데뷰라이트계 스테인리스강
③ 석출경화형 스테인리스강
④ 마텐자이트계 스테인리스강

41 금속 침투법 중 칼로라이징은 어떤 금속을 침투시킨 것인가?
① B   ② Cr
③ Al   ④ Zn

> 해설
> • 보로나이징 : B(붕소)
> • 크로마이징 : Cr
> • 세라다이징 : Zn
> • 실리코나이징 : Si

42 마그네슘(Mg)의 특성을 설명한 것 중 틀린 것은?
① 비강도가 Al 합금보다 떨어진다.
② 구상흑연 주철의 첨가제로 사용된다.
③ 비중이 약 1.74 정도로 실용금속 중 가볍다.
④ 항공기, 자동차부품, 전기기기, 선박, 광학기계, 인쇄제판 등에 사용된다.

43 Al-Si계 합금의 조대한 공정조직을 미세화하기 위하여 나트륨(Na), 수산화나트륨(NaOH), 알칼리염류 등을 합금용탕에 첨가하여 10~15분간 유지하는 처리는?
① 시효 처리
② 폴링 처리
③ 개량 처리
④ 응력제거 풀림처리

44 조성이 2.0~3.0% C, 0.6~1.5% Si 범위의 것으로 백주철을 열처리로에 넣어 가열해서 탈탄 또는 흑연화 방법으로 제조한 주철은?
① 가단주철
② 칠드주철
③ 구상흑연주철
④ 고력 합금 주철

> 해설
> ㉠ 구상흑연주철 : 흑연을 구상화시켜 균열발생을 어렵게 하고 강도 및 연성을 크게 개선시킨 주철
> ㉡ 칠드주철 : 금형에 닿은 표면은 급랭시켜 경도를 크게 하고 내부는 서냉하여 연하고 강인성을 갖게 한 주철
> ㉢ 고력 합금 주철 : Ni-Cr계 주철로 기계구조용으로 가장 많이 사용되고 있는 주철로, 강인하고 내마멸성과 내식성이 있으며 절삭성도 좋다.

45 구리(Cu)에 대한 설명으로 옳은 것은?
① 구리는 체심입방격자이며, 변태점이 있다.
② 전기 구리는 O_2나 탈산제를 품지 않는 구리이다.
③ 구리의 전기 전도율은 금속 중에서 은(Ag)보다 높다.
④ 구리는 CO_2가 들어 있는 공기 중에서 염기성 탄산구리가 생겨 녹청색이 된다.

> 해설 구리는 면심입방격자로 변태점이 없으며 용융점은 1083℃, 비중은 8.96으로 전기 전도율은 은 다음으로 우수하다.

46 담금질에 대한 설명 중 옳은 것은?
① 위험구역에서는 급랭한다.
② 임계구역에서는 서냉한다.

정답
40. ② 41. ③ 42. ① 43. ③ 44. ① 45. ④ 46. ③

③ 강을 경화시킬 목적으로 실시한다.
④ 정지된 물속에서 냉각 시 대류단계에서 냉각속도가 최대가 된다.

47 열간가공과 냉간가공을 구분하는 온도로 옳은 것은?
① 재결정 온도
② 재료가 녹는 온도
③ 물의 어는 온도
④ 고온취성 발생온도

48 강의 표준조직이 아닌 것은?
① 페라이트(ferrite)
② 펄라이트(pearlite)
③ 시멘타이트(cementite)
④ 소르바이트(sorbite)

해설 ㉠ 강의 표준조직 : 페라이트, 펄라이트, 오스테나이트, 시멘타이트, 레데뷰라이트
㉡ 강의 담금질 조직 : 마텐자이트, 트루스타이트, 소르바이트, 오스테나이트

49 보통 주강에 3% 이하의 Cr을 첨가하여 강도와 내마멸성을 증가시켜 분쇄기계, 석유화학 공업용 기계부품 등에 사용되는 합금 주강은?
① Ni 주강
② Cr 주강
③ Mn 주강
④ Ni-Cr 주강

50 다음 중 탄소량이 가장 적은 강은?
① 연강
② 반경강
③ 최경강
④ 탄소공구강

해설 • 연강 : 0.12~0.2% C
• 반경강 : 0.2~0.3% C
• 최경강 : 0.5~0.9% C
• 탄소공구강 : 0.5~1.5% C

51 기계제도에서의 척도에 대한 설명으로 잘못된 것은?
① 척도는 표제란에 기입하는 것이 원칙이다.
② 축척의 표시는 2 : 1, 5 : 1, 10 : 1 등과 같이 나타낸다.
③ 척도란 도면에서의 길이와 대상물의 실제길이의 비이다.
④ 도면을 정해진 척도값으로 그리지 못하거나 비례하지 않을 때에는 척도를 'NS'로 표시할 수 있다.

해설 축척은 1 : 2, 1 : 5와 같이 1이 앞에 오고, 배척은 2 : 1, 5 : 1과 같이 1이 뒤에 온다.

52 다음 배관 도면에 포함되어 있는 요소로 볼 수 없는 것은?

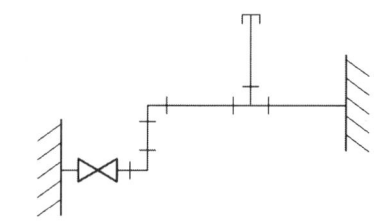

① 엘보
② 티
③ 캡
④ 체크밸브

53 리벳 구멍에 카운터 싱크가 없고 공장에서 드릴 가공 및 끼워 맞추기할 때의 간략 표시 기호는?

①   ②

정답
47. ① 48. ④ 49. ② 50. ① 51. ② 52. ④ 53. ③

③   ④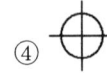

54 그림과 같이 지름이 같은 원기둥과 원기둥이 직각으로 만날 때의 상관선은 어떻게 나타나는가?

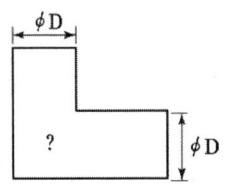

① 점선 형태의 직선
② 실선 형태의 직선
③ 실선 형태의 포물선
④ 실선 형태의 하이포이드 곡선

55 리벳 이음(Rivet Joint) 단면의 표시법으로 가장 올바르게 투상된 것은?

①   ②
③   ④

56 KS 재료기호 중 기계구조용 탄소강재의 기호는?

① SM 35C
② SS 490B
③ SF 340A
④ STKM 20A

해설
• SS 490B : 일반구조용 압연강재
• SF 340A : 탄소강단강품
• STKM 20A : 기계구조용 탄소강관

57 다음 중 치수기입의 원칙에 대한 설명으로 가장 적절한 것은?

① 중요한 치수는 중복하여 기입한다.
② 치수는 되도록 주 투상도에 집중하여 기입한다.
③ 계산하여 구한 치수는 되도록 식을 같이 기입한다.
④ 치수 중 참고 치수에 대하여는 네모 상자 안에 치수 수치를 기입한다.

58 다음 용접기호에서 "3"의 의미로 올바른 것은?

① 용접부 수
② 용접부 간격
③ 용접의 길이
④ 필릿용접 목 두께

해설 a7 : 목 두께
3 : 용접부 수
50 : 용접부 길이
160 : 용접부 간격

59 다음 중 지시선 및 인출선을 잘못 나타낸 것은?

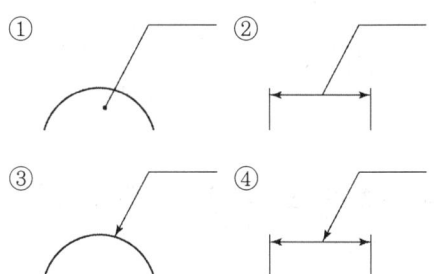

정답
54. ② 55. ④ 56. ① 57. ② 58. ① 59. ④

60 제3각 정투상법으로 투상한 그림과 같은 투상도의 우측면도로 가장 적합한 것은?

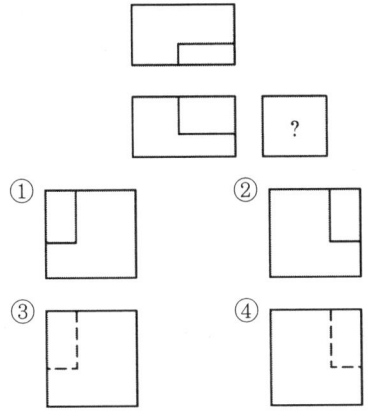

60. ①

2014년 제5회 과년도출제문제 특수용접기능사

01 직류 아크용접의 정극성과 역극성의 특징에 대한 설명으로 옳은 것은?
① 정극성은 용접봉의 용융이 느리고 모재의 용입이 깊다.
② 역극성은 용접봉의 용융이 빠르고 모재의 용입이 깊다.
③ 모재에 음극(-), 용접봉에 양극(+)을 연결하는 것을 정극성이라 한다.
④ 역극성은 일반적으로 비드 폭이 좁고 두꺼운 모재의 용접에 적당하다.

해설 직류정극성과 역극성의 비교

직류정극성(DCSP)	직류역극성(DCRP)
모재의 용입이 깊다.	모재의 용입이 얕다.
용접봉의 녹음이 느리다.	용접봉의 녹음이 빠르다.
비드 폭이 좁다.	비드 폭이 넓다.
일반적으로 많이 사용된다.	박판, 주철, 비철금속의 용접에 사용된다.
열분배 : 모재(+) : 70%, 용접봉(-) 30%	열분배 : 모재(-) : 30%, 용접봉(+) 70%

02 아크용접에서 부하 전류가 증가하면 단자전압이 저하하는 특성을 무슨 특성이라 하는가?
① 상승 특성 ② 수하 특성
③ 정전류 특성 ④ 정전압 특성

해설 ㉠ 상승 특성 : 부하전류가 증가하면 단자전압이 약간 증가하는 특성
㉡ 정전압 특성 : 부하전류가 증가하여도 단자전압은 거의 변하지 않는 특성으로 CP 특성이라고도 함
㉢ 정전류 특성 : 아크 길이에 따라 전압이 변화하여도 전류가 거의 변하지 않는 특성

03 아크 에어 가우징법으로 절단을 할 때 사용되는 장치가 아닌 것은?
① 가우징 봉 ② 컴프레셔
③ 가우징 토치 ④ 냉각장치

04 연강용 피복 아크용접봉 심선의 4가지 화학성분 원소는?
① C, Si, P, S ② C, Si, Fe, S
③ C, Si, Ca, P ④ Al, Fe, Ca, P

해설 심선의 6가지 화학성분
C, Si, Mn, S, P, Cu

05 산소용기의 내용적이 33.7리터인 용기에 120kgf/cm²이 충전되어 있을 때, 대기압 환산용적은 몇 리터인가?
① 2803 ② 4044
③ 28030 ④ 40440

해설 산소의 양(리터)=내용적×충전기압이므로
33.7×120=4044리터가 된다.

06 피복 아크용접에서 아크 안정제에 속하는 피복 배합제는?
① 산화티탄 ② 탄산마그네슘

정답
1. ① 2. ② 3. ④ 4. ① 5. ② 6. ①

③ 페로망간 ④ 알루미늄

해설 아크 안정제
산화티탄, 규산나트륨, 석회석, 규산칼륨, 형석, 규사 등

07 용접 전류에 의한 아크 주위에 발생하는 자장이 용접봉에 대해서 비대칭으로 나타나는 현상을 방지하기 위한 방법 중 옳은 것은?
① 직류 용접에서 극성을 바꿔 연결한다.
② 접지점을 될 수 있는 대로 용접부에서 가까이 한다.
③ 용접봉 끝을 아크가 쏠리는 방향으로 기울인다.
④ 피복제가 모재에 접촉할 정도로 짧은 아크를 사용한다.

해설 아크 쏠림 방지책
㉠ 직류 대신 교류를 사용한다.
㉡ 접지점을 될 수 있는 대로 용접부에서 멀리한다.
㉢ 용접봉 끝을 아크가 쏠리는 반대 방향으로 기울인다.
㉣ 가능한 한 짧은 아크를 사용한다.
㉤ 용접부가 긴 경우에는 후퇴법을 사용한다.
㉥ 이음의 처음과 끝에 엔드탭을 붙여서 용접한다.

08 일반적으로 가스용접봉의 지름이 2.6mm일 때 강판의 두께는 몇 mm 정도가 적당한가?
① 1.6mm ② 3.2mm
③ 4.5mm ④ 6.0mm

해설 가스용접봉의 지름(D)=T/2+1이므로 모재의 두께(T)는 3.2mm이다.

09 피복 아크용접봉의 용융금속 이행 형태에 따른 분류가 아닌 것은?
① 스프레이형 ② 글로뷸러형
③ 슬래그형 ④ 단락형

10 산소 용기에 각인되어 있는 TP와 FP는 무엇을 의미하는가?
① TP : 내압시험 압력, FP : 최고충전 압력
② TP : 최고충전 압력, FP : 내압시험 압력
③ TP : 내용적(실측), FP : 용기중량
④ TP : 용기중량, FP : 내용적(실측)

11 가스 실드계의 대표적인 용접봉으로 유기물을 20~30% 정도 포함하고 있는 용접봉은?
① E4303 ② E4311
③ E4313 ④ E4324

12 다음 중 용접 작업에 영향을 주는 요소가 아닌 것은?
① 용접봉 각도 ② 아크 길이
③ 용접 속도 ④ 용접 비드

13 아세틸렌은 각종 액체에 잘 용해된다. 그러면 1기압 아세톤 2L에는 몇 L의 아세틸렌이 용해되는가?
① 2 ② 10
③ 25 ④ 50

해설 아세틸렌의 용해도
물 : 1배, 석유 : 2배, 벤젠 : 4배, 알코올 : 6배, 아세톤 : 25배이므로 아세톤 2리터에는 50리터(2×25)가 용해된다.

정답
7. ④ 8. ② 9. ③ 10. ① 11. ② 12. ④ 13. ④

14 아크가 발생하는 초기에 용접봉과 모재가 냉각되어 있어 용접 입열이 부족하여 아크가 불안정하기 때문에 아크 초기에만 용접 전류를 특별히 크게 해주는 장치는?

① 전격방지장치
② 원격제어장치
③ 핫 스타트 장치
④ 고주파 발생장치

해설
㉠ 전격방지장치 : 교류 아크용접기의 높은 무부하 전압(70V 이상)으로부터 감전을 방지하기 위해 부착하는 장치이다.
㉡ 고주파 발생장치 : 교류 아크용접기에서 안정된 아크를 얻기 위하여 고전압(2000~3000V)의 고주파(300~1000kc)를 중첩시키는 방법의 장치이다.
㉢ 원격제어장치 : 교류 아크용접기 중 가포화리액터형 용접기에 부착하는 장치로 원격에서 전류를 조정할 수 있는 부속장치이다.

15 수중 절단에 주로 사용되는 가스는?

① 부탄가스   ② 아세틸렌가스
③ LPG   ④ 수소가스

16 가스 절단에서 절단하고자 하는 판의 두께가 25.4mm일 때, 표준 드래그의 길이는?

① 2.4mm   ② 5.2mm
③ 6.4mm   ④ 7.2mm

해설 표준 드래그의 길이는 보통 판 두께의 20%가 적당하다.

17 교류 아크용접기의 규격 AW-300에서 300이 의미하는 것은?

① 정격 사용률
② 정격 2차 전류
③ 무부하 전압
④ 정격 부하 전압

18 열처리된 탄소강의 현미경 조직에서 경도가 가장 높은 것은?

① 소르바이트
② 오스테나이트
③ 마텐자이트
④ 트루스타이트

해설 경도 순서
마텐자이트 ← 트루스타이트 ← 소르바이트 ← 오스테나이트

19 알루미늄 합금재료가 가공된 후 시간의 경과에 따라 합금이 경화하는 현상은?

① 재결정   ② 시효경화
③ 가공경화   ④ 인공시효

20 용접부품에서 일어나기 쉬운 잔류응력을 감소시키기 위한 열처리 방법은?

① 완전풀림(full annealing)
② 연화풀림(softening annealing)
③ 확산풀림(diffusion annealing)
④ 응력제거 풀림(stress relief annealing)

해설
㉠ 완전풀림 : A3~A1변태보다 30~50℃ 높은 온도로 가열 후 충분한 유지 후에 서냉하는 풀림법
㉡ 연화풀림 : 가공경화된 재료를 균일하게 하고 소성가공 또는 절삭가공을 쉽게 하기 위해 A1점 상하의 온도에서 가열하는 풀림법
㉢ 확산풀림 : 황화물의 편석을 없애고 Ni강에서 망상으로 석출된 황화물은 적열취성의 원인이 되는데 이것을 방지하기

정답
14. ③ 15. ④ 16. ② 17. ② 18. ③ 19. ② 20. ④

위해 1100~1150℃에서 하는 풀림법

ⓒ 세라다이징 : 재료의 표면에 아연을 침투시켜 표면을 경화시키는 방법
ⓒ 고주파 담금질 : 고주파 전류를 금속 표면에 흐르게 하여 가열한 후 냉각시켜서 표면을 경화시키는 방법

21 인장강도가 98~196MPa 정도이며, 기계가공성이 좋아 공작기계의 베드, 일반기계 부품, 수도관 등에 사용되는 주철은?
① 백주철 ② 회주철
③ 반주철 ④ 흑주철

25 경금속(Light Metal) 중에서 가장 가벼운 금속은?
① 리튬(Li)
② 베릴륨(Be)
③ 마그네슘(Mg)
④ 티타늄(Ti)

22 구리에 40~50% Ni을 첨가한 합금으로서 전기저항이 크고 온도계수가 일정하므로 통신기자재, 저항선, 전열선 등에 사용하는 니켈합금은?
① 인바 ② 엘린바
③ 모넬메탈 ④ 콘스탄탄

해설 ㉠ 인바 : Ni을 36% 함유한 Fe+Ni계 합금으로 불변강의 일종이다. 용도는 줄자, 시계태엽, 바이메탈 등에 쓰인다.
ⓒ 엘린바 : Fe+Ni+Cr계 합금으로 불변강의 일종이며 고급시계 및 정밀기계의 스프링 제작에 쓰인다.
ⓒ 모넬메탈 : Ni+Fe+Cu계 합금으로 화학공업용으로 사용한다.

26 스테인리스강의 금속 조직학상 분류에 해당하지 않는 것은?
① 마텐자이트계
② 페라이트계
③ 시멘타이트계
④ 오스테나이트계

27 합금공구강을 나타내는 한국산업표준(KS)의 기호는?
① SKH 2 ② SCr 2
③ STS 11 ④ SNCM

해설 ㉠ SKH : 고속도강
ⓒ SCr : 크롬강
ⓒ SNCM : 니켈크롬몰리브덴강

23 합금강의 분류에서 특수용도용으로 게이지, 시계추 등에 사용되는 것은?
① 불변강 ② 쾌삭강
③ 규소강 ④ 스프링강

24 강의 표면에 질소를 침투시켜 경화시키는 표면경화법은?
① 침탄법 ② 질화법
③ 세라다이징 ④ 고주파 담금질

해설 ㉠ 침탄법 : 재료의 표면에 탄소를 침투시켜 표면을 경화시키는 방법

28 정련된 용강을 노 내에서 Fe-Mn, Fe-Si, Al 등으로 완전 탈산시킨 강은?
① 킬드강 ② 캡드강
③ 림드강 ④ 세미킬드강

해설 용강을 탈산제를 사용해 충분히 탈산시킨 강을 킬드강, 탈산을 거의 하지 않은 강을

정답 21. ② 22. ④ 23. ① 24. ② 25. ① 26. ③ 27. ③ 28. ①

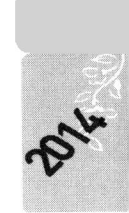

림드강이라 하며, 이 두 가지의 중간 정도를 세미킬드강이라 한다.

29 다음 중 화재 및 폭발의 방지조치가 아닌 것은?
① 가연성 가스는 대기 중에 방출시킨다.
② 용접작업 부근에 점화원을 두지 않도록 한다.
③ 가스용접 시에는 가연성 가스가 누설되지 않도록 한다.
④ 배관 또는 기기에서 가연성 가스의 누출여부를 철저히 점검한다.

30 CO_2 가스 아크용접에서 복합와이어의 구조에 해당하지 않는 것은?
① C관상 와이어
② 아코스 와이어
③ S관상 와이어
④ NCG 와이어

31 초음파 탐상법의 특징 설명으로 틀린 것은?
① 초음파의 투과 능력이 작아 얇은 판의 검사에 적합하다.
② 결함의 위치와 크기를 비교적 정확히 알 수 있다.
③ 검사 시험체의 한 면에서도 검사가 가능하다.
④ 감도가 높으므로 미세한 결함을 검출할 수 있다.

32 연납과 경납을 구분하는 용융점은 몇 ℃인가?
① 200℃
② 300℃
③ 450℃
④ 500℃

33 교류 아크용접기의 종류가 아닌 것은?
① 가동철심형
② 가동코일형
③ 가포화리액터형
④ 정류기형

34 용접부에 은점을 일으키는 주요 원소는?
① 수소
② 인
③ 산소
④ 탄소

35 일렉트로 슬래그 아크용접에 대한 설명 중 맞지 않는 것은?
① 일렉트로 슬래그 용접은 단층 수직 상진 용접을 하는 방법이다.
② 일렉트로 슬래그 용접은 아크를 발생시키지 않고 와이어와 용융 슬래그 그리고 모재 내에 흐르는 전기 저항열에 의하여 용접한다.
③ 일렉트로 슬래그 용접의 홈 형상은 I형 그대로 사용한다.
④ 일렉트로 슬래그 용접 전원으로는 정전류형의 직류가 적합하고, 용융금속의 용착량은 90% 정도이다.

> **해설** 엘렉트로 슬래그 용접의 전원으로는 정전압형의 교류가 적당하며 용착량은 100%이다.

36 TIG 용접 시 텅스텐 전극의 수명을 연장시키기 위하여 아크를 끊은 후 전극의 온도가 얼마일 때까지 불활성 가스를 흐르게

정답
29. ① 30. ① 31. ① 32. ③ 33. ④ 34. ① 35. ④ 36. ②

하는가?
① 100℃ ② 300℃
③ 500℃ ④ 700℃

37 다음 중 비파괴 시험이 아닌 것은?
① 초음파 시험 ② 피로시험
③ 침투 시험   ④ 누설 시험

해설 피로시험
강도시험법의 한 종류로, 재료에 반복응력을 가해서 재료가 파괴될 때까지의 반복 횟수를 구하는 시험으로 파괴시험법이다.

38 본 용접의 용착법 중 각 층마다 전체 길이를 용접하면서 쌓아올리는 방법으로 용접하는 것은?
① 전진 블록법   ② 캐스케이드법
③ 빌드업법   ④ 스킵법

해설 다층 덧쌓기법의 종류

(a) 덧살 올림법

(b) 캐스케이드법

(c) 전진 블록법(용접중심선 단면도)

㉠ 빌드업 법(build up method) = 덧살 올림법
㉡ 캐스케이드법 : 한 부분의 몇 층을 용접하다가 이것을 다음 부분의 층으로 연속시켜 전체가 계단형태로 단계를 이루도록 용착시켜 나가는 방법
㉢ 전진블록법 : 한 개의 용접봉으로 살을 붙일 만한 길이로 구분해서, 홈을 한 부분씩 여러 층으로 쌓아 올린 다음, 다른 부분으로 진행하는 방법이다.
㉣ 스킵법 : 잔류응력을 줄이기 위한 비드 배치법으로 중간을 띄우면서 용접하는 방법이다.

39 피복 아크용접기를 설치해도 되는 장소는?
① 먼지가 매우 많고 옥외의 비바람이 치는 곳
② 수증기 또는 습도가 높은 곳
③ 폭발성 가스가 존재하지 않는 곳
④ 진동이나 충격을 받는 곳

40 그림과 같이 용접선의 방향과 하중의 방향이 직교한 필릿 용접은?

① 측면 필릿 용접
② 경사 필릿 용접
③ 전면 필릿 용접
④ T형 필릿 용접

해설 ㉠ 전면 필릿 용접 : 하중의 방향과 용접선의 방향이 90°인 필릿 용접
㉡ 측면 필릿 용접 : 하중의 방향과 용접선의 방향이 수평(180°)인 필릿 용접
㉢ 경사 필릿 용접 : 하중의 방향과 용접선의 방향이 0°~90° 사이의 필릿 용접

41 불활성 가스 금속 아크(MIG) 용접의 특징 설명으로 옳은 것은?

정답
37. ② 38. ③ 39. ③ 40. ③ 41. ②

① 바람의 영향을 받지 않아 방풍대책이 필요 없다.
② TIG 용접에 비해 전류밀도가 높아 용융 속도가 빠르고 후판용접에 적합하다.
③ 각종 금속용접이 불가능하다.
④ TIG 용접에 비해 전류밀도가 낮아 용접 속도가 느리다.

42 가스 절단 작업 시 주의사항이 아닌 것은?
① 가스 누설의 점검은 수시로 해야 하며 간단히 라이터로 할 수 있다.
② 가스 호스가 꼬여 있거나 막혀 있는지를 확인한다.
③ 가스 호스가 용융 금속이나 산화물의 비산으로 인해 손상되지 않도록 한다.
④ 절단 진행 중에 시선은 절단면을 떠나서는 안 된다.

> **해설** 가스 누설 검사는 비눗물을 이용한다.

43 다음 중 용제와 와이어가 분리되어 공급되고 아크가 용제 속에서 일어나며 잠호 용접이라 불리는 용접은?
① MIG 용접
② 심 용접
③ 서브머지드 아크용접
④ 일렉트로 슬래그 용접

> **해설** 서브머지드 아크용접은 잠호 용접, 불가시 아크용접, 링컨 용접으로도 불린다.

44 안전 보호구의 구비 요건 중 틀린 것은?
① 착용이 간편할 것
② 재료의 품질이 양호할 것
③ 구조와 끝마무리가 양호할 것
④ 위험, 유해요소에 대한 방호성능이 나쁠 것

45 아크 플라즈마는 고전류가 되면 방전전류에 의하여 생기는 자장과 전류의 작용으로 아크의 단면이 수축된다. 그 결과 아크단면이 수축하여 가늘게 되고 전류밀도가 증가한다. 이와 같은 성질을 무엇이라고 하는가?
① 열적 핀치효과
② 자기적 핀치효과
③ 플라즈마 핀치효과
④ 동적 핀치효과

> **해설** 열적 핀치효과
> 아크 기둥(Plasma)이 주위로부터 강제 냉각되면, 아크 기둥 자체가 열손실을 적게 하기 위해서 표면적(단면적)을 줄여 수축하는 현상이다.

46 용접 결함 종류가 아닌 것은?
① 기공   ② 언더컷
③ 균열   ④ 용착금속

47 TIG 용접에서 전극봉의 마모가 심하지 않으면서 청정작용이 있고 알루미늄이나 마그네슘 용접에 가장 적합한 전원 형태는?
① 직류정극성(DCSP)
② 직류역극성(DCRP)
③ 고주파 교류(ACHF)
④ 일반 교류(AC)

48 용접전압이 25V, 용접전류가 350A, 용접속도가 40cm/min인 경우 용접 입열량은 몇 J/cm인가?

정답
42. ① 43. ③ 44. ④ 45. ② 46. ④ 47. ③ 48. ④

① 10500J/cm ② 11500J/cm
③ 12125J/cm ④ 13125J/cm

> **해설** 용접입열(H)=60EI/V이다.
> 여기서, E(전압), I(전류), V(용접속도)이다.
> H=60×25×350/40은 13,125J/cm이다.

49 용접 후 변형을 교정하는 방법이 아닌 것은?
① 박판에 대한 점 수축법
② 형재(形材)에 대한 직선 수축법
③ 가스 가우징법
④ 롤러에 거는 방법

> **해설** 가스 가우징 : 다이버전트형의 노즐을 가진 토치를 사용하여 용접 부분의 뒷면을 따내든지 U형, H형의 용접홈을 가공하기 위한 가공법이다.

50 용접 이음 준비 중 홈 가공에 대한 설명으로 틀린 것은?
① 홈 가공의 정밀 또는 용접 능률과 이음의 성능에 큰 영향을 준다.
② 홈 모양은 용접방법과 조건에 따라 다르다.
③ 용접 균열은 루트 간격이 넓을수록 적게 발생한다.
④ 피복 아크용접에서는 54~70° 정도의 홈 각도가 적합하다.

51 다음 그림과 같은 양면 용접부 조합기호의 명칭으로 옳은 것은?

① 양면 V형 맞대기 용접
② 넓은 루트면이 있는 양면 V형 용접
③ 넓은 루트면이 있는 K형 맞대기 용접
④ 양면 U형 맞대기 용접

52 아래 그림은 원뿔을 경사지게 자른 경우이다. 잘린 원뿔의 전개 형태로 가장 올바른 것은?

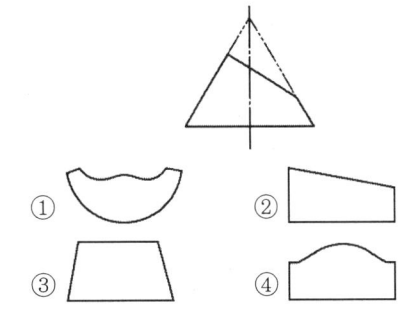

53 회전도시 단면도에 대한 설명으로 틀린 것은?
① 절단할 곳의 전·후를 끊어서 그 사이에 그린다.
② 절단선의 연장선 위에 그린다.
③ 도형 내의 절단한 곳에 겹쳐서 도시할 경우 굵은 실선을 사용하여 그린다.
④ 절단면은 90° 회전하여 표시한다.

54 기계제도의 치수 보조 기호 중에서 Sϕ는 무엇을 나타내는 기호인가?
① 구의 지름
② 원통의 지름
③ 판의 두께
④ 원호의 길이

> **해설** • 구의 지름 : sϕ
> • 정사각형 : □
> • 판 두께 : t
> • 원통의 지름 : ϕ

정답
49. ③ 50. ③ 51. ④ 52. ① 53. ③ 54. ①

55 재료 기호가 "SM400C"로 표시되어 있을 때 이는 무슨 재료인가?
① 일반구조용 압연 강재
② 용접구조용 압연 강재
③ 스프링 강재
④ 탄소공구강 강재

56 3각법으로 정투상한 아래 도면에서 정면도와 우측면도에 가장 적합한 평면도는?

57 그림과 같은 관 표시 기호의 종류는?
① 크로스
② 리듀서
③ 디스트리뷰터
④ 휨 관 조인트

58 대상물의 보이는 부분의 모양을 표시하는 데 사용하는 선은?
① 치수선 ② 외형선
③ 숨은선 ④ 기준선

59 도면에 그려진 길이가 실제 대상물의 길이보다 큰 경우 사용한 척도의 종류인 것은?
① 현척 ② 실척
③ 배척 ④ 축척

60 다음 그림은 경유 서비스 탱크 지지철물의 정면도와 측면도이다. 모두 동일한 ㄱ형강일 경우 중량은 약 몇 kg인가? (단, ㄱ형강(L-50×50×6)의 단위 m당 중량은 4.43 kg/m이고, 정면도와 측면도에서 좌우 대칭이다.)

① 44.3 ② 53.1
③ 55.4 ④ 76.1

해설 다리의 길이 : 1300×4=5200mm
상판의 길이 : 1000×2+700×2=3400
중간지지대의 길이 : 1000×2+700×2 =3400
그러므로 총 길이는 12000mm, 즉 12m이다.
12×4.43=53.16kg이다.

정답
55. ② 56. ① 57. ④ 58. ② 59. ③ 60. ②

2015년 제1회 과년도출제문제 — 용접기능사

01 다음 중 정지구멍(Stop hole)을 뚫어 결함 부분을 깎아내고 재용접해야 하는 결함은?
① 균열 ② 언더컷
③ 오버랩 ④ 용입부족

해설 기공이나 슬래그 섞임 등은 깎아내고 재용접하며, 균열이 발생 시에는 양 끝에 정지구멍을 뚫고 균열이 있는 부분을 깎아낸 후 재용접하고, 언더컷에는 지름이 가는 용접봉을 사용하여 보수하고 오버랩 발생 시는 일부분을 깎아내고 재용접한다.

02 다음 중 용접용 지그 선택의 기준으로 적절하지 않은 것은?
① 물체를 튼튼하게 고정시켜 줄 크기와 힘이 있을 것
② 변형을 막아줄 만큼 견고하게 잡아줄 수 있을 것
③ 물품의 고정과 분해가 어렵고 청소가 편리할 것
④ 용접 위치를 유리한 용접자세로 쉽게 움직일 수 있을 것

03 금속 간의 원자가 접합되는 인력 범위는?
① 10^{-4}cm ② 10^{-6}cm
③ 10^{-8}cm ④ 10^{-10}cm

해설 옹스트롬(Å)이라 읽는다.

04 용접 시공 시 발생하는 용접 변형이나 잔류응력의 발생을 줄이기 위해 용접시공 순서를 정한다. 다음 중 용접시공 순서에 대한 사항으로 틀린 것은?
① 제품의 중심에 대하여 대칭으로 용접을 진행시킨다.
② 같은 평면 안에 많은 이음이 있을 때에는 수축은 가능한 한 자유단으로 보낸다.
③ 수축이 적은 이음을 가능한 한 먼저 용접하고 수축이 큰 이음을 나중에 용접한다.
④ 리벳작업과 용접을 같이 할 때는 용접을 먼저 실시하여 용접열에 의해서 리벳의 구멍이 늘어남을 방지한다.

05 용접 작업 시의 전격에 대한 방지대책으로 올바르지 않은 것은?
① TIG 용접 시 텅스텐 봉을 교체할 때는 전원스위치를 차단하지 않고 해야 한다.
② 습한 장갑이나 작업복을 입고 용접하면 감전의 위험이 있으므로 주의한다.
③ 절연홀더의 절연 부분이 균열이나 파손되었으면 곧바로 보수하거나 교체한다.
④ 용접작업이 끝났을 때나 장시간 중지할 때에는 반드시 스위치를 차단시킨다.

06 단면적이 10cm²의 평판을 완전 용입 맞대기 용접한 경우의 하중은 얼마인가? (단,

정답
1. ① 2. ③ 3. ③ 4. ④ 5. ① 6. ③

재료의 허용응력을 1600kgf/cm^{2}로 한다.)
① 160kgf   ② 1600kgf
③ 16000kgf ④ 16kgf

해설 허용응력(σ)=P(하중)/A(단면적)이므로
P=σA이다. 그러므로
10×1,600=16,000kg/cm^{2}이다.

07 산업용 로봇 중 직각좌표계 로봇의 장점에 속하는 것은?

① 오프라인 프로그래밍이 용이하다.
② 로봇 주위에 접근이 가능하다.
③ 1개의 선형축과 2개의 회전축으로 이루어졌다.
④ 작은 설치공간에 큰 작업영역이다.

해설 각 좌표계의 장·단점

형상	장점	단점
직각 좌표계	• 3개 선형축(직선운동)으로 구성 • 시각화가 용이하고 강성구조이다. • 오프라인 프로그래밍이 용이하다. • 직선 축에 기계정지가 용이하다.	• 로봇 자체 앞에만 접근 가능 • 큰 설치공간이 필요 • 밀봉이 어렵다.
원통 좌표계	• 2개의 선형축과 1개 회전축으로 구성 • 로봇 주위에 접근 가능 • 강성구조의 2개의 선형축과 밀봉이 용이한 회전축	• 로봇자체보다 위에 접근이 불가 • 장애물 주위에 접근이 불가 • 밀봉이 어려운 2개의 선형축
극 좌표계	• 1개의 선형축과 2개의 회전축으로 구성 • 길게 수평으로 접근이 용이하다.	• 장애물 주위에 접근이 불가함 • 짧은 수직 접근
관절 좌표계	• 3개의 회전축으로 구성 • 장애물의 상하에 접근 가능 • 작은 설치공간에 큰 작업영역 가능	• 복잡한 머니퓰레이터 구조

08 서브머지드 아크용접의 다전극 방식에 의한 분류가 아닌 것은?

① 푸시식   ② 탠덤식
③ 횡병렬식 ④ 횡직렬식

09 용접 길이가 짧거나 변형 및 잔류응력의 우려가 적은 재료를 용접할 경우 가장 능률적인 용착법은?

① 전진법 ② 후진법
③ 비석법 ④ 대칭법

해설
• 후진법 : 용접진행방향과 용착방향이 서로 반대가 되게 하는 방법으로 잔류응력을 다소 줄일 수 있으나 작업능률이 떨어진다.
• 비석법(스킵법) : 용접 길이를 짧게 나누어 간격을 두면서 용접하는 방법으로 변형이나 잔류응력을 줄이기 위한 용착법이다.
• 대칭법 : 용접부의 중앙으로부터 양끝을 향해 대칭적으로 용접해 나가는 방법으로 모재 변형이 서로 대칭이 되게 하기 위한 용착법이다.

10 다음 중 비파괴 시험에 해당하는 시험법은?

① 굽힘 시험
② 현미경 조직 시험
③ 파면 시험
④ 초음파 시험

해설
• 파괴시험법 : 기계적 시험(인장시험, 굽힘시험, 경도시험 등), 물리적 시험, 화학적 시험, 야금학적 시험(현미경 시험, 파면 시험, 설퍼프린트 시험), 용접성 시험
• 비파괴시험법 : 외관 시험, 누설 시험, 침투 시험, 형광 시험, 초음파 시험, 자기적 시험, 와류 시험, 방사선 투과 시험(X선 시험, γ선 시험)

정답
7. ① 8. ① 9. ① 10. ④

11 서브머지드 아크용접에 대한 설명으로 틀린 것은?

① 가시용접으로 용접 시 용착부를 육안으로 식별이 가능하다.
② 용융속도와 용착속도가 빠르며 용입이 깊다.
③ 용착금속의 기계적 성질이 우수하다.
④ 개선각을 작게 하여 용접 패스 수를 줄일 수 있다.

> **해설** 서브머지드 아크용접은 용제 안에서 용접이 이루어지므로 용착부를 볼 수가 없다. 이와 같은 특성으로 인해 일명 잠호 용접 또는 불가시 아크용접이라 일컫는다.

12 용접 후 변형 교정 시 가열 온도 500~600℃, 가열 시간 약 30초, 가열 지름 20~30mm로 하여, 가열한 후 즉시 수냉하는 변형교정법을 무엇이라 하는가?

① 박판에 대한 수냉 동판법
② 박판에 대한 살수법
③ 박판에 대한 수냉 석면포법
④ 박판에 대한 점 수축법

13 다음 중 테르밋 용접의 특징에 관한 설명으로 틀린 것은?

① 전기가 필요 없다.
② 용접 작업이 단순하다.
③ 용접 시간이 길고 용접 후 변형이 크다.
④ 용접 기구가 간단하고 작업 장소의 이동이 쉽다.

14 용접 전의 일반적인 준비 사항이 아닌 것은?

① 사용 재료를 확인하고 작업내용을 검토한다.
② 용접전류, 용접순서를 미리 정해둔다.
③ 이음부에 대한 불순물을 제거한다.
④ 예열 및 후열처리를 실시한다.

15 불활성 가스 텅스텐 아크용접(TIG)의 KS 규격이나 미국용접협회(AWS)에서 정하는 텅스텐 전극봉의 식별 색상이 황색이면 어떤 전극봉인가?

① 순텅스텐
② 지르코늄 텅스텐
③ 1% 토륨 텅스텐
④ 2% 토륨 텅스텐

> **해설** • 순텅스텐 전극 : 녹색
> • 2% 토륨 텅스텐 전극 : 적색
> • 지르코늄 전극 : 갈색

16 스터드 용접의 특징 중 틀린 것은?

① 긴 용접시간으로 용접변형이 크다.
② 용접 후의 냉각속도가 비교적 빠르다.
③ 알루미늄, 스테인리스강 용접이 가능하다.
④ 탄소 0.2%, 망간 0.7% 이하 시 균열 발생이 없다.

> **해설** 스터드 용접
> 일명 볼트용접 또는 심기용접이라고 하며 스터드 건을 이용한 용접법으로 용접시간이 매우 짧아 변형이 거의 없다.

17 불활성 가스 금속아크용접(MIG)에서 크레이터 처리에 의해 전류가 서서히 줄어들면서 아크가 끊어지는 기능으로 용접부가 녹아내리는 것을 방지하는 제어기능은?

① 스타트 시간
② 예비 가스 유출 시간

정답
11. ① 12. ④ 13. ③ 14. ④ 15. ③ 16. ① 17. ③

③ 버언 백 시간
④ 크레이터 충전 시간

> **해설**
> • 예비 가스 유출시간 : 아크가 발생되기 전 보호가스를 흐르게 하여 아크의 안정과 결함 발생을 방지하기 위한 기능이다.
> • 스타트 시간 : 아크가 발생되는 순간 용접 전류와 전압을 크게 하여 아크 발생과 모재의 융합을 돕는 핫 스타트 기능과 아크가 발생하기 전에 와이어의 송급 속도를 천천히 하여 와이어가 튀는 것을 방지하는 슬로우 다운 기능이 있다.
> • 크레이터 충전시간 : 크레이터 처리를 위해 용접이 끝나는 지점에서 토치 스위치를 다시 누르면 용접 전류와 전압이 낮아져 크레이터가 채워져 결함을 방지하는 기능이다.

18 다음 중 용접 설계상 주의해야 할 사항으로 틀린 것은?
① 국부적으로 열이 집중되도록 할 것
② 용접에 적합한 구조의 설계를 할 것
③ 결함이 생기기 쉬운 용접 방법은 피할 것
④ 강도가 약한 필릿 용접은 가급적 피할 것

19 다음 중 아세틸렌(C_2H_2)가스의 폭발성에 해당되지 않는 것은?
① 406~408℃가 되면 자연 발화한다.
② 마찰·진동·충격 등의 외력이 작용하면 폭발위험이 있다.
③ 아세틸렌 90%, 산소 10%의 혼합 시 가장 폭발위험이 크다.
④ 은·수은 등과 접촉하면 이들과 화합하여 120℃ 부근에서 폭발성이 있는 화합물을 생성한다.

> **해설** 아세틸렌 15%, 산소 85%일 때 폭발위험이 가장 크다.

20 이산화탄소 아크용접에 관한 설명으로 틀린 것은?
① 팁과 모재 간의 거리는 와이어의 돌출길이에 아크길이를 더한 것이다.
② 와이어 돌출길이가 짧아지면 용접와이어의 예열이 많아진다.
③ 와이어의 돌출길이가 짧아지면 스패터가 부착되기 쉽다.
④ 약 200A 미만의 저전류를 사용할 경우 팁과 모재 간의 거리는 10~15mm 정도 유지한다.

21 강구조물 용접에서 맞대기 이음의 루트 간격의 차이에 따라 보수용접을 하는데 보수 방법으로 틀린 것은?
① 맞대기 루트 간격 6mm 이하일 때에는 이음부의 한쪽 또는 양쪽을 덧붙임 용접한 후 절삭하여 규정 간격으로 개선 홈을 만들어 용접한다.
② 맞대기 루트 간격 15mm 이상일 때에는 판을 전부 또는 일부(대략 300mm 이상의 폭)를 바꾼다.
③ 맞대기 루트 간격 6~15mm일 때에는 이음부에 두께 6mm 정도의 뒷댐판을 대고 용접한다.
④ 맞대기 루트 간격 15mm 이상일 때에는 스크랩을 넣어서 용접한다.

22 이산화탄소 아크용접법에서 이산화탄소(CO_2)의 역할을 설명한 것 중 틀린 것은?
① 아크를 안정시킨다.
② 용융금속 주위를 산성 분위기로 만든다.

정답
18. ① 19. ③ 20. ② 21. ④ 22. ③

③ 용융속도를 빠르게 한다.
④ 양호한 용착금속을 얻을 수 있다.

23 다음 중 산소용기의 각인 사항에 포함되지 않은 것은?
① 내용적
② 내압시험압력
③ 가스충전일시
④ 용기 중량

> 해설 산소용기 각인 사항
> V : 내용적, W : 용기 중량, TP : 용기내압시험압력, FP : 용기최고충전압력, 제작사, 제조업자 기호, 내압시험 연월일

24 다음 중 용접기에서 모재를 (+)극에, 용접봉을 (-)극에 연결하는 아크 극성으로 옳은 것은?
① 직류정극성
② 직류역극성
③ 용극성
④ 비용극성

25 탄소 아크 절단에 압축공기를 병용하여 전극홀더의 구멍에서 탄소 전극봉에 나란히 분출하는 고속의 공기를 분출시켜 용융금속을 불어내어 홈을 파는 방법은?
① 아크에어 가우징
② 금속아크 절단
③ 가스 가우징
④ 가스 스카핑

> 해설
> • 금속아크절단 : 탄소 전극봉 대신 절단 전용의 특수 피복을 입힌 피복봉을 사용하여 절단하는 방법이다.
> • 가스 가우징 : 다이버전트형의 노즐을 가진 토치를 사용하여 용접 부분의 뒷면을 따내든지 U형, H형의 용접홈을 가공하기 위한 가공법이다.
> • 가스 스카핑 : 강재 표면의 홈이나 탈탄층 등을 제거하기 위해 표면을 얇게 깎아내는 가공법이다.

26 가스 용접 시 팁 끝이 순간적으로 막혀 가스분출이 나빠지고 혼합실까지 불꽃이 들어가는 현상을 무엇이라 하는가?
① 인화
② 역류
③ 점화
④ 역화

> 해설
> • 역류 : 토치 내부가 막혀 고압의 산소가 압력이 낮은 아세틸렌 쪽으로 흐르는 현상으로 폭발의 위험이 있다. 역류 발생 시 산소를 먼저 차단한다.
> • 역화 : 팁 끝이 모재에 닿아 순간적으로 팁 끝이 막히거나 팁의 과열, 사용 가스의 압력이 부적당할 때 팁 속에서 폭발음이 나며 불꽃이 꺼졌다 다시 나타나는 현상

27 정류기형 직류 아크용접기에서 사용되는 셀렌 정류기는 80℃ 이상이면 파손되므로 주의하여야 하는데 실리콘 정류기는 몇 ℃ 이상에서 파손이 되는가?
① 120℃
② 150℃
③ 80℃
④ 100℃

28 직류 피복아크용접기와 비교한 교류 피복아크용접기의 설명으로 옳은 것은?
① 무부하 전압이 낮다.
② 아크의 안정성이 우수하다.
③ 아크 쏠림이 거의 없다.
④ 전격의 위험이 적다.

> 해설 직류 및 교류용접기의 비교

23. ③ 24. ① 25. ① 26. ① 27. ② 28. ③

비교 항목	직류용접기	교류용접기
아크의 안정성	우수	약간 떨어짐
비피복봉 사용	가능	불가능
극성 변화	가능	불가능
자기쏠림 방지	불가능	가능 (거의 없음)
무부하 전압	낮다.(40~60V)	높다.(70~85V)
전격의 위험	낮다.	높다.
역률	양호	불량

29 수중 절단작업에 주로 사용되는 연료 가스는?
① 아세틸렌 ② 프로판
③ 벤젠 ④ 수소

30 연강용 피복아크용접봉 중 저수소계 용접봉을 나타내는 것은?
① E4301 ② E4311
③ E4316 ④ E4327

> 해설) E4301(일미나이트계), E4303(라임티탄계), E4311(고셀룰로오스계), E4313(고산화티탄계), E4316(저수소계), E4324(철분산화티탄계), E4326(철분저수소계), E4327(철분산화철계)

31 야금적 접합법의 종류에 속하는 것은?
① 납땜 이음 ② 볼트 이음
③ 코터 이음 ④ 리벳 이음

32 가스용접 작업 시 후진법의 설명으로 옳은 것은?
① 용접속도가 빠르다.
② 열 이용률이 나쁘다.
③ 얇은 판의 용접에 적합하다.
④ 용접변형이 크다.

> 해설) 전진법과 후진법의 비교(산소-아세틸렌 용접)

항목	전진법	후진법
열이용률	나쁘다.	양호하다.
용접속도	늦다.	빠르다.
비드모양	미려하다.	거칠다.
홈 각도	크다.(80° 정도)	작다.(60° 정도)
용접변형	심하다.	적다.
용접가능 판 두께	얇다.(5mm까지)	두껍다.
산화의 정도	심하다.	약하다.
용착 금속의 조직	거칠어진다.	미세해진다.
용착금속의 냉각도	빠르다.(급랭)	느리다.(서냉)

33 산소-아세틸렌가스 용접의 장점이 아닌 것은?
① 용접기의 운반이 비교적 자유롭다.
② 아크용접에 비해서 유해광선의 발생이 적다.
③ 열의 집중성이 높아서 용접이 효율적이다.
④ 가열할 때 열량조절이 비교적 자유롭다.

34 절단의 종류 중 아크 절단에 속하지 않는 것은?
① 탄소 아크 절단
② 금속 아크 절단
③ 플라즈마 제트 절단
④ 수중 절단

> 해설) 수중절단은 산소-수소를 주로 이용하는 가스절단법이다.

35 강재의 표면에 개재물이나 탈탄층 등을 제거하기 위하여 비교적 얇고 넓게 깎아내는

정답
29. ④ 30. ③ 31. ① 32. ① 33. ③ 34. ④ 35. ①

가공 방법은?

① 스카핑
② 가스 가우징
③ 아크 에어 가우징
④ 워터 제트 절단

36 가스절단 시 예열 불꽃의 세기가 강할 때의 설명으로 틀린 것은?

① 절단면이 거칠어진다.
② 드래그가 증가한다.
③ 슬래그 중의 철 성분의 박리가 어려워진다.
④ 모서리가 용융되어 둥글게 된다.

> **해설** 예열불꽃이 약할 때 나타나는 현상
> ① 절단속도가 늦어지고 절단이 중단되기 쉽다.
> ② 드래그가 증가한다.
> ③ 역화를 일으키기 쉽다.

37 피복배합제의 종류에서 규산나트륨, 규산칼륨 등의 수용액이 주로 사용되며 심선에 피복제를 부착하는 역할을 하는 것은 무엇인가?

① 탈산제
② 고착제
③ 슬래그 생성제
④ 아크 안정제

> **해설**
> • 탈산제 : 규소철, 망간철, 티탄철 등이 사용되며 용융금속 중에 침투한 산화물을 제거하는 탈산정련작용을 한다.
> • 슬래그 생성제 : 산화철, 일미나이트, 산화티탄 등이 사용되며 냉각속도를 느리게 하여 기공 등의 발생을 억제하고 용융점이 낮은 가벼운 슬래그를 만들어 산화, 질화를 방지하고 냉각 속도를 느리게 한다.
> • 아크 안정제 : 산화티탄, 규산나트륨, 석회석 등이 쓰이고 아크전압을 강화시키고 아크 안정을 도모한다.

38 판의 두께(t)가 3.2mm인 연강판을 가스용접으로 보수하고자 할 때 사용할 용접봉의 지름(mm)은?

① 1.6mm   ② 2.0mm
③ 2.6mm   ④ 3.0mm

> **해설** 가스용접봉의 지름(D)=T/2+1이므로 3.2/2+1은 2.6이다. 즉 지름이 2.6mm인 용접봉을 사용한다.

39 조밀육방격자의 결정구조로 옳게 나타낸 것은?

① FCC   ② BCC
③ FOB   ④ HCP

> **해설** 금속의 결정구조의 종류
> ① 체심입방격자(BCC) : Ba, Cr, Be, K, W, Mo, V, Li
> ② 면심입방격자(FCC) : Al, Ag, Au, Cu, Pt, Ni, Ca, γ-Fe
> ③ 조밀육방격자(HCP) : Mg, Zn, Cd, Ti, Hg, La

40 납 황동은 황동에 납을 첨가하여 어떤 성질을 개선한 것인가?

① 강도   ② 절삭성
③ 내식성   ④ 전기전도도

41 순 구리(Cu)와 철(Fe)의 용융점은 약 몇 ℃인가?

① Cu : 660℃, Fe : 890℃
② Cu : 1063℃, Fe : 1050℃
③ Cu : 1083℃, Fe : 1539℃

정답
36. ② 37. ② 38. ③ 39. ④ 40. ② 41. ③

④ Cu : 1455℃, Fe : 2200℃

42 해드필드(Hadfield)강은 상온에서 오스테나이트 조직을 가지고 있다. Fe 및 C 이외의 주요 성분은?
① Ni   ② Mn
③ Cr   ④ Mo

해설) 해드필드강은 고망간강이며 듀콜강은 저망간강이다.

43 그림에서 마텐자이트 변태가 가장 빠른 것은?

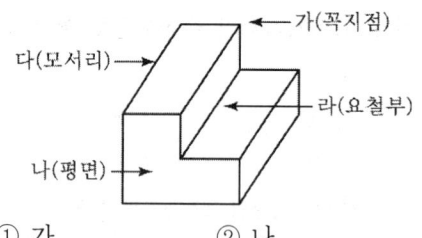

① 가   ② 나
③ 다   ④ 라

해설) 냉각속도
7(꼭지점) : 3(모서리) : 1(평면) : 1/3(요철부)

44 전극재료의 선택 조건을 설명한 것 중 틀린 것은?
① 비저항이 작아야 한다.
② Al과의 밀착성이 우수해야 한다.
③ 산화 분위기에서 내식성이 커야 한다.
④ 금속 규화물의 용융점이 웨이퍼 처리 온도보다 낮아야 한다.

45 마우러 조직도에 대한 설명으로 옳은 것은?
① 주철에서 C와 P량에 따른 주철의 조직 관계를 표시한 것이다.
② 주철에서 C와 Mn량에 따른 주철의 조직관계를 표시한 것이다.
③ 주철에서 C와 Si량에 따른 주철의 조직관계를 표시한 것이다.
④ 주철에서 C와 S량에 따른 주철의 조직관계를 표시한 것이다.

46 7-3 황동에 주석을 1% 첨가한 것으로, 전연성이 좋아 관 또는 판을 만들어 증발기, 열교환기 등에 사용되는 것은?
① 문쯔 메탈
② 네이벌 황동
③ 카트리지 브라스
④ 애드미럴티 황동

해설)
• 문쯔메탈 : 구리 60%+아연 40%
• 네이벌 황동 : 6 : 4 황동에 1%의 주석을 첨가한 합금
• 카트리지 브라스 : 구리 70%+아연 30%

47 황(S)이 적은 선철을 용해하여 구상흑연주철을 제조 시 주로 첨가하는 원소가 아닌 것은?
① Al   ② Ca
③ Ce   ④ Mg

48 탄소강의 표준 조직을 검사하기 위해 A_3, A_{cm} 선보다 30~50℃ 높은 온도로 가열한 후 공기 중에 냉각하는 열처리는?
① 노멀라이징   ② 어닐링
③ 템퍼링   ④ 퀜칭

해설) • 불림(노멀라이징) : 강을 표준상태로 돌리기 위한 열처리법으로 가열 후 공기 중

정답
42. ② 43. ① 44. ④ 45. ③ 46. ④ 47. ① 48. ①

에서 서서히 냉각시킨다.
- 풀림(어닐링) : 강의 잔류응력을 완화하기 위한 열처리법으로 가열 후 노내에서 서냉시킨다.
- 뜨임(템퍼링) : 강에 인성을 부여하기 위한 열처리법으로 서냉시킨다.
- 담금질(퀜칭) : 강의 강도 및 경도를 증가시키기 위한 열처리법으로 각종 액체에서 급랭시킨다.

49 소성변형이 일어나면 금속이 경화하는 현상을 무엇이라 하는가?
① 탄성경화   ② 가공경화
③ 취성경화   ④ 자연경화

50 게이지용 강이 갖추어야 할 성질로 틀린 것은?
① 담금질에 의한 변형이 없어야 한다.
② HRC 55 이상의 경도를 가져야 한다.
③ 열팽창계수가 보통 강보다 커야 한다.
④ 시간에 따른 치수 변화가 없어야 한다.

> 해설) 열팽창계수가 크다는 것은 열에 의해 팽창하는 비율이 크다는 것이므로 치수를 측정하는 측정구나 게이지용으로 사용하는 재료는 열에 의한 치수변화가 적어야 하므로 적당하지 않다.

51 다음 중에서 이면 용접 기호는?
① ○   ②
③ ⌒   ④

> 해설) ① 스폿 용접
> ② 한쪽면 K형 맞대기 이음 용접
> ④ 부분 용입 한쪽면 K형 맞대기 이음 용접

52 나사 표시가 "L 2N M50×2 – 4h"로 나타

날 때 이에 대한 설명으로 틀린 것은?
① 왼 나사이다.
② 2줄 나사이다.
③ 미터 가는 나사이다.
④ 암나사 등급이 4h이다.

> 해설)
> - L : 나사산의 감김 방향을 표시 ⇒ 오른 나사는 별도로 표시하지 않고 왼나사의 경우 "왼" 또는 "L"로 표시할 수 있다.
> - 2N : 나사산의 줄의 수를 표시 ⇒ 한 줄 나사는 표시하지 않고 여러 줄 나사의 경우에는 "2줄" "3줄" 등과 같이 표시하고 "줄" 대신에 "N"을 사용할 수 있다.
> - M50-2 : 나사의 호칭 ⇒ 미터 가는 나사이다.
> - 4h : 나사의 등급 ⇒ 나사의 등급을 표시하는 것으로 숫자 뒤의 알파벳이 대문자면 암나사, 소문자면 수나사이다.

53 그림과 같은 입체도의 제3각 정투상도로 적합한 것은?

①

②

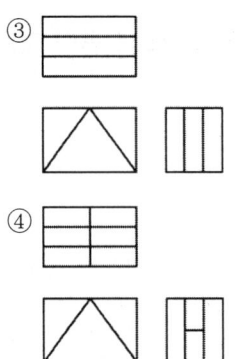

54 다음 중 저온 배관용 탄소 강관 기호는?
① SPPS　　② SPLT
③ SPHT　　④ SPA

55 다음 중 대상물을 한쪽 단면도로 올바르게 나타낸 것은?

56 다음 중 현의 치수기입을 올바르게 나타낸 것은?

해설 ① : 호의 표시, ④ : 각도의 표시

57 무게 중심선과 같은 선의 모양을 가진 것은?
① 가상선　　② 기준선
③ 중심선　　④ 피치선

해설 • 무게중심선, 가상선 : 가는 2점 쇄선
• 기준선, 중심선, 피치선 : 가는 1점 쇄선

58 그림과 같은 입체도에서 화살표 방향에서 본 투상을 정면으로 할 때 평면도로 가장 적합한 것은?

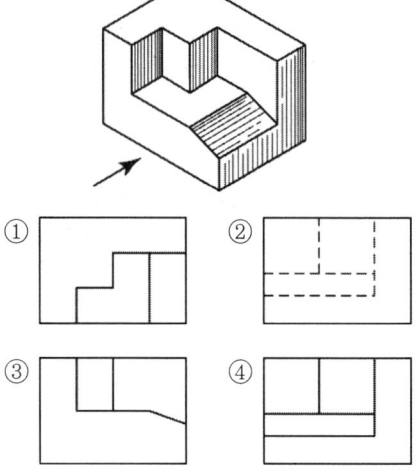

59 다음 중 도면에서 단면도의 해칭에 대한 설명으로 틀린 것은?
① 해칭선은 반드시 주된 중심선에 45°로만 경사지게 긋는다.

정답
54. ② 55. ③ 56. ③ 57. ① 58. ① 59. ①

② 해칭선은 가는 실선으로 규칙적으로 줄을 늘어놓는 것을 말한다.
③ 단면도에 재료 등을 표시하기 위해 특수한 해칭(또는 스머징)을 할 수 있다.
④ 단면 면적이 넓을 경우에는 그 외형선에 따라 적절한 범위에 해칭(또는 스머징)을 할 수 있다.

해설 해칭은 기본적으로 45°이나 같은 단면이 아닌 서로 다른 단면이 인접할 경우에는 방향 또는 각도를 달리 해서 표시한다.

60 배관의 간략도시방법 중 환기계 및 배수계의 끝장치 도시방법의 평면도에서 그림과 같이 도시된 것의 명칭은?

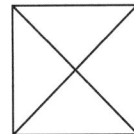

① 배수구
② 환기관
③ 벽붙이 환기 삿갓
④ 고정식 환기 삿갓

60. ④

2015년 제1회 과년도출제문제 특수용접기능사

01 용접봉에서 모재로 용융금속이 옮겨가는 용적이행 상태가 아닌 것은?
① 글로뷸러형 ② 스프레이형
③ 단락형 ④ 핀치효과형

해설 용접이행의 종류
① 단락형 : 용적이 용융지에 접촉하여 단락되고 표면장력의 작용으로 모재에 옮겨가면서 용착되는 형태로 비피복 용접봉 사용 시 나타난다.
② 스프레이형 : 피복제의 일부가 가스화하여 가스를 뿜어냄으로써 미세한 용적이 스프레이와 같이 날려 모재로 이행하는 형식으로 일미나이트를 비롯한 피복용접 시 나타난다.
③ 글로뷸러형 : 비교적 큰 용적이 단락되지 않고 옮겨가는 형식이며, 서브머지드 아크용접과 같이 대전류 사용 시에 나타나며 일명 핀치효과형이라 한다.

02 일반적으로 사람의 몸에 얼마 이상의 전류가 흐르면 순간적으로 사망할 위험이 있는가?
① 5mA ② 15mA
③ 25mA ④ 50mA

해설 전류가 인체에 미치는 영향
① 8mA : 위험을 수반하지 않는다.
② 8~15mA : 고통을 수반한 쇼크를 느끼나 근육운동은 자유롭다.
③ 15~20mA : 고통을 느끼고 가까운 근육이 저려서 움직이지 않는다.
④ 20~50mA : 고통을 느끼고 강한 근육 수축이 일어나며 호흡이 곤란하다.
⑤ 50~100mA : 순간적으로 사망할 위험이 있다.

03 피복아크용접 시 일반적으로 언더컷을 발생시키는 원인으로 가장 거리가 먼 것은?
① 용접 전류가 너무 높을 때
② 아크 길이가 너무 길 때
③ 부적당한 용접봉을 사용했을 때
④ 홈 각도 및 루트 간격이 좁을 때

해설 홈 각도 및 루트 간격이 좁을 때는 용입불량의 원인이 된다.

04 [보기]에서 용극식 용접 방법을 모두 고른 것은?
[보기]
㉠ 서브머지드 아크용접
㉡ 불활성 가스 금속 아크용접
㉢ 불활성 가스 텅스텐 아크용접
㉣ 솔리드 와이어 이산화탄소 아크용접

① ㉠, ㉡ ② ㉢, ㉣
③ ㉠, ㉡, ㉢ ④ ㉠, ㉡, ㉣

해설 불활성가스 텅스텐 아크용접은 용가재와 전극이 각각 필요하므로 비용극식(비소모식) 용접법에 속한다.

05 납땜을 연납땜과 경납땜으로 구분할 때 구분 온도는?
① 350℃ ② 450℃

정답 1. ④ 2. ④ 3. ④ 4. ④ 5. ②

③ 550℃　　　④ 650℃

06 전기저항용접의 특징에 대한 설명으로 틀린 것은?

① 산화 및 변질 부분이 적다.
② 다른 금속 간의 접합이 쉽다.
③ 용제나 용접봉이 필요 없다.
④ 접합 강도가 비교적 크다.

해설 전기저항용접의 특징
- 장점 : 위의 지문 ①, ③, ④ 외에
  ① 작업속도가 빠르고 대량생산에 적합하다.
  ② 열손실이 적다.
  ③ 가압효과로 조직이 치밀해진다.
  ④ 작업자의 숙련이 필요 없다.
- 단점
  ① 대전류가 필요하고 설비가 복잡하며 값이 비싸다.
  ② 급랭경화로 후열처리가 필요하다.
  ③ 용접부의 위치, 형상 등의 영향을 받는다.
  ④ 적당한 비파괴 검사가 어렵다.
  ⑤ 다른 금속 간 접합이 곤란하다.

07 직류 정극성(DCSP)에 대한 설명으로 옳은 것은?

① 모재의 용입이 얕다.
② 비드폭이 넓다.
③ 용접봉의 녹음이 느리다.
④ 용접봉에 (+)극을 연결한다.

해설 직류정극성(DCSP)과 직류역극성(DCRP)의 비교

직류정극성(DCSP)	직류역극성(DCRP)
모재의 용입이 깊다.	모재의 용입이 얕다.
용접봉의 녹음이 느리다.	용접봉의 녹음이 빠르다.
비드 폭이 좁다.	비드 폭이 넓다.
일반적으로 많이 사용된다.	박판, 주철, 비철금속의 용접에 사용된다.
열분배 : 모재(+) : 70%, 용접봉(-) 30%	열분배 : 모재(-) : 30%, 용접봉(+) 70%

08 다음 용접법 중 압접에 해당되는 것은?

① MIG 용접
② 서브머지드 아크용접
③ 점용접
④ TIG 용접

해설
- 용접 : MIG 용접, 서브머지드 용접, TIG 용접, 아크용접, 가스용접, 테르밋용접, 전자빔 용접 등
- 압접 : 단접, 냉간압접, 저항용접(점용접, 심용접, 프로젝션용접, 플래시용접, 업셋용접), 초음파용접, 마찰용접

09 로크웰 경도시험에서 C스케일의 다이아몬드의 압입자 꼭지각 각도는?

① 100°　　　② 115°
③ 120°　　　④ 150°

10 아크타임을 설명한 것 중 옳은 것은?

① 단위기간 내의 작업여유 시간이다.
② 단위시간 내의 용도여유 시간이다.
③ 단위시간 내의 아크발생 시간을 백분율로 나타낸 것이다.
④ 단위시간 내의 시공한 용접길이를 백분율로 나타낸 것이다.

11 용접부에 오버랩의 결함이 발생했을 때, 가장 올바른 보수방법은?

① 작은 지름의 용접봉을 사용하여 용접

정답
6. ② 7. ③ 8. ③ 9. ③ 10. ③ 11. ②

한다.
② 결함 부분을 깎아내고 재용접한다.
③ 드릴로 정지구멍을 뚫고 재용접한다.
④ 결함부분을 절단한 후 덧붙임 용접을 한다.

해설 용접부 결함 보수방법
기공이나 슬래그 섞임 등은 깎아내고 재용접하며, 균열이 발생 시에는 양 끝에 정지구멍을 뚫고 균열이 있는 부분을 깎아낸 후 재용접하고, 언더컷에는 지름이 가는 용접봉을 사용하여 보수하고 오버랩 발생 시는 일부분을 깎아내고 재용접한다.

12 용접 설계상의 주의점으로 틀린 것은?
① 용접하기 쉽도록 설계할 것
② 결함이 생기기 쉬운 용접 방법은 피할 것
③ 용접이음이 한 곳으로 집중되도록 할 것
④ 강도가 약한 필릿 용접은 가급적 피할 것

해설 용접이음이 한 곳으로 집중될 경우 변형과 잔류응력이 발생할 가능성이 매우 높으므로 가능한 한 피하고 자유단을 향하도록 한다.

13 저온균열이 일어나기 쉬운 재료에 용접 전에 균열을 방지할 목적으로 피용접물의 전체 또는 이음부 부근의 온도를 올리는 것을 무엇이라고 하는가?
① 잠열 ② 예열
③ 후열 ④ 발열

14 TIG 용접에 사용되는 전극의 재질은?
① 탄소 ② 망간
③ 몰리브덴 ④ 텅스텐

15 용접의 장점으로 틀린 것은?
① 작업공정이 단축되며 경제적이다.
② 기밀, 수밀, 유밀성이 우수하며 이음 효율이 높다.
③ 용접사의 기량에 따라 용접부의 품질이 좌우된다.
④ 재료의 두께에 제한이 없다.

해설 용접의 단점
① 변형 및 잔류응력이 발생한다.
② 용접사의 기량에 의해 품질이 좌우된다.
③ 품질검사가 곤란하고 저온취성이 생길 우려가 있다.

16 이산화탄소 아크용접의 솔리드와이어 용접봉의 종류 표시는 YGA-50W-1.2-20 형식이다. 이때 Y가 뜻하는 것은?
① 가스 실드 아크용접
② 와이어 화학 성분
③ 용접 와이어
④ 내후성 강용

해설
• Y : 용접 와이어
• GA : 가스 실드 아크용접
• 50 : 용착금속의 최소 인장강도
• W : 용착금속의 화학성분
• 1.2 : 와이어 지름
• 20 : 와이어 중량

17 용접선 양측을 일정 속도로 이동하는 가스 불꽃에 의하여 너비 약 150mm를 150~200℃로 가열한 다음 곧 수냉하는 방법으로서 주로 용접선 방향의 응력을 완화시키는 잔류 응력 제거법은?
① 저온 응력 완화법
② 기계적 응력 완화법

정답
12. ③ 13. ② 14. ④ 15. ③ 16. ③ 17. ①

③ 노 내 풀림법
④ 국부 풀림법

해설
① 기계적 응력 완화법 : 잔류응력이 있는 제품에 하중을 주고 용접부에 약간의 소성변형을 일으킨 다음 응력을 완화하는 방법
② 국부 풀림법 : 용접선의 좌우 양측을 각각 250mm 범위 혹은 판 두께의 12배 이상의 범위를 가스 불꽃 등으로 노래 풀림과 같은 온도 및 시간을 유지한 다음 서냉하여 응력을 제거하는 방법
③ 노내 풀림법 : 제품 전체를 가열로 안에 넣고 적당한 온도에서 일정 시간 유지한 다음 노 내에서 서냉시켜 잔류응력을 경감시키는 방법

18 용접 자동화 방법에서 정성적 자동제어의 종류가 아닌 것은?
① 피드백제어
② 유접점 시퀀스제어
③ 무접점 시퀀스제어
④ PLC 제어

해설
• 정성적 제어 : 시퀀스제어, 프로그램제어, PLC 제어
• 정량적 제어 : 개루프제어, 폐루프제어, 피드백제어

19 지름 13mm, 표점거리 150mm인 연강재 시험편을 인장시험한 후의 거리가 154mm가 되었다면 연신율은?
① 3.89%
② 4.56%
③ 2.67%
④ 8.45%

해설 연신율=늘어난 후의 길이-표점거리/표점거리×100(%)이므로
154-150/150×100=2.67%

20 용접균열에서 저온균열은 일반적으로 몇 ℃ 이하에서 발생하는 균열을 말하는가?
① 200~300℃ 이하
② 301~400℃ 이하
③ 401~500℃ 이하
④ 501~600℃ 이하

21 스테인리스강을 TIG 용접할 시 적합한 극성은?
① DCSP
② DCRP
③ AC
④ ACRP

22 피복아크용접 작업 시 전격에 대한 주의사항으로 틀린 것은?
① 무부하 전압이 필요 이상으로 높은 용접기는 사용하지 않는다.
② 전격을 받은 사람을 발견했을 때는 즉시 스위치를 꺼야 한다.
③ 작업종료 시 또는 장시간 작업을 중지할 때는 반드시 용접기의 스위치를 끄도록 한다.
④ 낮은 전압에서는 주의하지 않아도 되며, 습기찬 구두는 착용해도 된다.

23 직류 아크용접의 설명 중 옳은 것은?
① 용접봉을 양극, 모재를 음극에 연결하는 경우를 정극성이라고 한다.
② 역극성은 용입이 깊다.
③ 역극성은 두꺼운 판의 용접에 적합하다.
④ 정극성은 용접 비드의 폭이 좁다.

해설 ①, ②, ③ : 직류역극성
④ : 직류정극성

정답
18. ① 19. ③ 20. ① 21. ① 22. ④ 23. ④

24 다음 중 수중 절단에 가장 적합한 가스로 짝지어진 것은?
① 산소-수소 가스
② 산소-이산화탄소 가스
③ 산소-암모니아 가스
④ 산소-헬륨 가스

25 피복아크용접봉 중에서 피복제 중에 석회석이나 형석을 주성분으로 하고, 피복제에서 발생하는 수소량이 적어 인성이 좋은 용착금속을 얻을 수 있는 용접봉은?
① 일미나이트계(E4301)
② 고셀룰로오스계(E4311)
③ 고산화티탄계(E4313)
④ 저수소계(E4316)

26 피복아크용접봉의 간접 작업성에 해당되는 것은?
① 부착 슬래그의 박리성
② 용접봉 용융 상태
③ 아크 상태
④ 스패터

27 가스용접의 특징에 대한 설명으로 틀린 것은?
① 가열 시 열량조절이 비교적 자유롭다.
② 피복금속 아크용접에 비해 후판 용접에 적당하다.
③ 전원 설비가 없는 곳에서도 쉽게 설치할 수 있다.
④ 피복금속 아크용접에 비해 유해광선의 발생이 적다.

28 피복아크용접봉의 심선의 재질로서 적당한 것은?
① 고탄소 림드강
② 고속도강
③ 저탄소 림드강
④ 반 연강

29 가스절단에서 양호한 절단면을 얻기 위한 조건으로 틀린 것은?
① 드래그(drag)가 가능한 한 클 것
② 드래그(drag)의 홈이 낮고 노치가 없을 것
③ 슬래그 이탈이 양호할 것
④ 절단면 표면의 각이 예리할 것

> **해설** 양호한 절단면을 얻기 위한 조건
> ① 드래그가 가능한 한 작을 것
> ② 절단면이 평활하며 드래그의 홈이 낮고 노치(Notch) 등이 없을 것
> ③ 절단면 표면의 각이 예리할 것
> ④ 슬래그 이탈이 양호할 것
> ⑤ 경제적인 절단이 이루어질 것
> ※ 노치(Notch) : 재료에 국부적으로 만든 요철부, 부재의 접합을 위해 잘라낸 부분 또는 삼각흔적 내지 작은 흠집을 말하며 결집이나 결함이 있는 부분을 가리킨다.

30 용접기의 2차 무부하 전압을 20~30V로 유지하고, 용접 중 전격 재해를 방지하기 위해 설치하는 용접기의 부속장치는?
① 과부하 방지장치
② 전격방지장치
③ 원격제어장치
④ 고주파 발생장치

> **해설** ① 과부하 방지장치 : 기계설비에 허용 이

정답
24. ① 25. ④ 26. ① 27. ② 28. ③ 29. ① 30. ②

상의 부하가 가해졌을 때에, 그 동작을 정지 또는 방지하기 위해 안전 쪽으로 작동시키는 장치

② 원격제어장치 : 용접기에서 떨어져 작업할 때 작업 위치에서 전류를 조절할 수 있게 하는 장치

③ 고주파 발생장치 : 교류아크용접기에서 안정한 아크를 얻기 위하여 고전압 고주파를 중첩시키는 방법으로 다음과 같은 이점이 있다.

㉮ 아크 손실이 적어 용접작업이 쉽다.
㉯ 아크 발생 시에 용접봉이 모재에 접촉하지 않아도 아크가 발생된다.
㉰ 무부하전압을 낮게 할 수 있다.
㉱ 전격의 위험이 적으며 전원입력을 적게 할 수 있으므로 용접기의 역률이 개선된다.

31 피복아크용접기로서 구비해야 할 조건 중 잘못된 것은?

① 구조 및 취급이 간편해야 한다.
② 전류조정이 용이하고 일정하게 전류가 흘러야 한다.
③ 아크 발생과 유지가 용이하고 아크가 안정되어야 한다.
④ 용접기가 빨리 가열되어 아크 안정을 유지해야 한다.

> **해설** 용접기 구비 조건
> 위의 지문 ①, ②, ③ 외에
> ㉮ 아크발생이 잘 되도록 무부하 전압이 유지되어야 한다.(교류 : 70~80V, 직류 : 40~60V)
> ㉯ 사용 중에 온도상승이 적어야 한다.
> ㉰ 가격이 저렴하고 사용 유지비가 적게 들어야 한다.
> ㉱ 역률 및 효율이 좋아야 한다.

32 피복아크용접에서 용접봉의 용융속도와

관련이 가장 큰 것은?

① 아크 전압
② 용접봉 지름
③ 용접기의 종류
④ 용접봉 쪽 전압강하

> **해설** 용접봉의 용융속도
> 아크전류×용접봉 쪽 전압강하(아크전압과는 관련이 없다)

33 가스 가우징이나 치핑에 비교한 아크 에어 가우징의 장점이 아닌 것은?

① 작업 능률이 2~3배 높다.
② 장비 조작이 용이하다.
③ 소음이 심하다.
④ 활용 범위가 넓다.

34 피복아크용접에서 아크전압이 30V, 아크전류가 150A, 용접속도가 20cm/min일 때, 용접입열은 몇 Joule/cm인가?

① 27000
② 22500
③ 15000
④ 13500

> **해설** 용접입열(H)=60EI/V이다.
> 여기서 E : 전압, I : 전류, V : 용접속도이므로
> H=60×30×150/20은 13,500J/cm이다.

35 다음 가연성 가스 중 산소와 혼합하여 연소할 때 불꽃 온도가 가장 높은 가스는?

① 수소
② 메탄
③ 프로판
④ 아세틸렌

> **해설**
> • 산소-수소 : 2982℃
> • 산소-메탄 : 2760℃
> • 산소-프로판 : 2926℃
> • 산소-아세틸렌 : 3230℃

31. ④ 32. ④ 33. ③ 34. ④ 35. ④

36 피복아크용접봉의 피복제의 작용에 대한 설명으로 틀린 것은?
   ① 산화 및 질화를 방지한다.
   ② 스패터가 많이 발생한다.
   ③ 탈산 정련작용을 한다.
   ④ 합금원소를 첨가한다.

37 부하 전류가 변화하여도 단자 전압은 거의 변하지 않는 특성은?
   ① 수하 특성
   ② 정전류 특성
   ③ 정전압 특성
   ④ 전기저항 특성
   > 해설 ① 수하 특성 : 부하전류가 증가하면 단자 전압이 저하하는 특성으로 수동아크용접에 필요한 특성
   > ② 정전류 특성 : 아크길이의 변화에 따라 전압이 변화하여도 전류는 거의 변화가 없는 특성

38 용접기의 명판에 사용률이 40%로 표시되어 있을 때, 다음 설명으로 옳은 것은?
   ① 아크발생 시간이 40%이다.
   ② 휴지 시간이 40%이다.
   ③ 아크발생 시간이 60%이다.
   ④ 휴지 시간이 4분이다.
   > 해설 사용률이 40%이면 아크발생 시간이 40% 이고, 휴식시간이 60%이다. 이때 시간은 10분을 기준으로 한다. 즉, 4분 아크발생 후 6분은 휴식을 가져야 한다.

39 포금의 주성분에 대한 설명으로 옳은 것은?
   ① 구리에 8~12% Zn을 함유한 합금이다.
   ② 구리에 8~12% Sn을 함유한 합금이다.
   ③ 6-4 황동에 1% Pb을 함유한 합금이다.
   ④ 7-3 황동에 1% Mg을 함유한 합금이다.
   > 해설 • 톰백 : 구리에 아연을 8~20% 첨가한 합금
   > • 연황동 : 6 : 4 황동에 납을 1.5~3% 첨가한 합금

40 다음 중 완전 탈산시켜 제조한 강은?
   ① 킬드강   ② 림드강
   ③ 고망간강   ④ 세미킬드강
   > 해설 ① 림드강 : 탈산시키지 않은 강괴
   > ② 세미킬드강 : 탈산의 정도가 킬드강과 림드강의 중간

41 Al-Cu-Si 합금으로 실리콘(Si)을 넣어 주조성을 개선하고 Cu를 첨가하여 절삭성을 좋게 한 알루미늄 합금으로 시효 경화성이 있는 합금은?
   ① Y합금   ② 라우탈
   ③ 코비탈륨   ④ 로-엑스 합금
   > 해설 ① Y합금 : Al-Cu-Mg-Ni
   > ② 코비탈륨 : Al-Cu-Mg-Ni-Ti
   > ③ 로-엑스 합금 : Al-Ni-Si-Cu-Mg

42 주철 중 구상 흑연과 편상 흑연의 중간 형태의 흑연으로 형성된 조직을 갖는 주철은?
   ① CV 주철
   ② 에시큘라 주철
   ③ 니크로 실라 주철
   ④ 미하나이트 주철
   > 해설 ① CV 주철 : 버미큘러 주철이라고도 한다. 디젤엔진, 실린더 블록헤드, 자동차 브레이크 등에 사용한다.
   > ② 에시큘라 주철 : 내마모성 주철로 주철 +Ni+Cr+(Mo, Cu) 등을 배합하여 흑

정답 36. ② 37. ③ 38. ① 39. ② 40. ① 41. ② 42. ①

연과 베이나이트 조직으로 만든 내마모용 주철이다.
③ 니크로실라 주철 : 내열주철로서 고온에서 성장현상이 없고 내산화성이 크며 강도가 높고 열 충격에도 잘 견딘다. 약 950℃까지 내열성을 갖는다.
④ 미하나이트 주철 : 접종에 의해 만들어진 고급주철로 바탕조직은 펄라이트로 흑연은 미세하게 분포되어 있다. 실린더 라이너, 피스톤, 자동차부품 등에 사용된다.

43 연질자성재료에 해당하는 것은?

① 페라이트 자석
② 알니코 자석
③ 네오디뮴 자석
④ 퍼멀로이

해설
- 연질자성재료 : 규소강판, 퍼멀로이, 센더스트, 알펌, 퍼멘듀르, 슈퍼멘듀르
- 경질자성재료 : 알니코자석, 페라이트 자석, 희토류계 자석, 네오디뮴 자석, Fe-Cr-Co계 자석

44 다음 중 황동과 청동의 주성분으로 옳은 것은?

① 황동 : Cu+Pb, 청동 : Cu+Sb
② 황동 : Cu+Sn, 청동 : Cu+Zn
③ 황동 : Cu+Sb, 청동 : Cu+Pb
④ 황동 : Cu+Zn, 청동 : Cu+Sn

45 다음 중 담금질에 의해 나타난 조직 중에서 경도와 강도가 가장 높은 것은?

① 오스테나이트
② 소르바이트
③ 마텐자이트
④ 트루스타이트

해설 담금질 조직의 경도 순서
마텐자이트 > 트루스타이트 > 소르바이트 > 오스테나이트

46 다음 중 재결정 온도가 가장 낮은 금속은?

① Al
② Cu
③ Ni
④ Zn

해설
- Al(알루미늄) : 150~240℃
- Cu(구리) : 200~250℃
- Ni(니켈) : 530~660℃
- Zn(아연) : 15~50℃

47 다음 중 상온에서 구리(Cu)의 결정격자 형태는?

① HCT
② BCC
③ FCC
④ CPH

48 Ni-Fe 합금으로서 불변강이라 불리우는 합금이 아닌 것은?

① 인바
② 모넬메탈
③ 엘린바
④ 슈퍼인바

해설 모넬메탈
니켈-구리계 합금으로 내식성이 우수하여 봉, 선, 단조 등에 사용된다.

49 다음 중 Fe-C 평형상태도에 대한 설명으로 옳은 것은?

① 공정점의 온도는 약 723℃이다.
② 포정점은 약 4.30%C를 함유한 점이다.
③ 공석점은 약 0.80%C를 함유한 점이다.
④ 순철의 자기변태 온도는 210℃이다.

해설
- 공정점 : C(탄소)를 4.3% 함유한 점으로 온도는 1148℃이다.
- 포정점 : 용액+δ 고용체 ⇌ γ고용체가

되는 반응으로 온도는 1495℃, 탄소함량은 0.18%이다.
• 순철의 자기변태 온도 : 768℃(A_2 변태)

① 삼각 용접 ② 현장 용접
③ 공장 용접 ④ 수직 용접

50 고주파 담금질의 특징을 설명한 것 중 옳은 것은?
① 직접 가열하므로 열효율이 높다.
② 열처리 불량은 적으나 변형 보정이 항상 필요하다.
③ 열처리 후의 연삭 과정을 생략 또는 단축시킬 수 없다.
④ 간접 부분 담금질법으로 원하는 깊이만큼 경화하기 힘들다.

53 다음 밸브 기호는 어떤 밸브를 나타내는가?

① 풋 밸브 ② 볼 밸브
③ 체크 밸브 ④ 버터플라이 밸브

54 다음 중 리벳용 원형강의 KS 기호는?
① SV ② SC
③ SB ④ PW

해설 • SC : 탄소강 주강품
• PW : 피아노선

51 다음 입체도의 화살표 방향 투상도로 가장 적합한 것은?

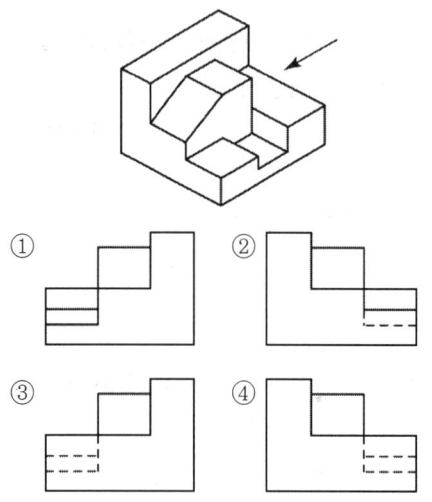

55 대상물의 일부를 떼어낸 경계를 표시하는데 사용하는 선의 굵기는?
① 굵은 실선
② 가는 실선
③ 아주 굵은 실선
④ 아주 가는 실선

56 그림과 같은 배관도시기호가 있는 관에는 어떤 종류의 유체가 흐르는가?

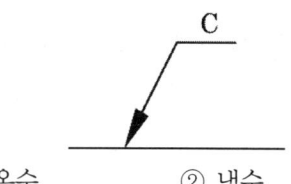

① 온수 ② 냉수
③ 냉온수 ④ 증기

52 다음 그림과 같은 용접방법 표시로 맞는 것은?

정답
50. ① 51. ③ 52. ② 53. ① 54. ① 55. ② 56. ②

57 제3각법에 대하여 설명한 것으로 틀린 것은?
① 저면도는 정면도 밑에 도시한다.
② 평면도는 정면도의 상부에 도시한다.
③ 좌측면도는 정면도의 좌측에 도시한다.
④ 우측면도는 평면도의 우측에 도시한다.

해설 우측면도는 정면도의 우측에 위치한다.

58 다음 치수 표현 중에서 참고 치수를 의미하는 것은?
① S⌀24
② t=24
③ (24)
④ □24

해설
- S⌀ : 구의 지름을 표시
- t : 물체의 두께를 표시
- □ : 정사각형의 한 변의 길이

59 구멍에 끼워 맞추기 위한 구멍, 볼트, 리벳의 기호 표시에서 현장에서 드릴가공 및 끼워맞춤을 하고 양쪽면에 카운터 싱크가 있는 기호는?

해설
① 공장 드릴, 현장 끼워 맞춤으로서 면에 카운터 싱크 있음
② 공장 드릴, 현장 끼워 맞춤으로서 양면에 카운터 싱크 있음
③ 현장 드릴, 현장 끼워 맞춤으로서 면에 카운터 싱크 있음

60 도면을 용도에 따른 분류와 내용에 따른 분류로 구분할 때, 다음 중 내용에 따라 분류한 도면인 것은?
① 제작도
② 주문도
③ 견적도
④ 부품도

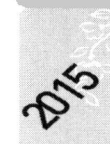

해설
- 용도에 따른 도면 : 계획도, 제작도, 주문도, 견적도, 승인용 도면, 승인도, 설명도
- 내용에 따른 도면 : 부품도, 조립도, 기초도, 배치도, 배근도, 장치도, 스케치도
- 표현 형식에 따른 분류 : 외관도, 전개도, 곡면선도, 선도, 입체도

2015년 제2회 과년도출제문제 — 용접기능사

01 맞대기이음에서 판 두께 100mm, 용접 길이 300cm, 인장하중이 9000kgf일 때 인장응력은 몇 kgf/cm² 인가?

① 0.3
② 3
③ 30
④ 300

해설 인장응력=하중/단면적, 하중=9,000kg, 단면적=10×300이므로 3,000cm²이다. 따라서 인장응력=9,000/3,000이므로 3kgf/cm²이다.

02 안전표지 색채 중 방사능 표지의 색상은 어느 색인가?

① 빨강
② 노랑
③ 자주
④ 녹색

해설
- 빨강 : 방화, 금지, 정지, 고도의 위험
- 노랑 : 주의(충돌, 추락, 걸려서 넘어지는 광고)
- 녹색 : 안전, 피난, 위생 및 구호, 진행
- 황적 : 위험, 항해, 항공의 보안시설
- 흰색 : 통로, 정돈
- 청색 : 지시, 주의(보호구 착용 등 안전 위생을 위한 지시)
- 검정 : 위험 표지의 문자, 유도 표지의 화살표

03 다음은 용접 이음부의 홈의 종류이다. 박판 용접에 가장 적합한 것은?

① K형
② H형
③ I형
④ V형

해설
- I형 홈 : 6mm 이하의 얇은 판에 사용
- V형 홈 : 20mm 이하의 판 두께에 사용
- K형 홈 : V형보다 약간 두꺼운 판에 사용
- H형 홈 : 가장 두꺼운 판에 사용

04 용접할 때 용접 전 적당한 온도로 예열을 하면 냉각 속도를 느리게 하여 결함을 방지할 수 있다. 예열 온도 설명 중 옳은 것은?

① 고장력강의 경우는 용접 홈을 50~350℃로 예열
② 저합금강의 경우는 용접 홈을 200~500℃로 예열
③ 연강을 0℃ 이하에서 용접할 경우는 이음의 양쪽 폭 100mm 정도를 40~250℃로 예열
④ 주철의 경우는 용접홈을 40~75℃로 예열

해설
- 고장력강, 저합금강, 주철 : 용접 홈을 50~350℃로 예열(두께 25t 이상의 연강 포함)
- 연강을 0℃ 이하에서 용접할 경우 : 이음의 양쪽 폭 100mm 정도를 40~75℃로 예열
- 구리합금, 알루미늄 합금 : 200~400℃로 예열

05 피복아크용접 시 전격을 방지하는 방법으로 틀린 것은?

① 전격방지기를 부착한다.
② 용접홀더에 맨손으로 용접봉을 갈아 끼

정답 1. ② 2. ② 3. ③ 4. ① 5. ②

운다.
③ 용접기 내부에 함부로 손을 대지 않는다.
④ 절연성이 좋은 장갑을 사용한다.

06 용접선과 하중의 방향이 평행하게 작용하는 필릿 용접은?
① 전면   ② 측면
③ 경사   ④ 변두리

해설
- 전면필릿용접 : 용접선과 하중의 방향이 90°로 작용
- 경사필릿용접 : 용접선과 하중의 방향이 0°~90°로 작용

07 주철의 보수용접방법에 해당되지 않는 것은?
① 스터드법   ② 비녀장법
③ 버터링법   ④ 백킹법

해설 주철의 보수용접방법으로는 스터드법, 비녀장법, 버터링법, 로킹법이 있다.

08 다음 중 용접부 검사방법에 있어 비파괴 시험에 해당하는 것은?
① 피로 시험
② 화학분석 시험
③ 용접균열 시험
④ 침투 탐상 시험

해설
- 파괴시험법 : 기계적 시험(인장시험, 굽힘시험, 경도시험 등), 물리적 시험, 화학적 시험, 야금학적 시험(현미경시험, 파면시험, 설퍼프린트 시험), 용접성 시험
- 비파괴시험법 : 외관 시험, 누설 시험, 침투 시험, 형광 시험, 초음파 시험, 자기적 시험, 와류 시험, 방사선 투과 시험(X선 시험, γ선 시험)

09 용접작업 시 안전에 관한 사항으로 틀린 것은?
① 높은 곳에서 용접작업할 경우 추락, 낙하 등의 위험이 있으므로 항상 안전벨트와 안전모를 착용한다.
② 용접작업 중에 유해 가스가 발생하기 때문에 통풍 또는 환기 장치가 필요하다.
③ 가연성의 분진, 화약류 등 위험물이 있는 곳에서는 용접을 해서는 안 된다.
④ 가스용접은 강한 빛이 나오지 않기 때문에 보안경을 착용하지 않아도 된다.

10 용접부에 결함 발생 시 보수하는 방법 중 틀린 것은?
① 기공이나 슬래그 섞임 등이 있는 경우는 깎아내고 재용접한다.
② 균열이 발견되었을 경우 균열 위에 덧살올림 용접을 한다.
③ 언더컷일 경우 가는 용접봉을 사용하여 보수한다.
④ 오버랩일 경우 일부분을 깎아내고 재용접한다.

해설 균열이 발생 시에는 양 끝에 정지구멍을 뚫고 균열이 있는 부분을 깎아낸 후 재용접한다.

11 용접부의 중앙으로부터 양끝을 향해 용접해 나가는 방법으로, 이음의 수축에 의한 변형이 서로 대칭이 되게 할 경우에 사용되는 용착법을 무엇이라 하는가?
① 전진법   ② 비석법
③ 캐스케이드법   ④ 대칭법

해설
- 전진법 : 한쪽에서 다른 쪽을 향해 연속

정답
6. ② 7. ④ 8. ④ 9. ④ 10. ② 11. ④

적으로 용접하는 방법으로 잔류응력이나 변형이 문제되지 않을 때 사용하는 용착법이다.
- 비석법(스킵법) : 용접 길이를 짧게 나누어 간격을 두면서 용접하는 방법으로 변형이나 잔류응력을 줄이기 위한 용착법이다.
- 캐스케이드법 : 다층 쌓기의 한 종류로 한 부분씩을 용접하면서 전체가 계단형태로 이루어지도록 하는 용착법이다.

12 용접 시공 시 발생하는 용접변형이나 잔류응력 발생을 최소화하기 위하여 용접순서를 정할 때 유의사항으로 틀린 것은?

① 동일평면 내에 많은 이음이 있을 때 수축은 가능한 한 자유단으로 보낸다.
② 중심선에 대하여 대칭으로 용접한다.
③ 수축이 적은 이음은 가능한 한 먼저 용접하고, 수축이 큰 이음은 나중에 한다.
④ 리벳작업과 용접을 같이 할 때에는 용접을 먼저 한다.

13 납땜에서 경납용 용제에 해당하는 것은?

① 염화아연   ② 인산
③ 염산   ④ 붕산

해설 • 연납용 용제 : 염산, 염화암모니아, 염화아연, 수지(동물유), 인산, 목재 수지
• 경납용 용제 : 붕사, 붕산, 붕산염, 불화물, 염화물, 알칼리

14 서브머지드 아크용접에 관한 설명으로 틀린 것은?

① 장비의 가격이 고가이다.
② 홈 가공의 정밀을 요하지 않는다.
③ 불가시 용접이다.
④ 주로 아래보기 자세로 용접한다.

해설 서브머지드 아크용접 시 정밀한 홈가공을 요하며 루트 간격은 0.8mm 이하로 한다.

15 불활성 가스를 이용한 용가재인 전극 와이어를 송급장치에 의해 연속적으로 보내어 아크를 발생시키는 소모식 또는 용극식 용접 방식을 무엇이라 하는가?

① TIG 용접
② MIG 용접
③ 피복아크용접
④ 서브머지드 아크용접

16 용접부의 시험에서 비파괴 검사로만 짝지어진 것은?

① 인장 시험-외관 시험
② 피로 시험-누설 시험
③ 형광 시험-충격 시험
④ 초음파 시험-방사선 투과시험

17 CO_2 가스 아크용접에서 아크전압에 대한 설명으로 옳은 것은?

① 아크전압이 높으면 비드 폭이 넓어진다.
② 아크전압이 높으면 비드가 볼록해진다.
③ 아크전압이 높으면 용입이 깊어진다.
④ 아크전압이 높으면 아크길이가 짧다.

해설 아크전압이 높으면 비드가 넓어지고 납작해지며, 반대로 아크전압이 낮으면 볼록하고 좁은 비드를 형성한다. 아크전압이 지나치게 높으면 기포가 발생한다.

18 논 가스 아크용접의 장점으로 틀린 것은?

① 보호 가스나 용제를 필요로 하지 않는다.

정답
12. ③ 13. ④ 14. ② 15. ② 16. ④ 17. ① 18. ③

② 피복아크용접봉의 저수소계와 같이 수소의 발생이 적다.
③ 용접비드가 좋지만 슬래그 박리성은 나쁘다.
④ 용접장치가 간단하며 운반이 편리하다.

해설 논 가스 아크용접
보호가스의 공급 없이 와이어 자체에서 발생하는 가스에 의해 용접부를 보호하는 용접법으로 다음과 같은 장·단점이 있다.
• 장점 : 위의 보기 ①, ②, ④ 외에
㉮ 용접전원으로 교류, 직류 모두를 사용할 수 있고 전자세 용접이 가능하다.
㉯ 바람이 있는 옥외에서도 작업이 가능하다.
㉰ 용접 비드가 아름답고 슬래그의 박리성이 좋다.
㉱ 용접 길이가 긴 용접물에 아크를 중단하지 않고 연속 용접을 할 수 있다.
• 단점
㉮ 용착금속의 기계적 성질은 다른 용접법에 비해 다소 떨어진다.
㉯ 전극와이어의 가격이 비싸다.
㉰ 보호가스의 발생이 많아서 용접선이 잘 보이지 않는다.
㉱ 아크 빛과 열이 강렬하다.

19 납땜 시 용제가 갖추어야 할 조건이 아닌 것은?
① 모재의 불순물 등을 제거하고 유동성이 좋을 것
② 청정한 금속면의 산화를 쉽게 할 것
③ 땜납의 표면장력에 맞추어 모재와의 친화도를 높일 것
④ 납땜 후 슬래그 제거가 용이할 것

20 다음 전기 저항 용접법 중 주로 기밀, 수밀, 유밀성을 필요로 하는 탱크의 용접 등에 가장 적합한 것은?
① 점(spot)용접법
② 시임(seam)용접법
③ 프로젝션(projection)용접법
④ 플래시(flash)용접법

21 다음 중 불활성 가스(inert gas)가 아닌 것은?
① Ar
② He
③ Ne
④ CO_2

22 MIG 용접이나 탄산가스 아크용접과 같이 전류 밀도가 높은 자동이나 반자동 용접기가 갖는 특성은?
① 수하 특성과 정전압 특성
② 정전압 특성과 상승 특성
③ 수하 특성과 상승 특성
④ 맥동 전류 특성

해설 수동용접에 필요한 특성
수하 특성과 정전류 특성

23 가스절단에 대한 설명으로 옳은 것은?
① 강의 절단 원리는 예열 후 고압산소를 불어내면 강보다 용융점이 낮은 산화철이 생성되고 이때 산화철은 용융과 동시에 절단된다.
② 양호한 절단면을 얻으려면 절단면이 평활하며 드래그의 홈이 높고 노치 등이 있을수록 좋다.
③ 절단산소의 순도는 절단속도와 절단면에 영향이 없다.
④ 가스절단 중에 모래를 뿌리면서 절단하

정답
19. ② 20. ② 21. ④ 22. ② 23. ①

는 방법을 가스분말절단이라 한다.

해설 ① 양호한 절단면을 얻기 위해서는 드래그가 가능한 한 작고, 절단면이 평활하며 드래그의 홈이 낮고 노치가 없어야 한다. 또한 절단면 표면의 각이 예리하고 슬래그의 이탈이 양호해야 된다.
② 절단산소의 순도가 높으면 절단속도가 빠르고, 절단면이 매우 양호하며, 순도가 낮으면 절단속도가 느리고 절단면도 거칠다.
③ 분말절단 : 절단부위에 철분이나 용제의 미세한 분말을 압축 공기 또는 압축 질소와 같이 연속적으로 팁을 통해 분출시키고, 예열 불꽃으로 이들과의 연소반응을 시켜 절단하는 방법으로 철분을 사용하는 철분절단과 용제를 사용하는 용제절단으로 구분된다.

24 직류 아크용접 시 정극성으로 용접할 때의 특징이 아닌 것은?

① 박판, 주철, 합금강, 비철금속의 용접에 이용된다.
② 용접봉의 녹음이 느리다.
③ 비드 폭이 좁다.
④ 모재의 용입이 깊다.

해설 직류정극성(DCSP)과 직류역극성(DCRP)의 비교

직류정극성(DCSP)	직류역극성(DCRP)
모재의 용입이 깊다.	모재의 용입이 얕다.
용접봉의 녹음이 느리다.	용접봉의 녹음이 빠르다.
비드 폭이 좁다.	비드 폭이 넓다.
일반적으로 많이 사용된다.	박판, 주철, 비철금속의 용접에 사용된다.
열분배 : 모재(+) : 70%, 용접봉(-) 30%	열분배 : 모재(-) : 30%, 용접봉(+) 70%

25 가스용접에 사용되는 가스의 화학식을 잘못 나타낸 것은?

① 아세틸렌 : C_2H_2
② 프로판 : C_3H_8
③ 에탄 : C_4H_7
④ 부탄 : C_4H_{10}

해설 에탄 : C_2H_6, 메탄 : CH_4, 에틸렌 : C_2H_4

26 피복아크용접봉의 피복배합제 성분 중 가스발생제는?

① 산화티탄 ② 규산나트륨
③ 규산칼륨 ④ 탄산바륨

해설 피복배합제의 종류
① 아크안정제 : 산화티탄, 규산나트륨, 석회석, 규산칼륨
② 가스발생제 : 녹말, 톱밥, 석회석, 탄산바륨, 셀룰로오스
③ 슬래그 생성제 : 산화철, 일미나이트, 산화티탄, 이산화망간, 석회석, 규사, 장석, 형석
④ 탈산제 : 규소철, 망간철, 티탄철, 금속망간, 알루미늄
⑤ 고착제 : 규산나트륨, 규산칼륨
⑥ 망간, 실리콘, 니켈, 몰리브덴, 크롬, 구리

27 다음 중 산소-아세틸렌 용접법에서 전진법과 비교한 후진법의 설명으로 틀린 것은?

① 용접속도가 느리다.
② 열 이용률이 좋다.
③ 용접변형이 작다.
④ 홈 각도가 작다.

해설 전진법과 후진법의 비교(산소-아세틸렌 용접)

항목	전진법	후진법
열이용률	나쁘다.	양호하다.
용접속도	늦다.	빠르다.
비드모양	미려하다.	거칠다.

정답
24. ① 25. ③ 26. ④ 27. ①

항목	전진법	후진법
홈 각도	크다.(80° 정도)	작다.(60° 정도)
용접변형	심하다.	적다.
용접가능 판 두께	얇다.(5mm까지)	두껍다.
산화의 정도	심하다.	약하다.
용착금속의 조직	거칠어진다.	미세해진다.
용착금속의 냉각도	빠르다.(급랭)	느리다.(서냉)

28 얇은 철판을 쌓아 포개어 놓고 한꺼번에 절단하는 방법으로 가장 적합한 것은?
① 분말절단 ② 산소창절단
③ 포갬절단 ④ 금속아크절단

> 해설
> • 분말절단 : 절단부위에 철분이나 용제의 미세한 분말을 압축 공기 또는 압축질소와 같이 연속적으로 팁을 통해 분출시키고, 예열 불꽃으로 이들과의 연소반응을 시켜 절단하는 방법으로 철분을 사용하는 철분절단과 용제를 사용하는 용제절단으로 구분된다.
> • 산소창절단 : 토치의 팁 대신에 안지름 3.2~6mm, 길이 1.5~3m 정도의 강관에 산소를 공급하여 그 강관이 산화 연소할 때의 반응열로 절단하는 방법이다.
> • 금속아크절단 : 절단 전용의 특수 피복을 입힌 피복용접봉을 사용하여 절단하는 아크절단법으로 피복제에서 다량의 가스를 발생시켜 절단을 촉진하며 전원 직류 정극성을 사용하고 교류도 가능하다.

29 다음 중 가스 용접에서 산화불꽃으로 용접할 경우 가장 적합한 용접 재료는?
① 황동 ② 모넬메탈
③ 알루미늄 ④ 스테인리스

> 해설
> • 탄화불꽃(아세틸렌 과잉 불꽃) : 스테인리스, 스텔라이트, 모넬메탈
> • 중성불꽃(표준불꽃) : 연강, 주철, 니켈롬강, 주강, 구리, 고탄소강,
> • 산화불꽃(산소 과잉 불꽃) : 황동, 청동,

30 납땜 용제가 갖추어야 할 조건으로 틀린 것은?
① 모재의 산화 피막과 같은 불순물을 제거하고 유동성이 좋을 것
② 청정한 금속면의 산화를 방지할 것
③ 납땜 후 슬래그의 제거가 용이할 것
④ 침지 땜에 사용되는 것은 젖은 수분을 함유할 것

> 해설 납땜용 용제의 구비 조건
> ① 모재의 산화 피막과 같은 불순물을 제거하고 유동성이 좋을 것
> ② 청정한 금속면의 산화를 방지할 것
> ③ 땜납의 표면 장력을 맞추어서 모재와의 친화도를 높일 것
> ④ 용제의 유효온도 범위와 납땜온도가 일치할 것
> ⑤ 납땜 후 슬래그의 제거가 용이할 것
> ⑥ 모재나 땜납에 대한 부식 작용이 최소한일 것
> ⑦ 전기 저항 납땜에 사용되는 것은 전도체일 것
> ⑧ 침지땜에 사용되는 것은 수분을 함유하지 않을 것
> ⑨ 인체에 해가 없어야 할 것

31 다음 중 아크 발생 초기에 모재가 냉각되어 있어 용접 입열이 부족한 관계로 아크가 불안정하기 때문에 아크 초기에만 용접 전류를 특별히 크게 하는 장치를 무엇이라 하는가?
① 원격제어장치
② 핫스타트장치
③ 고주파 발생장치

28. ③ 29. ① 30. ④ 31. ②

④ 전격방지장치

해설 ① 원격제어장치 : 용접기에서 떨어져 작업할 때 작업 위치에서 전류를 조절할 수 있게 하는 장치
② 고주파 발생장치 : 교류아크용접기에서 안정한 아크를 얻기 위하여 고전압 고주파를 중첩시키는 방법으로 효과적인 용접을 위한 장치이다.
③ 전격방지장치 : 교류아크용접기의 무부하전압이 70~85V로 높아 감전의 위험이 높은 관계로 평소 용접을 하지 않을 때 무부하전압을 20~30V 이하로 유지시켜 감전(전격)의 위험을 방지해주는 장치

32 아크 전류가 일정할 때 아크 전압이 높아지면 용융 속도가 늦어지고, 아크 전압이 낮아지면 용융 속도는 빨라진다. 이와 같은 아크 특성은?
① 부저항 특성
② 절연회복 특성
③ 전압회복 특성
④ 아크길이 자기제어 특성

해설 • 부저항 특성 : 아크의 특성으로 옴의 법칙과는 반대로 전류가 증가하면 저항이 감소하고 이에 따라 전압도 감소하는 특성으로 전류밀도가 낮을 때 나타난다.
• 절연회복특성 : 교류아크용접에서 전류와 전압값이 1cycle당 2회 0이 되므로 아크가 불안정해진다. 이때 아크가 단락되지 않고 지속적으로 유지할 수 있도록 하는 특성으로 피복아크용접에서만 나타난다.
• 전압회복특성 : 아크가 단락되었을 때 순간적으로 과도전압을 공급해서 아크의 재발생을 용이하게 해주는 특성으로 이때 사용되는 전압을 재점호전압이라 한다.

33 용접기의 사용률이 40%인 경우 아크 시간과 휴식 시간을 합한 전체시간은 10분을 기준으로 했을 때 아크 발생시간은 몇 분인가?
① 4   ② 6
③ 8   ④ 10

34 용접봉의 용융속도는 무엇으로 표시하는가?
① 단위 시간당 소비되는 용접봉의 길이
② 단위 시간당 형성되는 비드의 길이
③ 단위 시간당 용접 입열의 양
④ 단위 시간당 소모되는 용접전류

해설 • 용접봉의 용융속도 : 단위 시간당 소비되는 용접봉의 길이 또는 무게로 표시되며 아크전압과는 관련이 없다. 또한 식으로 표현하는 다음과 같다.
• 용접봉의 용융속도 : 아크 전류×용접봉 쪽 전압 강하

35 전류조정을 전기적으로 하기 때문에 원격조정이 가능한 교류용접기는?
① 가포화 리액터형
② 가동 코일형
③ 가동 철심형
④ 탭 전환형

36 35℃에서 150kgf/cm^{2}으로 압축하여 내부용적 40.7리터의 산소 용기에 충전하였을 때, 용기 속의 산소량은 몇 리터인가?
① 4470   ② 5291
③ 6105   ④ 7000

해설 산소량 : 내용적×충전기압이므로 40.7×150=6,105리터가 된다.

정답
32. ④ 33. ① 34. ① 35. ① 36. ③

37 다음 중 가스 절단에 있어 양호한 절단면을 얻기 위한 조건으로 옳은 것은?

① 드래그가 가능한 한 클 것
② 절단면 표면의 각이 예리할 것
③ 슬래그 이탈이 이루어지지 않을 것
④ 절단면이 평활하며 드래그의 홈이 깊을 것

해설 양호한 절단면을 얻기 위해서는 드래그가 가능한 한 작고, 절단면이 평활하며 드래그의 홈이 낮고 노치가 없어야 한다. 또한 절단면 표면의 각이 예리하고 슬래그의 이탈이 양호해야 된다.

38 피복아크용접 결함 중 기공이 생기는 원인으로 틀린 것은?

① 용접 분위기 가운데 수소 또는 일산화탄소 과잉
② 용접부의 급속한 응고
③ 슬래그의 유동성이 좋고 냉각하기 쉬울 때
④ 과대 전류와 용접속도가 빠를 때

39 고Mn강으로 내마멸성과 내충격성이 우수하고, 특히 인성이 우수하기 때문에 파쇄장치, 기차 레일, 굴착기 등의 재료로 사용되는 것은?

① 엘린바(elinvar)
② 디디뮴(didymium)
③ 스텔라이트(stellite)
④ 해드필드(hadfield)강

해설 고망간강을 해드필드강, 저망간강을 듀콜(ducol)강이라 한다.

40 시험편의 지름이 15mm, 최대하중이 5200 kgf일 때 인장강도는?

① $16.8 kgf/mm^2$
② $29.4 kgf/mm^2$
③ $33.8 kgf/mm^2$
④ $55.8 kgf/mm^2$

해설 인장강도(σ)=하중(W)/단면적(A)이다. 단면적의 형상이 원이므로 구하는 공식은 πr^2이다. 그러므로 $\pi \times 7.5^2$은 176.714이다.
인장강도(σ)=5,200/176.714
= $29.42 kgf/mm^2$이다.

41 상자성체 금속에 해당되는 것은?

① Al ② Fe
③ Ni ④ Co

해설 강자성체: Fe, Ni, Co

42 포금(gun metal)에 대한 설명으로 틀린 것은?

① 내해수성이 우수하다.
② 성분은 8~12% Sn 청동에 1~2% Zn을 첨가한 합금이다.
③ 용해주조 시 탈산제로 사용되는 P의 첨가량을 많이 하여 합금 중에 P를 0.05~0.5% 정도 남게 한 것이다.
④ 수압, 수증기에 잘 견디므로 선박용 재료로 널리 사용된다.

해설 포금 주조 시 기계적 성질을 개선하기 위해 탈산제로 쓰이는 것은 Mn, Cu가 있다.

43 순철의 자기변태(A_2)점 온도는 약 몇 ℃인가?

① 210℃ ② 768℃

 정답

37. ② 38. ③ 39. ④ 40. ② 41. ① 42. ③ 43. ②

③ 910℃ ④ 1400℃

해설 • 210℃ : Fe_3C의 자기변태점
• 910℃, 1400℃ : 순철의 A_3, A_4변태점 (동소변태)

44 금속재료의 경량화와 강인화를 위하여 섬유 강화금속 복합재료가 많이 연구되고 있다. 강화섬유 중에서 비금속계로 짝지어진 것은?

① K, W ② W, Ti
③ W, Be ④ SiC, Al_2O_3

해설 섬유강화금속 복합재료
(FRM, fiber reinforced metals)
전위와 같은 결함이 없는 재료 중 하나인 휘스커(whisker)와 같은 섬유를 Al, Mg, Ti 등의 연성과 인성이 높은 금속이나 합금 중에 균일하게 배열시켜 복합화해서 가벼우면서 강도를 높인 재료가 섬유강화금속 복합재료이다. 이 FRM은 비금속계와 금속계로 크게 구분하는데 비금속계에는 C, B, SiC, Al_2O_3, AlN, ZrO_2 등이 있고 금속계에는 Be, W, Mo, Fe, Ti 및 그 합금이 있다.

45 동(Cu)합금 중에서 가장 큰 강도와 경도를 나타내며 내식성, 도전성, 내피로성 등이 우수하여 베어링, 스프링 및 전극재료 등으로 사용되는 재료는?

① 인(P) 청동
② 규소(Si) 동
③ 니켈(Ni) 청동
④ 베릴륨(Be) 동

46 황동은 도가니로, 전기로 또는 반사로 등에서 용해하는데, Zn의 증발로 손실이 있기 때문에 이를 억제하기 위해서는 용탕 표면에 어떤 것을 덮어 주는가?

① 소금 ② 석회석
③ 숯가루 ④ Al 분말가루

47 건축용 철골, 볼트, 리벳 등에 사용되는 것으로 연신율이 약 22%이고, 탄소함량이 약 0.15%인 강재는?

① 연강 ② 경강
③ 최경강 ④ 탄소공구강

해설 • 연강 : 0.12~0.2%C
• 경강 : 0.4~0.5%C
• 최경강 : 0.5~0.9%C
• 탄소공구강 : 0.6~1.5%

48 다음의 금속 중 경금속에 해당하는 것은?

① Cu ② Be
③ Ni ④ Sn

해설 • 경금속 : 비중이 4.5 이하인 금속으로 Al, Mg, Li, Be가 있다.

49 저용융점(fusible) 합금에 대한 설명으로 틀린 것은?

① Bi를 55% 이상 함유한 합금은 응고 수축을 한다.
② 용도로는 화재통보기, 압축공기용 탱크 안전밸브 등에 사용된다.
③ 33~66% Pb를 함유한 Bi 합금은 응고 후 시효 진행에 따라 팽창현상을 나타낸다.
④ 저용융점 합금은 약 250℃ 이하의 용융점을 갖는 것이며 Pb, Bi, Sn, In 등의 합금이다.

정답
44. ④ 45. ④ 46. ③ 47. ① 48. ② 49. ①

50 주철의 일반적인 성질을 설명한 것 중 틀린 것은?

① 용탕이 된 주철은 유동성이 좋다.
② 공정 주철의 탄소량은 4.3% 정도이다.
③ 강보다 용융 온도가 높아 복잡한 형상이라도 주조하기 어렵다.
④ 주철에 함유하는 전탄소(total carbon)는 흑연+화합탄소로 나타낸다.

51 보기 도면은 정면도와 우측면도만이 올바르게 도시되어 있다. 평면도로 가장 적합한 것은?

[보기]

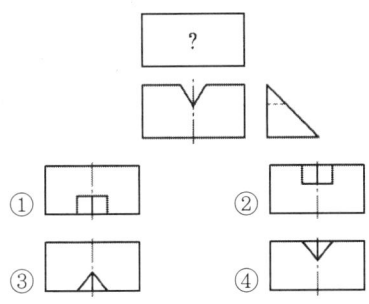

52 그림과 같은 용접기호의 설명으로 옳은 것은?

① U형 맞대기 용접, 화살표 쪽 용접
② V형 맞대기 용접, 화살표 쪽 용접
③ U형 맞대기 용접, 화살표 반대쪽 용접
④ V형 맞대기 용접, 화살표 반대쪽 용접

53 선의 종류와 용도에 대한 설명의 연결이 틀린 것은?

① 가는 실선 : 짧은 중심을 나타내는 선
② 가는 파선 : 보이지 않는 물체의 모양을 나타내는 선
③ 가는 1점 쇄선 : 기어의 피치원을 나타내는 선
④ 가는 2점 쇄선 : 중심이 이동한 중심궤적을 표시하는 선

> **해설** 중심이 이동한 중심궤적을 표시하는 선 : 가는 1점 쇄선

54 다음과 같은 배관의 등각 투상도(isometric drawing)를 평면도로 나타낸 것으로 맞는 것은?

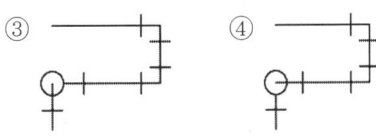

55 KS에서 규정하는 체결부품의 조립 간략 표시방법에서 구멍에 끼워 맞추기 위한 구멍, 볼트, 리벳의 기호 표시 중 공장에서 드릴 가공 및 끼워 맞춤을 하는 것은?

정답
50. ③ 51. ③ 52. ① 53. ④ 54. ④ 55. ①

③   ④

해설 ②, ③ : 공장 드릴, 현장 끼워 맞춤
④ : 현장 드릴, 현장 끼워 맞춤

56 그림의 입체도를 제3각법으로 올바르게 투상한 투상도는?

①

②

③

④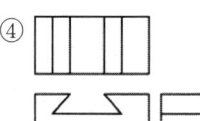

57 표제란에 표시하는 내용이 아닌 것은?
① 재질   ② 척도
③ 각법   ④ 제품명

58 그림과 같은 단면도에서 "A"가 나타내는 것은?

① 바닥 표시 기호
② 대칭 도시 기호
③ 반복 도형 생략 기호
④ 한쪽 단면도 표시 기호

59 치수 기입 방법이 틀린 것은?

①   ②

③   ④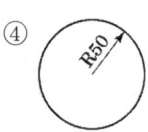

해설 구의 지름을 표시하는 기호 : sφ

60 전기아연도금 강판 및 강대의 KS기호 중 일반용 기호는?
① SECD   ② SECE
③ SEFC   ④ SECC

해설 KSD 3528(전기아연도금 강판 및 강대)에 규정되어 있음
• 냉연 원판용
  SECC : 일반용, SECD : 드로잉용
  SECE : 디프드로잉용, SEFC : 가공용
• 열연 원판용
  SEHC : 일반용, SEHD : 드로잉용
  SEHE : 디프드로잉용, SEFH : 가공용

정답
56. ③ 57. ① 58. ② 59. ② 60. ④

2015년 제2회 과년도출제문제 특수용접기능사

01 아르곤(Ar)가스는 1기압하에서 6500L 용기에 몇 기압으로 충전하는가?
① 100기압 ② 120기압
③ 140기압 ④ 160기압

02 다음 파괴시험 방법 중 충격시험 방법은?
① 전단시험
② 샤르피시험
③ 크리프시험
④ 응력부식 균열시험

해설 충격시험법
재료의 인성과 취성을 알아보기 위한 시험법으로 샤르피식과 아이조드식이 있다.

03 초음파 탐상 검사 방법이 아닌 것은?
① 공진법 ② 투과법
③ 극간법 ④ 펄스반사법

04 다음 중 용접 결함에서 구조상 결함에 속하는 것은?
① 기공
② 인장강도의 부족
③ 변형
④ 화학적 성질 부족

해설 용접결함의 분류
① 성질상 결함 : 기계적 성질(강도·경도 변화, 연성 부족 등), 화학적 성질(화학성분 부적당 등)
② 치수상 결함 : 변형, 용접부 크기의 변화, 용접부 형상의 변화
③ 구조상 결함 : 기공, 슬래그 섞임, 용입불량, 언더컷, 오버랩, 균열, 융합 불량

05 15℃, 1kgf/cm² 하에서 사용 전 용해아세틸렌병의 무게가 50kgf이고, 사용 후 무게가 47kgf일 때 사용한 아세틸렌의 양은 몇 리터(L)인가?
① 2915 ② 2815
③ 3815 ④ 2715

해설 용해아세틸렌 1kg이 기화하면 약 905리터의 아세틸렌가스가 발생하므로 충전 전후의 용기무게를 측정하면 아세틸렌가스의 양을 구할 수 있다.
아세틸렌가스의 양=905×(충전 후의 무게−충전 전의 무게) 또는 905×(사용 전의 무게−사용 후의 무게)이므로
905×(50−47)=2715리터가 된다.

06 다음 용착법 중 다층 쌓기 방법인 것은?
① 전진법 ② 대칭법
③ 스킵법 ④ 캐스케이드법

해설 다층 쌓기의 종류
캐스케이드법, 전진블록법, 덧살 올림법

07 플라즈마 아크의 종류 중 모재가 전도성 물질이어야 하며, 열효율이 높은 아크는?
① 이행형 아크 ② 비이행형 아크
③ 중간형 아크 ④ 피복아크

정답
1. ③ 2. ② 3. ③ 4. ① 5. ④ 6. ④ 7. ①

해설 플라즈마 아크의 종류
① 이행형 아크 : 플라즈마 아크방식이라고도 한다. 모재가 전도성 물질이어야 하며 열효율이 좋아 일반용접과 덧살올림 용접에도 사용된다.
② 비이행형 아크 : 플라즈마 제트방식이라고도 한다. 모재에 전류가 흐르지 않기 때문에 특수한 용접, 부도체 용접, 절단, 용사에 사용된다.
③ 중간형 아크 : 이행형 아크 방식과 비이행형 아크 방식을 병용한 방법으로 아주 얇은 박판용접도 가능하다.

08 철도 레일 이음 용접에 적합한 용접법은?
① 테르밋 용접
② 서브머지드 용접
③ 스터드 용접
④ 그래비티 및 오토콘 용접

해설 테르밋 용접은 용접 외부에서 열을 가하는 방식이 아닌 용접부에 분포되는 테르밋제의 반응열을 이용한 용접법으로 레일, 차축, 프레임 등 대칭적이며 비교적 큰 단면을 가진 제품의 보수용접에 사용된다.

09 다음 TIG 용접에 대한 설명 중 틀린 것은?
① 박판 용접에 적합한 용접법이다.
② 교류나 직류가 사용된다.
③ 비소모식 불활성 가스 아크용접법이다.
④ 전극봉은 연강봉이다.

해설 TIG 용접에 사용되는 전극봉은 텅스텐을 주재료로 사용하고 있다.

10 TIG 용접에서 전극봉은 세라믹 노즐의 끝에서부터 몇 mm 정도 돌출시키는 것이 가장 적당한가?
① 1~2mm
② 3~6mm
③ 7~9mm
④ 10~12mm

11 구리 합금 용접 시험편을 현미경 시험할 경우 시험용 부식제로 주로 사용되는 것은?
① 왕수
② 피크린산
③ 수산화나트륨
④ 연화철액

12 이산화탄소 용접에 사용되는 복합 와이어(flux cored wire)의 구조에 따른 종류가 아닌 것은?
① 아코스 와이어
② T관상 와이어
③ Y관상 와이어
④ S관상 와이어

13 불활성 가스 텅스텐(TIG) 아크용접에서 용착금속의 용락을 방지하고 용착부 뒷면의 용착금속을 보호하는 것은?
① 포지셔너(positioner)
② 지그(zig)
③ 뒷받침(backing)
④ 엔드탭(end tap)

해설
• 포지셔너 : 용접을 가능한 한 하기 쉬운 위치로 이동시킬 수 있게 해주는 장치
• 지그 : 용접물을 고정하기 위한 장치
• 엔드탭 : 용접의 시작점과 끝점에 임시로 붙여주는 보조판으로 시작과 끝점의 결함발생을 방지한다.

14 레이저 빔 용접에 사용되는 레이저의 종류가 아닌 것은?
① 고체 레이저
② 액체 레이저
③ 기체 레이저
④ 도체 레이저

8. ① 9. ④ 10. ② 11. 전항 12. ② 13. ③ 14. ④

15 피복아크용접 후 실시하는 비파괴 검사방법이 아닌 것은?

① 자분탐상법
② 피로시험법
③ 침투탐상법
④ 방사선투과 검사법

해설 피로시험법은 기계적 시험법으로 파괴시험의 한 종류이다.

16 용접 결함 중 치수상의 결함에 대한 방지대책과 가장 거리가 먼 것은?

① 역변형법 적용이나 지그를 사용한다.
② 습기, 이물질 제거 등 용접부를 깨끗이 한다.
③ 용접 전이나 시공 중에 올바른 시공법을 적용한다.
④ 용접조건과 자세, 운봉법을 적정하게 한다.

해설 습기나 이물질 제거 등은 기공발생 방지를 위한 사전방지대책이다.

17 다음 중 저탄소강의 용접에 관한 설명으로 틀린 것은?

① 용접균열의 발생 위험이 크기 때문에 용접이 비교적 어렵고, 용접법의 적용에 제한이 있다.
② 피복아크용접의 경우 피복아크용접봉은 모재와 강도 수준이 비슷한 것을 선정하는 것이 바람직하다.
③ 판의 두께가 두껍고 구속이 큰 경우에는 저수소계 계통의 용접봉이 사용된다.
④ 두께가 두꺼운 강재일 경우 적절한 예열을 할 필요가 있다.

18 다음 중 용접이음에 대한 설명으로 틀린 것은?

① 필릿 용접에서는 형상이 일정하고, 미용착부가 없어 응력분포상태가 단순하다.
② 맞대기 용접이음에서 시점과 크레이터 부분에서는 비드가 급랭하여 결함을 일으키기 쉽다.
③ 전면 필릿 용접이란 용접선의 방향이 하중의 방향과 거의 직각인 필릿 용접을 말한다.
④ 겹치기 필릿 용접에서는 루트부에 응력이 집중되기 때문에 보통 맞대기 이음에 비하여 피로강도가 낮다.

19 변형과 잔류응력을 최소로 해야 할 경우 사용되는 용착법으로 가장 적합한 것은?

① 후진법
② 전진법
③ 스킵법
④ 덧살 올림법

해설
- 전진법 : 한쪽에서 다른 쪽을 향해 연속적으로 용접하는 방법으로 잔류응력이나 변형이 문제되지 않을 때 사용하는 용착법이다.
- 후진법 : 용접진행방향과 용착 방향이 서로 반대가 되게 하는 방법으로 잔류응력을 다소 줄일 수 있으나 작업능률이 떨어진다.
- 덧살올림법 : 다층쌓기의 한 방법으로 각 층마다 전체의 길이를 쌓아 올리는 방법이다.

20 통행과 운반관련 안전조치로 가장 거리가 먼 것은?

① 뛰지 말 것이며 한 눈을 팔거나 주머니에 손을 넣고 걷지 말 것
② 기계와 다른 시설물과의 사이의 통행로

정답
15. ② 16. ② 17. ① 18. ① 19. ③ 20. ②

폭은 30cm 이상으로 할 것
③ 운반차는 규정 속도를 지키고 운반 시 시야를 가리지 않게 할 것
④ 통행로와 운반차, 기타 시설물에는 안전표지 색을 이용한 안전표지를 할 것

> **해설** 기계와 다른 시설물과의 사이의 통행로 폭은 80cm 이상으로 한다.

21 TIG 용접에 사용되는 전극봉의 조건으로 틀린 것은?
① 고용융점의 금속
② 전자방출이 잘 되는 금속
③ 전기 저항률이 많은 금속
④ 열 전도성이 좋은 금속

22 불활성 가스 아크용접에 주로 사용되는 가스는?
① CO_2 ② CH_4
③ Ar   ④ C_2H_2

> **해설** 불활성 가스의 종류는 Ar, He, Ne이 있다.

23 다음 중 두께 20mm인 강판을 가스 절단 하였을 때 드래그(drag)의 길이가 5mm이었다면 드래그 양은 몇 %인가?
① 5   ② 20
③ 25   ④ 100

> **해설** 드래그 양=드래그길이/모재 두께 ×100(%)

24 가스용접에 사용되는 용접용 가스 중 불꽃 온도가 가장 높은 가연성 가스는?
① 아세틸렌   ② 메탄
③ 부탄   ④ 천연가스

> **해설**
> • 산소-아세틸렌 : 3230℃
> • 산소-메탄 : 2760℃
> • 산소-부탄 : 2926℃
> • 산소-천연가스 : 2537℃

25 가동철심형 용접기를 설명한 것으로 틀린 것은?
① 교류아크용접기의 종류에 해당한다.
② 미세한 전류 조정이 가능하다.
③ 용접작업 중 가동 철심의 진동으로 소음이 발생할 수 있다.
④ 코일의 감긴 수에 따라 전류를 조정한다.

> **해설** 가동철심형 용접기의 전류 조정은 철심을 움직여서 누설자속을 변동시켜서 전류를 조정한다. 코일의 감김수에 따라 전류를 조절하는 방식은 탭 전환형이다.

26 피복금속 아크용접봉의 피복제가 연소한 후 생성된 물질이 용접부를 보호하는 방식이 아닌 것은?
① 가스 발생식
② 슬래그 생성식
③ 스프레이 발생식
④ 반가스 발생식

27 다음 중 가스용접의 특징으로 틀린 것은?
① 전기가 필요 없다.
② 응용범위가 넓다.
③ 박판용접에 적당하다.
④ 폭발의 위험이 없다.

28 가스절단 시 절단면에 일정한 간격의 곡선이 진행 방향으로 나타나는데 이것을 무엇이라 하는가?

정답
21 ③ 22 ③ 23 ③ 24 ① 25 ④ 26 ③ 27 ④ 28 ③

① 슬래그(slag)
② 태핑(tapping)
③ 드래그(drag)
④ 가우징(gouging)

해설
- 슬래그 : 피복제가 녹아 이루어진 것으로 용접부를 보호한다.
- 태핑 : 기계가공의 한 방법으로 구멍에 나사탭으로 나사를 내는 가공법이다.
- 가우징 : 깊고 좁은 홈파기 작업으로 가스 가우징, 아크 에어 가우징이 있다.

29 용접 중 전류를 측정할 때 전류계(클램프미터)의 측정위치로 적합한 것은?
① 1차측 접지선
② 피복아크용접봉
③ 1차측 케이블
④ 2차측 케이블

30 직류아크용접에서 용접봉을 용접기의 음(−)극에, 모재를 양(+)극에 연결한 경우의 극성은?
① 직류정극성   ② 직류역극성
③ 용극성   ④ 비용극성

31 다음 중 피복아크용접에 있어 용접봉에서 모재로 용융 금속이 옮겨가는 상태를 분류한 것이 아닌 것은?
① 폭발형   ② 스프레이형
③ 글로뷸러형   ④ 단락형

32 강재 표면의 흠이나 개재물, 탈탄층 등을 제거하기 위하여 얇고 타원형 모양으로 표면을 깎아내는 가공법은?

① 산소창 절단   ② 스카핑
③ 탄소아크 절단   ④ 가우징

33 가스용접에서 전진법과 후진법을 비교하여 설명한 것으로 옳은 것은?
① 용착금속의 냉각도는 후진법이 서냉된다.
② 용접변형은 후진법이 크다.
③ 산화의 정도가 심한 것은 후진법이다.
④ 용접속도는 후진법보다 전진법이 더 빠르다.

해설 전진법과 후진법의 비교(산소-아세틸렌 용접)

항목	전진법	후진법
열이용률	나쁘다.	양호하다.
용접속도	늦다.	빠르다.
비드모양	미려하다.	거칠다.
홈 각도	크다. (80° 정도)	작다. (60° 정도)
용접변형	심하다.	적다.
용접가능 판 두께	얇다. (5mm까지)	두껍다.
산화의 정도	심하다.	약하다.
용착금속의 조직	거칠어진다.	미세해진다.
용착금속의 냉각도	빠르다.(급랭)	느리다.(서냉)

34 용접 용어와 그 설명이 잘못 연결된 것은?
① 모재 : 용접 또는 절단되는 금속
② 용융풀 : 아크열에 의해 용융된 쇳물 부분
③ 슬래그 : 용접봉이 용융지에 녹아 들어가는 것
④ 용입 : 모재가 녹은 깊이

정답
29. ④   30. ①   31. ①   32. ②   33. ①   34. ③

해설 • 슬래그 : 피복제가 녹아서 형성된 것으로 용착금속을 보호한다.

35 주철의 용접 시 예열 및 후열 온도는 얼마 정도가 가장 적당한가?
① 100~200℃ ② 300~400℃
③ 500~600℃ ④ 700~800℃

36 저수소계 용접봉은 용접시점에서 기공이 생기기 쉬운데 해결방법으로 가장 적당한 것은?
① 후진법 사용
② 용접봉 끝에 페인트 도색
③ 아크 길이를 길게 사용
④ 접지점을 용접부에 가깝게 물림

37 AW 300, 정격 사용률이 40%인 교류 아크용접기를 사용하여 실제 150A의 전류로 용접을 한다면 허용 사용률은?
① 80% ② 120%
③ 140% ④ 160%

해설 허용사용률(%)
$= \frac{(정격\ 2차\ 전류)^2}{(실제\ 용접전류)^2} \times 정격사용률$이므로
$\frac{(300)^2}{(150)^2} \times 40 = 160\%$

38 용해 아세틸렌 용기 취급 시 주의사항으로 틀린 것은?
① 아세틸렌 충전구가 동결시는 50℃ 이상의 온수로 녹여야 한다.
② 저장 장소는 통풍이 잘 되어야 한다.
③ 용기는 반드시 캡을 씌워 보관한다.
④ 용기는 진동이나 충격을 가하지 말고 신중히 취급해야 한다.

해설 아세틸렌 충전구가 동결 시 35℃ 이하의 온수로 녹여야 한다.

39 노멀라이징(normalizing) 열처리의 목적으로 옳은 것은?
① 연화를 목적으로 한다.
② 경도 향상을 목적으로 한다.
③ 인성부여를 목적으로 한다.
④ 재료의 표준화를 목적으로 한다.

해설 ① : 어닐링(풀림)
② : 퀜칭(담금질)
③ : 템퍼링(뜨임)

40 면심입방격자 구조를 갖는 금속은?
① Cr ② Cu
③ Fe ④ Mo

해설 • 체심입방격자 : Ba, Cr, K, W, Mo, V, Li, α-Fe, δ-Fe
• 면심입방격자 : Al, Ag, Au, Cu, Pt, Ni, Ca, γ-Fe
• 조밀육방격자 : Mg, Zn, Be, Cd, Ti, Co

41 융점이 높은 코발트(Co) 분말과 1~5μm 정도의 세라믹, 탄화텅스텐 등의 입자들을 배합하여 확산과 소결 공정을 거쳐서 분말야금법으로 입자강화 금속 복합 재료를 제조한 것은?
① FRP
② FRS
③ 서멧(cermet)
④ 진공청정구리(OFHC)

정답
35. ③ 36. ① 37. ④ 38. ① 39. ④ 40. ② 41. ③

해설
- FRP(유리섬유강화플라스틱) : 불포화 폴리에스터에 지름 0.1mm 이하로 가공한 유리섬유를 보강하여 만든 재료로 용도는 보트몸체, 스키용품, 가정용 욕조 등에 사용한다.
- OFHC(진공청정구리) : 산소나 탈산제 등을 함유하지 않는 고순도의 동을 말한다.

42 알루미늄 합금 중 대표적인 단련용 Al합금으로 주요성분이 Al-Cu-Mg-Mn인 것은?
① 알민 ② 알드레이
③ 두랄루민 ④ 하이드로날륨

해설
- 알민 : Al+Mn계
- 알드레이 : Al+Mg+Si계
- 하이드로날륨 : Al+Mg계

43 재료표면상에 일정한 높이로부터 낙하시킨 추가 반발하여 튀어오르는 높이로부터 경도값을 구하는 경도기는?
① 쇼어경도기
② 로크웰경도기
③ 비커스경도기
④ 브리넬경도기

44 알루미늄의 표면 방식법이 아닌 것은?
① 수산법 ② 염산법
③ 황산법 ④ 크롬산법

45 인장시험에서 표점거리가 50mm의 시험편을 시험 후 절단된 표점거리를 측정하였더니 65mm가 되었다. 이 시험편의 연신율은 얼마인가?
① 20% ② 23%
③ 30% ④ 33%

해설 연신율
늘어난 거리-표점거리/표점거리×100(%)이므로, 연신율=15/50×100(%)는 30%이다.

46 2~10% Sn, 0.6% P 이하의 합금이 사용되며 탄성률이 높아 스프링 재료로 가장 적합한 청동은?
① 알루미늄청동 ② 망간청동
③ 니켈청동 ④ 인청동

47 강의 담금질 깊이를 깊게 하고 크리프 저항과 내식성을 증가시키며 뜨임 메짐을 방지하는 데 효과가 있는 합금 원소는?
① Mo ② Ni
③ Cr ④ Si

48 황동에 납(Pb)을 첨가하여 절삭성을 좋게 한 황동으로 스크류, 시계용 기어 등의 정밀가공에 사용되는 합금은?
① 리드 브라스(lead brass)
② 문쯔메탈(muntz metal)
③ 틴 브라스(tin brass)
④ 실루민(silumin)

해설
- 문쯔메탈 : 구리(60%)+아연(40%)의 합금
- 틴 브라스 : 황동에 소량의 주석을 첨가한 합금
- 실루민 : 알루미늄+규소계 합금

49 Fe-C 평형 상태도에서 나타날 수 없는 반응은?
① 포정 반응 ② 편정 반응
③ 공석 반응 ④ 공정 반응

50 탄소강에 함유된 원소 중에서 고온 메짐(hot shortness)의 원인이 되는 것은?
① Si
② Mn
③ P
④ S

51 나사의 단면도에서 수나사와 암나사의 골 밑(골지름)을 도시하는 데 적합한 선은?
① 가는 실선
② 굵은 실선
③ 가는 파선
④ 가는 1점 쇄선

52 일면 개선형 맞대기 용접의 기호로 맞는 것은?

①   ②
③   ④

53 물체를 수직단면으로 절단하여 그림과 같이 조합하여 그릴 수 있는데, 이러한 단면도를 무슨 단면도라고 하는가?

① 온 단면도
② 한쪽 단면도
③ 부분 단면도
④ 회전도시 단면도

54 치수선상에서 인출선을 표시하는 방법으로 옳은 것은?

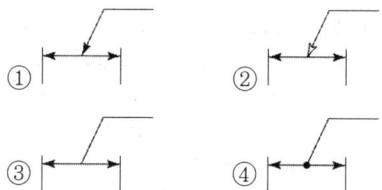

55 다음 배관 도면에 없는 배관 요소는?

① 티
② 엘보
③ 플랜지 이음
④ 나비 밸브

> **해설** 위 그림에 연결된 밸브는 글로브 밸브이다.

56 다음 중 원기둥의 전개에 가장 적합한 전개도법은?
① 평행선 전개도법
② 방사선 전개도법
③ 삼각형 전개도법
④ 타출 전개도법

57 그림과 같이 정투상도의 제3각법으로 나타낸 정면도와 우측면도를 보고 평면도를 올바르게 도시한 것은?

①   ②
③   ④

정답
50. ④ 51. ① 52. ② 53. ④ 54. ③ 55. ④ 56. ① 57. ④

58 KS 재료기호 "SM10C"에서 10C는 무엇을 뜻하는가?

① 일련번호
② 항복점
③ 탄소함유량
④ 최저인장강도

59 도면을 축소 또는 확대했을 경우, 그 정도를 알기 위해서 설정하는 것은?

① 중심 마크   ② 비교 눈금
③ 도면의 구역   ④ 재단 마크

해설
- 중심마크 : 도면을 다시 만들거나 마이크로필름을 만들 때 도면의 위치를 잘 잡기 위하여 표시
- 도면의 구역 표시 : 도면에서 상세, 추가, 수정 등의 위치를 알기 쉽도록 하기 위해 표시
- 재단마크 : 수동이나 자동으로 용지를 잘 라내는 데 편리하도록 재단된 4변의 경계 표시

60 다음 중 선의 종류와 용도에 의한 명칭 연결이 틀린 것은?

① 가는 1점 쇄선 : 무게중심선
② 굵은 1점 쇄선 : 특수지정선
③ 가는 실선 : 중심선
④ 아주 굵은 실선 : 특수한 용도의 선

해설 무게중심선 : 가는 2점 쇄선

정답
58. ③ 59. ② 60. ①

2015년 제4회 과년도출제문제 용접기능사

01 다음 중 텅스텐과 몰리브덴 재료 등을 용접하기에 가장 적합한 용접은?
① 전자 빔 용접
② 일렉트로 슬래그 용접
③ 탄산가스 아크용접
④ 서브머지드 아크용접

해설 전자 빔 용접은 진공 중에서 용접하므로 공기 중의 유해한 원소에 의해 결함발생이 매우 염려되는 티타늄, 몰리브덴, 지르코늄, 탄탈 등의 활성금속이나 실리콘, 게르마늄 등의 반도체 재료도 용접이 가능하다.

02 서브머지드 아크용접 시, 받침쇠를 사용하지 않을 경우 루트 간격을 몇 mm 이하로 하여야 하는가?
① 0.2
② 0.4
③ 0.6
④ 0.8

03 연납 땜 중 내열성 땜납으로 주로 구리, 황동용에 사용되는 것은?
① 인동납
② 황동납
③ 납-은납
④ 은납

04 용접부 검사법 중 기계적 시험법이 아닌 것은?
① 굽힘 시험
② 경도 시험
③ 인장 시험
④ 부식 시험

해설 부식시험은 화학적 시험방법의 한 종류이다.

05 일렉트로 가스 아크용접의 특징 설명 중 틀린 것은?
① 판두께에 관계없이 단층으로 상진 용접한다.
② 판두께가 얇을수록 경제적이다.
③ 용접속도는 자동으로 조절된다.
④ 정확한 조립이 요구되며, 이동용 냉각 동판에 급수 장치가 필요하다.

해설 일렉트로 가스 아크용접은 판 두께에 관계없이 단층으로 상진용접하기 때문에 두꺼운 판일수록 경제적이다.

06 텅스텐 전극봉 중에서 전자 방사능력이 현저하게 뛰어난 장점이 있으며 불순물이 부착되어도 전자 방사가 잘 되는 전극은?
① 순 텅스텐 전극
② 토륨 텅스텐 전극
③ 지르코늄 텅스텐 전극
④ 마그네슘 텅스텐 전극

해설
• 순 텅스텐 전극봉 : 텅스텐을 99.9% 이상 포함하고 있어야 하며 교류에서 아크가 안정되어 알루미늄과 마그네슘 용접에 적용된다.
• 지르코늄 텅스텐 전극봉 : 99.1%의 텅스텐에 0.15~0.4%의 지르코늄을 함유하고 있다. 순 텅스텐 전극봉보다 수명이 길고 대단히 안정된 아크를 유지하며 교류전원에 사용된다.

정답
1. ① 2. ④ 3. ③ 4. ④ 5. ② 6. ②

07 다음 중 표면 피복 용접을 올바르게 설명한 것은?
① 연강과 고장력강의 맞대기 용접을 말한다.
② 연강과 스테인리스강의 맞대기 용접을 말한다.
③ 금속 표면에 다른 종류의 금속을 용착시키는 것을 말한다.
④ 스테인리스 강판과 연강판재를 접합 시 스테인리스 강판에 구멍을 뚫어 용접하는 것을 말한다.

08 산업용 용접 로봇의 기능이 아닌 것은?
① 작업 기능
② 제어 기능
③ 계측인식 기능
④ 감정 기능

09 불활성 가스 금속 아크용접(MIG)의 용착 효율은 얼마 정도인가?
① 58%
② 78%
③ 88%
④ 98%

10 다음 중 일렉트로 슬래그 용접의 특징으로 틀린 것은?
① 박판용접에는 적용할 수 없다.
② 장비 설치가 복잡하며 냉각장치가 요구된다.
③ 용접시간이 길고 장비가 저렴하다.
④ 용접 진행 중 용접부를 직접 관찰할 수 없다.

11 용접에 있어 모든 열적 요인 중 가장 영향을 많이 주는 요소는?
① 용접 입열
② 용접 재료
③ 주위 온도
④ 용접 복사열

> **해설** 용접 입열
> 용접부에 외부에서 주어지는 열량을 말하며 양호한 용접을 위해서는 충분한 입열량이 주어져야 한다.

12 사고의 원인 중 인적 사고 원인에서 선천적 원인은?
① 신체의 결함
② 무지
③ 과실
④ 미숙련

> **해설** 인적 사고 원인의 종류
> ① 후천적 원인 : 무지, 과실, 미숙련, 난폭, 흥분, 고의, 사물판단능력 부족
> ② 선천적 원인 : 체력의 부적응, 신체의 결함, 질병, 음주, 수면 부족

13 TIG 용접에서 직류정극성을 사용하였을 때 용접효율을 올릴 수 있는 재료는?
① 알루미늄
② 마그네슘
③ 마그네슘 주물
④ 스테인리스강

> **해설**
> • 직류정극성 : TIG 용접에서 직류정극성은 용입이 깊은 관계로 주로 연강이나 스테인리스강의 용접에 사용
> • 직류역극성 : 직류역극성은 청정작용이 있어서 산화성이 큰 금속, 알루미늄, 마그네슘 등의 용접에 사용

14 재료의 인장 시험방법으로 알 수 없는 것은?
① 인장강도
② 단면수축률

③ 피로강도　　④ 연신율

15 용접 변형 방지법의 종류에 속하지 않는 것은?
① 억제법　　② 역변형법
③ 도열법　　④ 취성 파괴법

> 해설
> • 억제법 : 구속지그와 같은 공구를 사용하여 재료가 변형이 생기지 않도록 강제로 구속하는 방법이다.
> • 역변형법 : 변형이 예상되는 반대 방향으로 미리 변형을 주어 변형을 방지하는 방법이다.
> • 도열법 : 용접 전에 열전도성이 좋은 재료를 모재에 부착시켜 열전달을 억제하는 방법으로 변형을 방지하는 방법이다.

16 솔리드 와이어와 같이 단단한 와이어를 사용할 경우 적합한 용접 토치 형태로 옳은 것은?
① Y형　　② 커브형
③ 직선형　　④ 피스톨형

17 안전·보건표지의 색채, 색도기준 및 용도에서 색채에 따른 용도를 올바르게 나타낸 것은?
① 빨간색 : 안내
② 파란색 : 지시
③ 녹색 : 경고
④ 노란색 : 금지

> 해설
> • 빨강 : 방화, 금지, 정지, 고도의 위험
> • 노랑 : 주의(충돌, 추락, 걸려서 넘어지는 광고)
> • 녹색 : 안전, 피난, 위생 및 구호, 진행
> • 황적 : 위험, 항해, 항공의 보안시설
> • 흰색 : 통로, 정돈

• 청색 : 지시, 주의(보호구 착용 등 안전위생을 위한 지시)
• 검정 : 위험 표지의 문자, 유도 표지의 화살표

18 용접금속의 구조상의 결함이 아닌 것은?
① 변형　　② 기공
③ 언더컷　　④ 균열

> 해설
> • 성질상 결함 : 기계적 성질(강도·경도 변화, 연성 부족 등), 화학적 성질(화학성분 부적당 등)
> • 치수상 결함 : 변형, 용접부 크기의 변화, 용접부 형상의 변화
> • 구조상 결함 : 기공, 슬래그 섞임, 용입 불량, 언더컷, 오버랩, 균열, 융합 불량

19 금속재료의 미세조직을 금속현미경을 사용하여 광학적으로 관찰하고 분석하는 현미경시험의 진행순서로 맞는 것은?
① 시료 채취 → 연마 → 세척 및 건조 → 부식 → 현미경 관찰
② 시료 채취 → 연마 → 부식 → 세척 및 건조 → 현미경 관찰
③ 시료 채취 → 세척 및 건조 → 연마 → 부식 → 현미경 관찰
④ 시료 채취 → 세척 및 건조 → 부식 → 연마 → 현미경 관찰

20 강판의 두께가 12mm, 폭 100mm인 평판을 V형 홈으로 맞대기 용접 이음할 때, 이음효율 $\eta=0.8$로 하면 인장력 P는? (단, 재료의 최저 인장강도는 $40N/mm^2$이고, 안전율은 4로 한다.)
① 960N　　② 9600N
③ 860N　　④ 8600N

정답
15. ④　16. ②　17. ②　18. ①　19. ①　20. ②

해설 P=인장강도(σ)×모재두께(t)×용접길이(*l*)/안전율(S)이다. 다만 이 문제에서 이음효율(η)이 0.8이므로
P=인장강도×모재두께×용접길이×이음효율/안전율이다. 따라서
P=40×12×100×0.8/4=9600N이다.

21 다음 중 목재, 섬유류, 종이 등에 의한 화재의 급수에 해당하는 것은?
① A급 ② B급
③ C급 ④ D급

해설
- A급 화재(일반화재) : 연소 후 재를 남기는 화재(목재, 종이, 석탄 등)
- B급 화재(유류화재) : 액상 또는 기체상의 연료성 화재(휘발유, 벤젠 등)
- C급 화재(전기화재) : 전기에너지가 발화원이 되는 화재
- D급 화재(금속화재) : 금속 칼륨, 금속 나트륨, 유황 등의 화재
- E급 화재(가스화재) : 가연성 가스에 의해 발화원이 되는 화재

22 용접부의 시험 중 용접성 시험에 해당하지 않는 시험법은?
① 노치 취성 시험
② 열 특성 시험
③ 용접 연성 시험
④ 용접 균열 시험

해설 열 특성 시험
물리적 시험의 한 방법이다.

23 다음 중 가스용접의 특징으로 옳은 것은?
① 아크용접에 비해서 불꽃의 온도가 높다.
② 아크용접에 비해 유해광선의 발생이 많다.

③ 전원 설비가 없는 곳에서는 쉽게 설치할 수 없다.
④ 폭발의 위험이 크고 금속이 탄화 및 산화될 가능성이 많다.

해설 가스용접의 특징(장·단점)
① 장점
- 응용범위가 넓으며 운반이 편리
- 가열 시 열량조절이 자유로워 박판용접에 유리
- 전기 시설이 없는 곳에서 사용 가능하고 설치 비용이 저렴하다.
- 아크용접에 비해 유해광선의 발생이 적다.

② 단점
- 아크용접에 비해 불꽃온도가 낮다.
- 열 집중성이 나빠 효율적인 용접이 어렵다.
- 폭발의 위험성이 크고 금속이 산화 및 탄화될 염려가 많다.
- 아크용접에 비해 가열범위가 넓어 용접 응력이 크고 오래 걸린다.
- 용접변형이 크고 이음강도가 떨어진다.
- 아크용접에 비해 이음 신뢰성이 떨어진다.

24 산소-아세틸렌 용접에서 표준불꽃으로 연강판 두께 2mm를 60분간 용접하였더니 200L의 아세틸렌가스가 소비되었다면, 다음 중 가장 적당한 가변압식 팁의 번호는?
① 100번 ② 200번
③ 300번 ④ 400번

해설
- 가변압식 팁 : 팁의 번호는 표준불꽃으로 용접 시 한 시간당 소비되는 아세틸렌가스의 양을 숫자로 표시
- 불변압식 팁 : 용접 가능한 판 두께의 크기를 숫자로 표시

정답 21. ① 22. ② 23. ④ 24. ②

25 연강용 가스 용접봉의 시험편 처리 표시 기호 중 NSR의 의미는?

① 625±25℃로써 용착금속의 응력을 제거한 것
② 용착금속의 인장강도를 나타낸 것
③ 용착금속의 응력을 제거하지 않은 것
④ 연신율을 나타낸 것

> **해설** • NSR : 응력을 제거하지 않은 것
> • SR : 응력을 제거한 것

26 피복아크용접에서 사용하는 아크용접용 기구가 아닌 것은?

① 용접 케이블　② 접지 클램프
③ 용접 홀더　　④ 팁 클리너

> **해설** 팁 클리너
> 가스용접 시 사용하는 도구로 팁의 구멍이 막혔거나 이물질이 들어갔을 때 뚫어주는 기구

27 피복아크용접봉의 피복제의 주된 역할로 옳은 것은?

① 스패터의 발생을 많게 한다.
② 용착 금속에 필요한 합금원소를 제거한다.
③ 모재 표면에 산화물이 생기게 한다.
④ 용착 금속의 냉각속도를 느리게 하여 급랭을 방지한다.

> **해설** 피복제의 역할
> ① 아크를 안정시킨다.
> ② 중성 또는 환원성 분위기를 만들어 대기 중의 산화, 질화의 해를 방지하며 용착금속을 보호한다.
> ③ 용융금속의 용적을 미세화하여 용착 효율을 높인다.
> ④ 용착금속의 냉각속도를 느리게 하여 급랭을 방지한다.
> ⑤ 용착금속에 탈산정련작용을 하며, 용융점이 낮은 적당한 점성의 가벼운 슬래그를 만든다.
> ⑥ 슬래그를 제거하기 쉽게 하고 파형이 고운 비드를 만든다.
> ⑦ 모재 표면의 산화물을 제거하고 양호한 용접부를 만든다.
> ⑧ 스패터의 발생을 적게 한다.
> ⑨ 용착금속에 필요한 합금원소를 첨가하고 전기 절연작용을 한다.

28 용접의 특징에 대한 설명으로 옳은 것은?

① 복잡한 구조물 제작이 어렵다.
② 기밀, 수밀, 유밀성이 나쁘다.
③ 변형의 우려가 없어 시공이 용이하다.
④ 용접사의 기량에 따라 용접부의 품질이 좌우된다.

> **해설** 용접의 특징(장·단점)
> ① 장점
> • 재료가 절약되고 중량이 가벼워지며 작업공정이 단축되고 경제적이다.
> • 재료 두께에 제한이 없고 기밀, 수밀성이 우수하며 이음 효율이 높다.
> • 제품의 성능과 수명이 향상되며 이종 재료도 접합할 수 있다.
> ② 단점
> • 변형 및 잔류응력이 발생한다.
> • 용접사의 기량에 의해 품질이 좌우된다.
> • 품질검사가 곤란하고 저온취성이 생길 우려가 있다.

29 가스 절단에서 팁(Tip)의 백심 끝과 강판 사이의 간격으로 가장 적당한 것은?

① 0.1~0.3mm　② 0.4~1mm
③ 1.5~2mm　　④ 4~5mm

---

25. ③　26. ④　27. ④　28. ④　29. ③

30 스카핑 작업에서 냉간재의 스카핑 속도로 가장 적합한 것은?

① 1~3m/min
② 5~7m/min
③ 10~15m/min
④ 20~25m/min

31 AW-300, 무부하 전압 80V, 아크 전압 20V인 교류용접기를 사용할 때, 다음 중 역률과 효율을 올바르게 계산한 것은? (단, 내부손실을 4kW라 한다.)

① 역률 : 80.0%, 효율 : 20.6%
② 역률 : 20.6%, 효율 : 80.0%
③ 역률 : 60.0%, 효율 : 41.7%
④ 역률 : 41.7%, 효율 : 60.0%

> **해설**
> • 역률=소비전력/전원입력, 효율=아크출력/소비전력이다.
> • 소비전력=부하전압×정격 2차 전류+내부 손실
> • 전원입력=무부하전압×정격 2차 전류
> • 아크출력=부하전압×정격 2차 전류
> • 역률=20V×300A+4kW/80V×300A
>   =6+4/24=41.7%
>   (20V×300A은 6,000W이다. 이를 kW로 환산하면 6kW가 되며, 80×300은 24,000W이므로 24kW가 된다.)
> • 효율=20V×300A/20V×300A+4kW
>   =6/10=60%

32 가스 용접에서 후진법에 대한 설명으로 틀린 것은?

① 전진법에 비해 용접변형이 작고 용접속도가 빠르다.
② 전진법에 비해 두꺼운 판의 용접에 적합하다.
③ 전진법에 비해 열 이용률이 좋다.
④ 전진법에 비해 산화의 정도가 심하고 용착금속 조직이 거칠다.

33 피복아크용접에 관한 사항으로 아래 그림의 ( )에 들어가야 할 용어는?

① 용락부
② 용융지
③ 용입부
④ 열영향부

34 용접봉에서 모재로 용융금속이 옮겨가는 이행형식이 아닌 것은?

① 단락형
② 글로뷸러형
③ 스프레이형
④ 철심형

> **해설** 용적이행의 종류
> ① 단락형 : 용적이 용융지에 접촉하여 단락되고 표면장력의 작용으로 모재에 옮겨가면서 용착되는 형태로 비피복 용접봉 사용 시 나타난다.
> ② 스프레이형 : 피복제의 일부가 가스화하여 가스를 뿜어냄으로써 미세한 용적이 스프레이와 같이 날려 모재로 이행하는 형식으로 일미나이트를 비롯한 피복용접 시 나타난다.
> ③ 글로뷸러형 : 비교적 큰 용적이 단락되지 않고 옮겨가는 형식이며, 서브머지드 아크용접과 같이 대전류사용 시에 나타나며 일명 핀치효과형이라 한다.

35 직류 아크용접에서 용접봉의 용융이 늦고, 모재의 용입이 깊어지는 극성은?

① 직류정극성
② 직류역극성

정답
30. ② 31. ④ 32. ④ 33. ④ 34. ④ 35. ①

③ 용극성   ④ 비용극성

해설 직류정극성(DCSP)과 직류역극성(DCRP)의 비교

직류정극성(DCSP)	직류역극성(DCRP)
모재의 용입이 깊다.	모재의 용입이 얕다.
용접봉의 녹음이 느리다.	용접봉의 녹음이 빠르다.
비드 폭이 좁다.	비드 폭이 넓다.
일반적으로 많이 사용된다.	박판, 주철, 비철금속의 용접에 사용된다.
열분배 : 모재(+) : 70%, 용접봉(-) 30%	열분배 : 모재(-) : 30%, 용접봉(+) 70%

36 아세틸렌 가스의 성질로 틀린 것은?
① 순수한 아세틸렌가스는 무색무취이다.
② 금, 백금, 수은 등을 포함한 모든 원소와 화합 시 산화물을 만든다.
③ 각종 액체에 잘 용해되며, 물에는 1배, 알코올에는 6배 용해된다.
④ 산소와 적당히 혼합하여 연소시키면 높은 열을 발생한다.

해설 아세틸렌 가스는 구리 또는 구리 합금(62% 이상 구리), 은, 수은 등과 접촉하면 이들과 화합하여 120℃ 부근에서 폭발성이 있는 화합물을 형성한다.

37 아크용접기에서 부하전류가 증가하여도 단자전압이 거의 일정하게 되는 특성은?
① 절연 특성   ② 수하 특성
③ 정전압 특성   ④ 보존 특성

38 피복제 중에 산화티탄을 약 35% 정도 포함하였고 슬래그의 박리성이 좋아 비드의 표면이 고우며 작업성이 우수한 특징을 지닌 연강용 피복아크용접봉은?

① E4301   ② E4311
③ E4313   ④ E4316

해설
• 일미나이트계(E4301) : 일미나이트(TiO_2・FeO)를 30% 이상 함유한 용접봉으로 작업성과 용접성이 우수하다.
• 고셀룰로오스계(E4311) : 셀룰로오스(유기물)를 20~30% 정도 포함하고 있는 용접봉으로 피복이 얇고 슬래그가 적어 좁은 홈 용접, 수직 상진, 하진, 위보기용접에서 우수한 작업성을 나타낸다.
• 저수소계(E4316) : 석회석과 형석이 주성분이며, 수소함유량이 타 용접봉의 1/10 정도로 작업성은 매우 불량하나 용착금속의 기계적 성질, 내마모성, 내균열성이 우수하다.

39 상률(Phase Rule)과 무관한 인자는?
① 자유도   ② 원소 종류
③ 상의 수   ④ 성분 수

해설 자유도(F)=성분수(n)+2-상의 수(P)

40 공석조성을 0.80% C라고 하면, 0.2% C 강의 상온에서의 초석페라이트와 펄라이트의 비는 약 몇 %인가?
① 초석페라이트 75% : 펄라이트 25%
② 초석페라이트 25% : 펄라이트 75%
③ 초석페라이트 80% : 펄라이트 20%
④ 초석페라이트 20% : 펄라이트 80%

41 금속의 물리적 성질에서 자성에 관한 설명 중 틀린 것은?
① 연철(鍊鐵)은 잔류자기는 작으나 보자력이 크다.
② 영구자석재료는 쉽게 자기를 소실하지 않는 것이 좋다.

정답
36. ② 37. ③ 38. ③ 39. ② 40. ① 41. ①

③ 금속을 자석에 접근시킬 때 금속에 자석의 극과 반대의 극이 생기는 금속을 상자성체라 한다.
④ 자기장의 강도가 증가하면 자화되는 강도도 증가하나 어느 정도 진행되면 포화점에 이르는 이 점을 퀴리점이라 한다.

42 다음 중 탄소강의 표준 조직이 아닌 것은?
① 페라이트   ② 펄라이트
③ 시멘타이트 ④ 마텐자이트

　해설　**마텐자이트**
강을 담금질 열처리 시 발생하는 담금질 조직이다.

43 주요성분이 Ni-Fe 합금인 불변강의 종류가 아닌 것은?
① 인바   ② 모넬메탈
③ 엘린바   ④ 플래티나이트

　해설　**모넬메탈**
니켈합금의 하나로 니켈 60~70%와 구리, 철, 망간, 규소가 들어 있는 합금으로 내식성이 커서 각종 산(酸)의 용기, 염색기계, 화학공업용 펌프, 터빈의 날개 등에 쓰인다.

44 탄소강 중에 함유된 규소의 일반적인 영향 중 틀린 것은?
① 경도의 상승
② 연신율의 감소
③ 용접성의 저하
④ 충격값의 증가

45 다음 중 이온화 경향이 가장 큰 것은?
① Cr   ② K
③ Sn   ④ H

　해설　**이온화 경향**
금속이 액체, 특히 물과 만났을 때 양이온이 되고자 하는 경향으로 "이온화 경향이 크다"라는 것은 "산화되기 쉽다."라는 것과 일치한다. 이온화 경향이 큰 금속의 순서는 K>Ca>Na>Mg>Zn>Fe>Co>Pb 순이다.

46 실온까지 온도를 내려 다른 형상으로 변형시켰다가 다시 온도를 상승시키면 어느 일정한 온도 이상에서 원래의 형상으로 변화하는 합금은?
① 제진합금   ② 방진합금
③ 비정질합금 ④ 형상기억합금

　해설　
• 제진재료(제진합금) : 제진 재료란 "두드려도 소리가 나지 않는 재료"라는 뜻으로 기계 장치나 차량 등에 접착되어 진동과 소음을 제어하기 위한 재료를 말한다.
• 방진합금 : 구조 재료로 사용될 수 있는 강도와 인성을 지니고, 진동의 감쇠능이 커서 방진·방음의 구실을 하는 합금으로 복합형, 강자성형, 쌍정형, 전위형 등 네 종류가 있다.
• 비정질합금 : 금속에 열을 가하여 액체 상태로 한 후에 고속으로 급랭하면 원자가 규칙적으로 배열되지 못하고 액체 상태로 응고되어 생기는 고체 금속을 말한다.

47 금속에 대한 설명으로 틀린 것은?
① 리튬(Li)은 물보다 가볍다.
② 고체 상태에서 결정구조를 가진다.
③ 텅스텐(W)은 이리듐(Ir)보다 비중이 크다.
④ 일반적으로 용융점이 높은 금속은 비중도 큰 편이다.

　해설　텅스텐의 비중은 19.1이고 이리듐은 22.4로 금속 중 비중이 가장 크다.

정답 42. ④ 43. ② 44. ④ 45. ② 46. ④ 47. ③

48 고강도 Al 합금으로 조성이 Al-Cu-Mg-Mn 인 합금은?

① 라우탈
② Y-합금
③ 두랄루민
④ 하이드로날륨

해설
• 라우탈 : Al+Cu+Si계 합금
• Y합금 : Al+Cu+Mg+Ni계 합금
• 하이드로날륨 : Al+Mg계

49 7 : 3 황동에 1% 내외의 Sn을 첨가하여 열 교환기, 증발기 등에 사용되는 합금은?

① 코르슨 황동
② 네이벌 황동
③ 애드미럴티 황동
④ 에버듀어 메탈

해설
• 코르슨 합금 : Ni 3~4%, Si 0.8~1.0% 의 Cu 합금
• 네이벌 황동 : 6 : 4 황동에 Sn을 1% 첨가한 황동
• 에버듀어 메탈 : Si(3~4%)+Mn(1~1.2%) 의 Cu 합금

50 구리에 5~20% Zn을 첨가한 황동으로, 강도는 낮으나 전연성이 좋고 색깔이 금색 에 가까워, 모조금이나 판 및 선 등에 사용 되는 것은?

① 톰백
② 켈밋
③ 포금
④ 문쯔메탈

해설
• 켈밋 : Cu+Pb(30~40%)을 첨가한 청동
• 포금 : Cu+Sn(8~12%)+Zn(1~2%)을 첨가한 청동
• 문쯔메탈 : Cu+아연 40% 내외의 6 : 4 황동

51 열간 성형 리벳의 종류별 호칭길이(L)를 표시한 것 중 잘못 표시된 것은?

①
②
③
④

해설
① 둥근머리 리벳
② 둥근납작머리 리벳
③ 납작머리 리벳
④ 접시머리 리벳으로 호칭길이는 리벳 전체의 길이로 표시한다.

52 다음 중 배관용 탄소강관의 재질기호는?

① SPA
② STK
③ SPP
④ STS

53 그림과 같은 KS 용접 보조기호의 설명으로 옳은 것은?

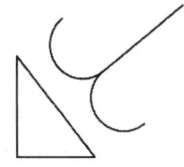

① 필릿 용접부 토우를 매끄럽게 함
② 필릿 용접 중앙부를 볼록하게 다듬질
③ 필릿 용접 끝단부에 영구적인 덮개판을 사용
④ 필릿 용접 중앙부에 제거 가능한 덮개판을 사용

54 그림과 같은 경 ㄷ 형강의 치수 기입 방법으로 옳은 것은? (단, L은 형강의 길이를 나타낸다.)

정답 48. ③ 49. ③ 50. ① 51. ④ 52. ③ 53. ① 54. ②

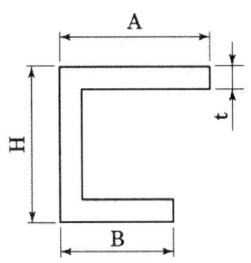

① ⊏ A×B×H×t - L
② ⊏ H×A×B×t - L
③ ⊏ B×A×H×t - L
④ ⊏ H×B×A×L - t

55 도면에서 반드시 표제란에 기입해야 하는 항목으로 틀린 것은?
① 재질　　② 척도
③ 투상법　　④ 도명

56 선의 종류와 명칭이 잘못된 것은?
① 가는 실선 - 해칭선
② 굵은 실선 - 숨은선
③ 가는 2점 쇄선 - 가상선
④ 가는 1점 쇄선 - 피치선

　해설) • 굵은 실선 : 외형선
　　　　• 가는 파선 또는 굵은 파선 : 숨은선

57 그림과 같은 입체도에서 화살표 방향을 정면으로 할 때 평면도로 가장 적합한 것은?

① 　　②

③ 　　④

58 도면의 밸브 표시방법에서 안전밸브에 해당하는 것은?
① 　　②
③ 　　④

　해설) ① : 체크밸브
　　　　② : 밸브 일반

59 제1각법과 제3각법에 대한 설명 중 틀린 것은?
① 제3각법은 평면도를 정면도의 위에 그린다.
② 제1각법은 저면도를 정면도의 아래에 그린다.
③ 제3각법의 원리는 눈 → 투상면 → 물체의 순서가 된다.
④ 제1각법에서 우측면도는 정면도를 기준으로 본 위치와는 반대쪽인 좌측에 그려진다.

　해설) 제1각법은 눈→물체→투상으로 저면도는 정면도의 위에 위치하고, 평면도가 정면도의 아래에 위치한다.

60 일반적으로 치수선을 표시할 때, 치수선 양 끝에 치수가 끝나는 부분임을 나타내는 형상으로 사용하는 것이 아닌 것은?
① 　　②
③ 　　④

정답
55. ①　56. ②　57. ①　58. ③　59. ②　60. ④

2015년 제4회 과년도출제문제 특수용접기능사

01 맴돌이 전류를 이용하여 용접부를 비파괴 검사하는 방법으로 옳은 것은?
① 자분 탐상 검사
② 와류 탐상 검사
③ 침투 탐상 검사
④ 초음파 탐상 검사

해설
- 자분탐상검사 : 강자성체 재료에 사용하는 방법으로 시험체를 자화시켜 자속의 흐름으로 결함 여부를 검사하는 방법이다.
- 침투탐상검사 : 용접부 표면을 깨끗이 한 다음 침투제를 이용해 용접부 표면의 결함 등을 검사하는 방법으로 자기탐상검사가 되지 않는 재료에 주로 사용한다.
- 초음파탐상검사 : 물체 속에 전달되는 초음파를 이용하여 재료내부의 결함을 검사하는 방법이다.

02 레이저 용접의 특징으로 틀린 것은?
① 루비 레이저와 가스 레이저의 두 종류가 있다.
② 광선이 용접의 열원이다.
③ 열 영향 범위가 넓다.
④ 가스 레이저로는 주로 CO_2가스 레이저가 사용된다.

03 다음 용접 이음부 중에서 냉각속도가 가장 빠른 이음은?
① 맞대기 이음　② 변두리 이음
③ 모서리 이음　④ 필릿 이음

해설 필릿 이음의 열전달 방향은 3방향으로 전달되기 때문에 맞대기 이음이나 모서리 이음, 변두리 이음에 비해 냉각속도가 빠르다.

04 점용접에서 용접점이 앵글재와 같이 용접위치가 나쁠 때, 보통 팁으로는 용접이 어려운 경우에 사용하는 전극의 종류는?
① P형 팁　　② E형 팁
③ R형 팁　　④ F형 팁

05 용접부의 균열 발생의 원인 중 틀린 것은?
① 이음의 강성이 큰 경우
② 부적당한 용접 봉 사용 시
③ 용접부의 서냉
④ 용접전류 및 속도 과대

해설 용접부를 급랭시킬 경우 균열 발생의 원인이 된다.

06 다음 중 연납땜(Sn+Pb)의 최저 용융 온도는 몇 ℃인가?
① 327℃　　② 250℃
③ 232℃　　④ 183℃

07 공기보다 약간 무거우며 무색, 무미, 무취의 독성이 없는 불활성 가스로 용접부의 보호능력이 우수한 가스는?
① 아르곤　　② 질소

정답
1. ②　2. ③　3. ④　4. ②　5. ③　6. ④　7. ①

③ 산소　　　　④ 수소

08 용융 슬래그와 용융금속이 용접부로부터 유출되지 않게 모재의 양측에 수냉식 동판을 대어 용융 슬래그 속에서 전극 와이어를 연속적으로 공급하여 주로 용융 슬래그의 저항열로 와이어와 모재 용접부를 용융시키는 것으로 연속 주조형식의 단층용접법은?

① 일렉트로 슬래그 용접
② 논 가스 아크용접
③ 그래비티 용접
④ 테르밋 용접

> **해설**
> - 논 가스 아크용접 : 보호가스의 공급 없이 와이어 자체에서 발생하는 가스에 의해 용접부를 보호하면서 용접되는 반자동식 및 전자동용접이다.
> - 그래비티 용접 : 비교적 긴 용접봉이 용융함에 따라서 막대 지지부가 중력에 의해 비스듬하게 서서히 하강하면서 막대가 용접선을 따라서 이동하며 행해지는 용접이다.
> - 테르밋 용접 : 미세한 알루미늄 분말과 산화철 분말을 3~4 : 1의 중량비로 혼합한 테르밋제에 과산화바륨과 마그네슘 분말을 혼합한 점화 촉진제를 넣어 연소시켜서 용융금속을 용접부에 유입시켜 용접하는 방법으로 철도 레일 등의 용접에 이용된다.

09 다음 중 플라즈마 아크용접의 장점이 아닌 것은?

① 용접속도가 빠르다.
② 1층으로 용접할 수 있으므로 능률적이다.
③ 무부하 전압이 높다.
④ 각종 재료의 용접이 가능하다.

10 인장강도가 750MPa인 용접 구조물의 안전율은? (단, 허용응력은 250MPa이다.)

① 3　　　　② 5
③ 8　　　　④ 12

11 비소모성 전극봉을 사용하는 용접법은?

① MIG 용접
② TIG 용접
③ 피복아크용접
④ 서브머지드 아크용접

12 CO_2 용접 시 저전류 영역에서의 가스유량으로 가장 적당한 것은?

① 5~10l/min　　② 10~15l/min
③ 15~20l/min　　④ 20~25l/min

> **해설** 고전류영역에서는 15~20리터/min이다.

13 MIG 용접 시 와이어 송급방식의 종류가 아닌 것은?

① 풀(pull)방식
② 푸시(push)방식
③ 푸시언더(push-under)방식
④ 푸시풀(push-pull)방식

14 연납땜의 용제가 아닌 것은?

① 붕산　　　　② 염화아연
③ 인산　　　　④ 염화암모늄

> **해설** 경납용 용제
> 붕사, 붕산, 붕산염, 불화물, 알칼리

15 화재 및 폭발의 방지 조치로 틀린 것은?

① 대기 중에 가연성 가스를 방출시키지

8. ①　9. ③　10. ①　11. ②　12. ②　13. ③　14. ①　15. ④

말 것

② 필요한 곳에 화재 진화를 위한 방화설비를 설치할 것

③ 배관에서 가연성 증기의 누출 여부를 철저히 점검할 것

④ 용접작업 부근에 점화원을 둘 것

16 CO_2 용접에서 발생되는 일산화탄소와 산소 등의 가스를 제거하기 위해 사용되는 탈산제는?

① Mn ② Ni
③ W   ④ Cu

17 용접부의 연성 결함을 조사하기 위하여 사용되는 시험은?

① 인장시험 ② 경도시험
③ 피로시험 ④ 굽힘시험

18 다음 중 표준 홈 용접에 있어 한쪽에서 용접으로 완전 용입을 얻고자 할 때 V형 홈 이음의 판 두께로 가장 적합한 것은?

① 1~10mm   ② 5~15mm
③ 20~30mm ④ 35~50mm

19 예열 방법 중 국부 예열의 가열 범위는 용접선 양쪽에 몇 mm 정도로 하는 것이 가장 적합한가?

① 0~50mm   ② 50~100mm
③ 100~150mm ④ 150~200mm

20 용접작업의 경비를 절감시키기 위한 유의사항으로 틀린 것은?

① 용접봉의 적절한 선정
② 용접사의 작업 능률의 향상
③ 용접지그를 사용하여 위보기 자세의 시공
④ 고정구를 사용하여 능률 향상

해설 용접자세는 가능한 한 아래보기 자세로 용접하는 것이 가장 능률적이다.

21 용접부의 결함은 치수상 결함, 구조상 결함, 성질상 결함으로 구분한다. 구조상 결함들로만 구성된 것은?

① 기공, 변형, 치수 불량
② 기공, 용입 불량, 용접 균열
③ 언더컷, 연성 부족, 표면 결함
④ 표면 결함, 내식성 불량, 융합 불량

해설
- 성질상 결함 : 기계적 성질(강도·경도 변화, 연성 부족 등), 화학적 성질(화학성분 부적당 등)
- 치수상 결함 : 변형, 용접부 크기의 변화, 용접부 형상의 변화
- 구조상 결함 : 기공, 슬래그 섞임, 용입 불량, 언더컷, 오버랩, 균열, 융합 불량

22 용접부 비파괴 검사법인 초음파 탐상법의 종류가 아닌 것은?

① 투과법   ② 펄스 반사법
③ 형광 탐상법 ④ 공진법

23 다음 중 가스 절단 시 예열 불꽃이 강할 때 생기는 현상이 아닌 것은?

① 드래그가 증가한다.
② 절단면이 거칠어진다.
③ 모서리가 용융되어 둥글게 된다.
④ 슬래그 중의 철 성분의 박리가 어려워

정답 16. ① 17. ④ 18. ② 19. ② 20. ③ 21. ② 22. ③ 23. ①

진다.

24 수중절단 작업 시 절단 산소의 압력은 공기 중에서의 몇 배 정도로 하는가?
① 1.5~2배   ② 3~4배
③ 5~6배   ④ 8~10배

25 다음 중 피복제의 역할이 아닌 것은?
① 스패터의 발생을 많게 한다.
② 중성 또는 환원성 분위기를 만들어 질화, 산화 등의 해를 방지한다.
③ 용착금속의 탈산 정련 작용을 한다.
④ 아크를 안정하게 한다.

26 가스용접 토치 취급상 주의 사항이 아닌 것은?
① 토치를 망치나 갈고리 대용으로 사용하여서는 안 된다.
② 점화되어 있는 토치를 아무 곳에나 함부로 방치하지 않는다.
③ 팁 및 토치를 작업장 바닥이나 흙 속에 함부로 방치하지 않는다.
④ 작업 중 역류나 역화 발생 시 산소의 압력을 높여서 예방한다.

27 피복아크용접에서 아크 쏠림 방지대책이 아닌 것은?
① 접지점을 될 수 있는 대로 용접부에서 멀리할 것
② 용접봉 끝을 아크쏠림 방향으로 기울일 것
③ 접지점 2개를 연결할 것
④ 직류용접으로 하지 말고 교류용접으로 할 것

28 산소병의 내용적이 40.7리터인 용기에 압력이 100kgf/cm^{2}로 충전되어 있다면 프랑스식 팁 100번을 사용하여 표준불꽃으로 약 몇 시간까지 용접이 가능한가?
① 16시간   ② 22시간
③ 31시간   ④ 41시간

해설) 산소의 양 : 40.7×100=4070리터이다. 중성불꽃으로 100번 팁을 사용할 경우 한 시간에 100리터의 산소가 소모되므로 4070/100=약 41시간이 된다.

29 교류 아크용접기 종류 중 코일의 감긴 수에 따라 전류를 조정하는 것은?
① 탭전환형   ② 가동철심형
③ 가동코일형   ④ 가포화 리액터형

해설) • 가동철심형 : 철심을 움직여 누설자속의 크기에 따라 전류를 조정
• 가동코일형 : 코일과 코일 사이의 간격을 조정해서 전류를 조정
• 가포화리액터형 : 가변저항을 변화시켜 전류를 조정하는 방법으로 원격조정이 가능하다.

30 다음 중 가스 용접에서 용제를 사용하는 주된 이유로 적합하지 않은 것은?
① 재료표면의 산화물을 제거한다.
② 용융금속의 산화·질화를 감소하게 한다.
③ 청정작용으로 용착을 돕는다.
④ 용접봉 심선의 유해성분을 제거한다.

31 용접봉을 여러 가지 방법으로 움직여 비드

24. ① 25. ① 26. ④ 27. ② 28. ④ 29. ① 30. ④ 31. ②

를 형성하는 것을 운봉법이라 하는데, 위빙 비드 운봉 폭은 심선지름의 몇 배가 적당한가?

① 0.5~1.5배 ② 2~3배
③ 4~5배 ④ 6~7배

32 직류아크용접에서 정극성(DCSP)에 대한 설명으로 옳은 것은?

① 용접봉의 녹음이 느리다.
② 용입이 얕다.
③ 비드 폭이 넓다.
④ 모재를 음극(-)에 용접봉을 양극(+)에 연결한다.

해설 직류정극성(DCSP)과 직류역극성(DCRP)의 비교

직류정극성(DCSP)	직류역극성(DCRP)
모재의 용입이 깊다.	모재의 용입이 얕다.
용접봉의 녹음이 느리다.	용접봉의 녹음이 빠르다.
비드 폭이 좁다.	비드 폭이 넓다.
일반적으로 많이 사용된다.	박판, 주철, 비철금속의 용접에 사용된다.
열분배 : 모재(+) : 70%, 용접봉(-) 30%	열분배 : 모재(-) : 30%, 용접봉(+) 70%

33 용접기의 특성 중 부하전류가 증가하면 단자전압이 저하되는 특성은?

① 수하 특성 ② 동전류 특성
③ 정전압 특성 ④ 상승 특성

해설
• 상승특성 : 부하전류가 증가하면 단자전압이 약간 증가하는 특성
• 정전압 특성 : 부하전류가 증가하여도 단자전압은 거의 변하지 않는 특성으로 CP 특성이라고도 함
• 정전류 특성 : 아크 길이에 따라 전압이 변화하여도 전류가 거의 변하지 않는 특성

34 프로판(C_3H_8)의 성질을 설명한 것으로 틀린 것은?

① 상온에서는 기체 상태이다.
② 쉽게 기화하며 발열량이 높다.
③ 액화하기 쉽고 용기에 넣어 수송이 편리하다.
④ 온도변화에 따른 팽창률이 작다.

35 용접기의 사용률이 40%일 때, 아크 발생시간과 휴식시간의 합이 10분이면 아크 발생시간은?

① 2분 ② 4분
③ 6분 ④ 8분

36 보기와 같이 연강용 피복아크용접봉을 표시하였다. 설명으로 틀린 것은?

(보기) E 4 3 1 6

① E : 전기 용접봉
② 43 : 용착 금속의 최저 인장강도
③ 16 : 피복제의 계통 표시
④ E4316 : 일미나이트계

해설 E4316 : 저수소계 용접봉이다.

37 가스 절단에서 고속 분출을 얻는 데 가장 적합한 다이버전트 노즐은 보통의 팁에 비하여 산소 소비량이 같을 때 절단 속도를 몇 % 정도 증가시킬 수 있는가?

① 5~10% ② 10~15%
③ 20~25% ④ 30~35%

38 다음 중 용접기의 특성에 있어 수하특성의 역할로 가장 적합한 것은?

정답
32. ① 33. ① 34. ④ 35. ② 36. ④ 37. ③ 38. ②

① 열량의 증가
② 아크의 안정
③ 아크전압의 상승
④ 개로전압의 증가

39 물과 얼음의 상태도에서 자유도가 "0(zero)"일 경우 몇 개의 상이 공존하는가?
① 0　　② 1
③ 2　　④ 3

해설) F=n+2-P이다.
(F : 자유도, n : 성분 수, P : 상의 수).
그러므로 P=n+2-F이다.
여기에서 자유도(F)=0이므로 상의 수는 3이다. (n은 성분을 말하는 것으로 물과 얼음은 물로서 1성분이며, 만약 소금물이라 하면 이것은 소금+물로 이루어진 2성분계이다.)

40 강의 표면 경화 방법 중 화학적 방법이 아닌 것은?
① 침탄법　　② 질화법
③ 침탄질화법　　④ 화염경화법

해설)
• 화학적 금속경화법 : 침탄법, 질화법, 시안화법(청화법), 금속침투법
• 물리적 금속경화법 : 고주파경화법, 하드페이싱, 화염경화법, 숏 피닝

41 다음 중 비중이 가장 작은 것은?
① 청동　　② 주철
③ 탄소강　　④ 알루미늄

해설)
• 청동의 비중 : 구리(비중 : 8.9)를 주금속으로 하므로 비중이 높은 중금속에 속하며 주석의 양에 따라 약간씩 변화한다.
• 주철의 비중 : 7.1~7.7 정도, 탄소강의 비중 : 7.8 내외, 알루미늄 : 2.7

42 Mg-희토류계 합금에서 희토류 원소를 첨가할 때 미시메탈(Misch-metal)의 형태로 첨가한다. 미시메탈에서 세륨(Ce)을 제외한 합금 원소를 첨가한 합금의 명칭은?
① 탈타늄　　② 디디뮴
③ 오스뮴　　④ 갈바늄

43 강에 인(P)이 많이 함유되면 나타나는 결함은?
① 적열메짐　　② 연화메짐
③ 저온메짐　　④ 고온메짐

해설) 황(S) : 적열메짐(적열취성)의 원인

44 냉간가공 후 재료의 기계적 성질을 설명한 것 중 옳은 것은?
① 항복강도가 감소한다.
② 인장강도가 감소한다.
③ 경도가 감소한다.
④ 연신율이 감소한다.

해설) **냉간가공의 장점**
① 정밀한 치수가공이 가능하다.
② 결정입자가 미세화되고 표면이 미려해진다.
③ 강도, 경도, 항복점, 피로, 전기저항이 증가한다.
④ 연신율, 단면 수축률이 감소하고 표면의 산화를 방지한다.

45 게이지용 강이 갖추어야 할 성질에 대한 설명 중 틀린 것은?
① HRC 55 이하의 경도를 가져야 한다.
② 팽창계수가 보통 강보다 작아야 한다.
③ 시간이 지남에 따라 치수변화가 없어야 한다.

정답
39. ④　40. ④　41. ④　42. ②　43. ③　44. ④　45. ①

④ 담금질에 의하여 변형이나 담금질 균열이 없어야 한다.

해설 게이지용 강은 HrC(로크웰경도 C스타일) 55 이상의 경도를 가져야 한다.

46 인장 시험에서 변형량을 원표점 거리에 대한 백분율로 표시한 것은?
① 연신율
② 항복점
③ 인장 강도
④ 단면 수축률

해설
- 항복점 : 인장시험에서 하중을 제거해도 명백하게 영구변형이 시작되는 점
- 인장강도 : 하중/단면적으로 표시되는 것, 재료를 길이 방향으로 하중을 주었을 때의 강도
- 단면수축률 : 시험편의 원단면적과 변형 후의 단면적의 비율을 말한다.

47 변태 초소성의 조건과 원칙에 대한 설명 중 틀린 것은?
① 재료에 변태가 있어야 한다.
② 변태 진행 중에 작은 하중에도 변태 초소성이 된다.
③ 감도지수(m)의 값은 거의 0(zero)의 값을 갖는다.
④ 한 번의 열사이클로 상당한 초소성 변형이 발생한다.

해설 변태 초소성(transformation super plasticity)
합금에 가열과 냉각을 번갈아 주면 이것에 따라 상변태가 가열적으로 일어날 경우, 동시에 응력을 가할 때 생기는 초소성 현상

48 알루미늄에 대한 설명으로 옳지 않은 것은?
① 비중이 2.7로 낮다.
② 용융점은 1067℃이다.
③ 전기 및 열전도율이 우수하다.
④ 고강도 합금으로 두랄루민이 있다.

해설 알루미늄의 용융점은 660℃이다.

49 금속간 화합물에 대한 설명으로 옳은 것은?
① 자유도가 5인 상태의 물질이다.
② 금속과 비금속 사이의 혼합 물질이다.
③ 금속이 공기 중의 산소와 화합하여 부식이 일어난 물질이다.
④ 두 가지 이상의 금속 원소가 간단한 원자비로 결합되어 있으며, 원래 원소와는 전혀 다른 성질을 갖는 물질이다.

50 황동 합금 중에서 강도는 낮으나 전연성이 좋고 금색에 가까워 모조금이나 판 및 선에 사용되는 합금은?
① 톰백(tombac)
② 7-3 황동(cartridge brass)
③ 6-4 황동(muntz metal)
④ 주석 황동(tin brass)

해설
- 7-3 황동(Cartridge brass) : 가공용 황동의 대표로서 판, 봉, 관, 선으로 쓰임
- 6-4 황동(muntz metal) : 인장강도가 커서 열교환기, 열간단조용에 사용
- 주석 황동(tin brass) : 황동에 소량의 주석을 첨가한 특수황동이다.

51 그림과 같이 상하면의 절단된 경사각이 서로 다른 원통의 전개도 형상으로 가장 적합한 것은?

정답
46. ① 47. ③ 48. ② 49. ④ 50. ① 51. ④

해설) M : 영구적인 덮개판을 사용
MR : 제거 가능한 덮개판을 사용

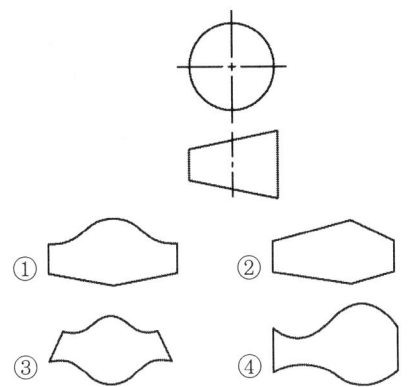

52 도면에서 2종류 이상의 선이 겹쳤을 때, 우선하는 순위를 바르게 나타낸 것은?
① 숨은선>절단선>중심선
② 중심선>숨은선>절단선
③ 절단선>중심선>숨은선
④ 무게 중심선>숨은선>절단선

53 화살표가 가리키는 용접부의 반대쪽 이음의 위치로 옳은 것은?

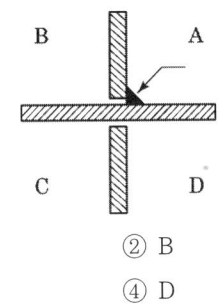

① A   ② B
③ C   ④ D

54 용접부의 보조기호에서 제거 가능한 이면 판재를 사용하는 경우의 표시 기호는?
① M   ② P
③ MR   ④ PR

55 현의 치수 기입 방법으로 옳은 것은?

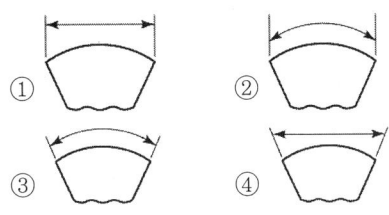

56 기계나 장치 등의 실체를 보고 프리핸드(freehand)로 그린 도면은?
① 배치도   ② 기초도
③ 조립도   ④ 스케치도

57 관용 테이퍼 나사 중 평행 암나사를 표시하는 기호는? (단, ISO 표준에 있는 기호로 한다.)
① G   ② R
③ Rc   ④ Rp

해설) G : 관용 평행나사
R : 관용테이퍼 나사, 테이퍼 수나사
Rc : 관용 테이퍼 나사, 테이퍼 암나사

58 재료기호에 대한 설명 중 틀린 것은?
① SS 400은 일반구조용 압연강재이다.
② SS 400의 400은 최고 인장강도를 의미한다.
③ SM 45C는 기계구조용 탄소강재이다.
④ SM 45C의 45C는 탄소함유량을 의미한다.

해설) SS400의 "400"은 최저 인장강도를 의미한다.

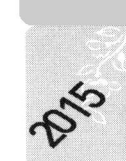

정답
52. ① 53. ② 54. ③ 55. ① 56. ④ 57. ④ 58. ②

59 보조 투상도의 설명으로 가장 적합한 것은?

① 물체의 경사면을 실제 모양으로 나타 낸 것
② 특수한 부분을 부분적으로 나타낸 것
③ 물체를 가상해서 나타낸 것
④ 물체를 90° 회전시켜서 나타낸 것

60 보기 입체도의 화살표 방향이 정면일 때 평면도로 적합한 것은?

[보기]

정답
59. ① 60. ③

2015년 제5회 과년도출제문제 용접기능사

01 초음파 탐상법의 종류에 속하지 않는 것은?
① 투과법 ② 펄스반사법
③ 공진법 ④ 극간법

해설 초음파 탐상법의 종류
- 투과법 : 시험체 속에 초음파의 연속파를 투과하여 뒷면에서 이를 수신하여 결함 여부 검사
- 펄스 반사법 : 초음파의 펄스를 시험체의 한쪽 면으로부터 송신하여 그 결함에서 반사되는 반사파의 형태로 결함 여부 판정
- 공진법 : 시험체의 한쪽 면에서 초음파의 연속파를 입사시키면 시험체 두께가 이 파 파장의 1/2 정수배에 해당할 때 공진이 일어나는데, 공진상태에서 결함의 유무나 재질, 두께 등을 측정하는 방법

02 CO_2 가스 아크용접에서 기공의 발생 원인으로 틀린 것은?
① 노즐에 스패터가 부착되어 있다.
② 노즐과 모재 사이의 거리가 짧다.
③ 모재가 오염(기름, 녹, 페인트)되어 있다.
④ CO_2 가스의 유량이 부족하다.

03 연납과 경납을 구분하는 온도는?
① 550℃ ② 450℃
③ 350℃ ④ 250℃

04 전기저항용접 중 플래시 용접 과정의 3단계를 순서대로 바르게 나타낸 것은?
① 업셋 → 플래시 → 예열
② 예열 → 업셋 → 플래시
③ 예열 → 플래시 → 업셋
④ 플래시 → 업셋 → 예열

05 용접작업 중 지켜야 할 안전사항으로 틀린 것은?
① 보호 장구를 반드시 착용하고 작업한다.
② 훼손된 케이블은 사용 후에 보수한다.
③ 도장된 탱크 안에서의 용접은 충분히 환기시킨 후 작업한다.
④ 전격 방지기가 설치된 용접기를 사용한다.

06 전격의 방지대책으로 적합하지 않은 것은?
① 용접기의 내부는 수시로 열어서 점검하거나 청소한다.
② 홀더나 용접봉은 절대로 맨손으로 취급하지 않는다.
③ 절연 홀더의 절연부분이 파손되면 즉시 보수하거나 교체한다.
④ 땀, 물 등에 의해 습기찬 작업복, 장갑, 구두 등은 착용하지 않는다.

07 용접 홈 이음 형태 U형은 루트 반지름을 가능한 한 크게 만드는데 그 이유로 가장

정답
1. ④ 2. ② 3. ② 4. ③ 5. ② 6. ① 7. ③

알맞은 것은?
① 큰 개선각도 ② 많은 용착량
③ 충분한 용입 ④ 큰 변형량

08 다음 중 용접 후 잔류응력완화법에 해당하지 않는 것은?
① 기계적 응력완화법
② 저온응력완화법
③ 피닝법
④ 화염경화법

> **해설** 용접 후 잔류응력완화법의 종류
> ① 노 내 풀림법 : 제품 전체를 가열로 안에 넣고 적당한 온도에서 일정 시간 유지한 다음 노 내에서 서냉시킴으로써 잔류응력을 제거하는 방법
> ② 국부 풀림법 : 노 내 풀림이 어려운 제품의 경우에 사용하는 방법으로 용접선의 좌우 양측을 각각 250mm의 범위 혹은 판 두께의 12배 이상의 범위를 가스 불꽃으로 노 내 풀림과 같은 온도와 시간을 유지한 후 서냉시킨다.
> ③ 저온응력완화법 : 용접선 양측을 일정 속도로 이동하는 가스 불꽃에 의해 너비 약 150mm를 150~200℃로 가열한 다음 수냉하는 방법
> ④ 기계적 응력완화법 : 잔류응력이 있는 제품에 하중을 주어 용접부에 약간의 소성 변형을 일으킨 다음 하중을 제거해서 응력을 제거하는 방법
> ⑤ 피닝법 : 끝이 구면인 해머로 용접부를 연속적으로 두드려서 응력을 제거하는 방법

09 용접 지그나 고정구의 선택 기준 설명 중 틀린 것은?
① 용접하고자 하는 물체의 크기를 튼튼하게 고정시킬 수 있는 크기와 강성이 있어야 한다.
② 용접 응력을 최소화할 수 있도록 변형이 자유스럽게 일어날 수 있는 구조이어야 한다.
③ 피용접물의 고정과 분해가 쉬워야 한다.
④ 용접간극을 적당히 받쳐주는 구조이어야 한다.

> **해설** 지그나 고정구는 용접 중 발생하는 변형을 방지하기 위해 사용하는 도구이다.

10 다음 중 CO_2 가스 아크용접의 장점으로 틀린 것은?
① 용착 금속의 기계적 성질이 우수하다.
② 슬래그 혼입이 없고, 용접 후 처리가 간단하다.
③ 전류밀도가 높아 용입이 깊고, 용접 속도가 빠르다.
④ 풍속 2m/s 이상의 바람에도 영향을 받지 않는다.

> **해설** 2m/sec 이상의 바람이 불면 결함 발생을 방지하기 위해 방풍대책이 필요하다.

11 다음 중 용접 작업 전 예열을 하는 목적으로 틀린 것은?
① 용접 작업성의 향상을 위하여
② 용접부의 수축 변형 및 잔류 응력을 경감시키기 위하여
③ 용접금속 및 열 영향부의 연성 또는 인성을 향상시키기 위하여
④ 고탄소강이나 합금강의 열 영향부 경도를 높게 하기 위하여

12 다음 중 다층 용접 시 적용하는 용착법이

정답
8. ④ 9. ② 10. ④ 11. ④ 12. ③

아닌 것은?

① 빌드업법　② 캐스케이드법
③ 스킵법　　④ 전진블록법

해설 다층 쌓기의 종류
- 빌드업법 : 각 층마다 전체길이를 쌓아 올리는 방법으로 가장 일반적이다.
- 캐스케이드법 : 한 부분의 몇 층을 용접 하다가 이것을 다음 부분의 층으로 연속 시켜 전체가 계단형태로 단계를 이루도록 용착시켜 나가는 방법
- 전진블록법 : 한 개의 용접봉으로 살을 붙일 만한 길이로 구분해서, 홈을 한 부분씩 여러 층으로 쌓아 올린 다음, 다른 부분으로 진행하는 방법이다.

(a) 덧살 올림법

(b) 캐스케이드법

(c) 전진 블록법(용접중심선 단면도)

13 다음 중 용접자세 기호로 틀린 것은?

① F　　② V
③ H　　④ OS

해설
- F : 아래보기 자세
- V : 수직 자세
- H : 수평 자세
- O : 위보기 자세

14 피복아크용접 시 지켜야 할 유의사항으로 적합하지 않은 것은?

① 작업 시 전류는 적정하게 조절하고 정리정돈을 잘하도록 한다.
② 작업을 시작하기 전에는 메인스위치를 작동시킨 후에 용접기 스위치를 작동시킨다.
③ 작업이 끝나면 항상 메인스위치를 먼저 끈 후에 용접기 스위치를 꺼야 한다.
④ 아크 발생 시 항상 안전에 신경을 쓰도록 한다.

해설 용접 시작 전에는 메인스위치를 켠 후 용접기 스위치를 켜고 용접이 끝난 후에는 용접 시작 전과는 역순으로 한다. 즉, 용접기 스위치를 끄고 메인 스위치를 끈다.

15 자동화 용접장치의 구성요소가 아닌 것은?

① 고주파 발생장치
② 칼럼
③ 트랙
④ 갠트리

16 주철용접 시 주의사항으로 옳은 것은?

① 용접 전류는 약간 높게 하고 운봉하여 곡선비드를 배치하며 용입을 깊게 한다.
② 가스 용접 시 중성불꽃 또는 산화불꽃을 사용하고 용제는 사용하지 않는다.
③ 냉각되어 있을 때 피닝작업을 하여 변형을 줄이는 것이 좋다.
④ 용접봉의 지름은 가는 것을 사용하고, 비드의 배치는 짧게 하는 것이 좋다.

해설 주철용접 시 주의 사항
① 보수 용접을 행하는 경우는 본 바닥이 나타날 때까지 잘 깎아낸 후 용접한다.
② 균열의 보수는 균열의 진행을 방지하기

정답
13. ④　14. ③　15. ①　16. ④

위해 균열의 끝에 정지구멍(stop hole)을 뚫는다.
③ 용접전류는 필요 이상 높이지 말고 직선비드를 배치하고 용입은 깊게 하지 않는다.
④ 용접봉은 될 수 있는 한 지름이 가는 것을 사용하고 비드 배치는 짧게 여러 번 조작해서 완료한다.
⑤ 가열되어 있을 때 피닝 작업을 하여 변형을 줄이는 것이 좋다.
⑥ 큰 물건, 두께가 서로 다른 것, 복잡한 형상의 용접에는 예열과 후열 후 서냉한다.
⑦ 가스 용접 시는 중성 불꽃 또는 약한 탄화 불꽃를 사용하며 용제를 충분히 사용한다.

17 다음 중 테르밋 용접의 특징에 관한 설명으로 틀린 것은?
① 용접 작업이 단순하다.
② 용접기구가 간단하고, 작업장소의 이동이 쉽다.
③ 용접 시간이 길고, 용접 후 변형이 크다.
④ 전기가 필요 없다.

18 용접 진행 방향과 용착 방향이 서로 반대가 되는 방법으로 잔류 응력은 다소 적게 발생하나 작업의 능률이 떨어지는 용착법은?
① 전진법   ② 후진법
③ 대칭법   ④ 스킵법

🔍 **해설** 용착법의 종류
① 전진법 : → : 한 끝에서 다른 끝을 향해 연속적으로 진행하는 용착법
② 후진법 : ④ ③ ② ① : 용접진행 방향과 용착 방향이 서로 반대가 되는 용착법으로 잔류응력 감소효과가 있으나 작업 능률이 다소 떨어진다.
③ 대칭법 : ③ ② ① ④ : 용접부의 중앙으로부터 양끝을 향해 대칭적으로 용접해 나가는 방법으로 이음의 수축에 의한 변형이 서로 대칭이 되게 할 경우에 사용된다.
④ 비석법(스킵법) : ① ③ ② ④ : 용접 길이를 짧게 나누어 간격을 두면서 용접하는 방법으로 변형이나 잔류응력 발생을 적게 하는 용착법이다.

19 서브머지드 아크용접의 특징으로 틀린 것은?
① 콘택트 팁에서 통전되므로 와이어 중에 저항열이 적게 발생되어 고전류 사용이 가능하다.
② 아크가 보이지 않으므로 용접부의 적부를 확인하기가 곤란하다.
③ 용접 길이가 짧을 때 능률적이며 수평 및 위보기 자세 용접에 주로 이용된다.
④ 일반적으로 비드 외관이 아름답다.

🔍 **해설** 서브머지드 용접은 대부분 아래보기 자세의 자동용접으로 용접선이 길거나 직선일 때 가장 능률이 우수하다.

20 전기저항용접의 발열량을 구하는 공식으로 옳은 것은? (단, H : 발열량(cal), I : 전류(A), R : 저항(Ω), t : 시간(sec)이다.)
① $H=0.24IRt$ ② $H=0.24IR^2t$
③ $H=0.24I^2Rt$ ④ $H=0.24IRt^2$

21 비용극식, 비소모식 아크용접에 속하는 것은?
① 피복아크용접
② TIG 용접
③ 서브머지드 아크용접

정답
17. ③ 18. ② 19. ③ 20. ③ 21. ②

④ CO_2 용접

해설 비소모식(비용극식) 용접
전기를 통전시키는 전극과 모재를 접합하는 용가재가 각각 따로 필요한 용접법이다. 이에 비해 소모식(용극식) 용접은 용가재(용접봉)가 통전의 역할도 동시에 이루어지는 용접법이다.

22 TIG 용접에서 직류역극성에 대한 설명이 아닌 것은?
① 용접기의 음극에 모재를 연결한다.
② 용접기의 양극에 토치를 연결한다.
③ 비드 폭이 좁고 용입이 깊다.
④ 산화 피막을 제거하는 청정작용이 있다.

23 재료의 접합방법은 기계적 접합과 야금적 접합으로 분류하는데 야금적 접합에 속하지 않는 것은?
① 리벳   ② 용접
③ 압접   ④ 납땜

해설 • 기계적 이음 : 나사이음, 리벳이음, 심(접어잇기), 확관
• 야금적 이음 : 용접(융접, 압접, 납땜)

24 다음 중 알루미늄을 가스 용접할 때 가장 적절한 용제는?
① 붕사   ② 탄산나트륨
③ 염화나트륨 ④ 중탄산나트륨

25 다음 중 연강용 가스용접봉의 종류인 "GA43"에서 "43"이 의미하는 것은?
① 가스 용접봉
② 용착금속의 연신율 구분
③ 용착금속의 최소 인장강도 수준
④ 용착금속의 최대 인장강도 수준

해설 GA : 가스용접봉의 종류

26 일반적인 용접의 장점으로 옳은 것은?
① 재질 변형이 생긴다.
② 작업 공정이 단축된다.
③ 잔류 응력이 발생한다.
④ 품질검사가 곤란하다.

27 아크용접에서 아크쏠림 방지 대책으로 옳은 것은?
① 용접봉 끝을 아크쏠림 방향으로 기울인다.
② 접지점을 용접부에 가까이 한다.
③ 아크 길이를 길게 한다.
④ 직류용접 대신 교류용접을 사용한다.

해설 아크쏠림 방지책
① 직류용접 대신 교류용접으로 할 것
② 큰 가접부 또는 이미 용접이 끝난 용착부를 향하여 용접할 것
③ 용접부가 긴 경우에는 후퇴 용접법으로 할 것
④ 접지점을 될 수 있는 대로 용접부에서 멀리 할 것
⑤ 짧은 아크를 사용할 것
⑥ 용접봉 끝을 아크 쏠림 반대 방향으로 기울일 것
⑦ 용접이음의 처음과 끝에 엔드탭을 이용할 것

28 토치를 사용하여 용접 부분의 뒷면을 따내거나 U형, H형으로 용접 홈을 가공하는 것으로 일명 가스 파내기라고 부르는 가공법은?
① 산소창 절단   ② 선삭
③ 가스 가우징   ④ 천공

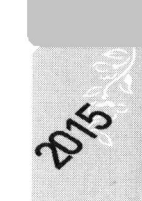
22. ③ 23. ① 24. ③ 25. ③ 26. ② 27. ④ 28. ③

29 가스절단 시 예열 불꽃이 약할 때 일어나는 현상으로 틀린 것은?

① 드래그가 증가한다.
② 절단면이 거칠어진다.
③ 역화를 일으키기 쉽다.
④ 절단속도가 느려지고, 절단이 중단되기 쉽다.

[해설] 절단 시 예열불꽃이 강할 때의 현상
① 절단면이 거칠어진다.
② 슬래그 중의 철 성분의 박리가 어려워진다.
③ 모서리가 용융되어 둥글게 된다.

30 환원가스발생 작용을 하는 피복아크용접봉의 피복제 성분은?

① 산화티탄   ② 규산나트륨
③ 탄산칼륨   ④ 당밀

31 용접작업을 하지 않을 때는 무부하 전압을 20~30V 이하로 유지하고 용접봉을 작업물에 접촉시키면 릴레이(relay)작동에 의해 전압이 높아져 용접작업이 가능하게 하는 장치는?

① 아크 부스터   ② 원격제어장치
③ 전격방지기   ④ 용접봉 홀더

[해설]
• 아크 부스터 : 아크 발생 시 용접봉이 모재와 접촉하는 순간 큰 전류를 발생시켜 아크 발생을 도와주는 장치
• 원격제어장치 : 교류아크용접에서는 전류를, 탄산가스아크용접에서는 전류+전압을 조정하는 장치로, 용접기 본체로부터 멀리 떨어져 있어도 조정이 가능하도록 한 장치이다.

32 직류아크용접기와 비교하여 교류아크용접기에 대한 설명으로 가장 올바른 것은?

① 무부하 전압이 높고 감전의 위험이 많다.
② 구조가 복잡하고 극성변화가 가능하다.
③ 자기쏠림 방지가 불가능하다.
④ 아크 안정성이 우수하다.

[해설] 직류 및 교류용접기의 비교

비교 항목	직류용접기	교류용접기
아크의 안정성	우수	약간 떨어짐
비피복봉 사용	가능	불가능
극성 변화	가능	불가능
자기쏠림 방지	불가능	가능 (거의 없음)
무부하 전압	낮다. (40~60V)	높다. (70~85V)
전격의 위험	낮다.	높다.
역률	양호	불량

33 피복아크용접에서 직류역극성(DCRP) 용접의 특징으로 옳은 것은?

① 모재의 용입이 깊다.
② 비드 폭이 좁다.
③ 봉의 용융이 느리다.
④ 박판, 주철, 고탄소강의 용접 등에 쓰인다.

[해설] 직류정극성(DCSP)과 직류역극성(DCRP)의 비교

직류정극성(DCSP)	직류역극성(DCRP)
모재의 용입이 깊다.	모재의 용입이 얕다.
용접봉의 녹음이 느리다.	용접봉의 녹음이 빠르다.
비드 폭이 좁다.	비드 폭이 넓다.
일반적으로 많이 사용된다.	박판, 주철, 비철금속의 용접에 사용된다.
열분배 : 모재(+) : 70%, 용접봉(-) 30%	열분배 : 모재(-) : 30%, 용접봉(+) 70%

정답
29. ② 30. ④ 31. ③ 32. ① 33. ④

34 다음 중 아세틸렌가스의 관으로 사용할 경우 폭발성 화합물을 생성하게 되는 것은?

① 순구리관
② 스테인리스강관
③ 알루미늄합금관
④ 탄소강관

> **해설** 아세틸렌가스는 구리 또는 구리합금(62% 이상의 구리), 은, 수은 등과 접촉하면 이들과 화합하여 120℃ 부근에서 폭발성이 있는 화합물을 생성한다.

35 가스용접 모재의 두께가 3.2mm일 때 가장 적당한 용접봉의 지름을 계산식으로 구하면 몇 mm인가?

① 1.6   ② 2.0
③ 2.6   ④ 3.2

> **해설** 가스용접봉(D)=T/2+1이므로 용접봉의 지름은 2.6mm이다.

36 가스 용접에 사용되는 가연성 가스의 종류가 아닌 것은?

① 프로판 가스
② 수소 가스
③ 아세틸렌가스
④ 산소

> **해설** 산소는 스스로 타지 못하고 타는 것을 도와주는 조연성(지연성) 가스이다.

37 피복아크용접기를 사용하여 아크 발생을 8분간 하고 2분간 쉬었다면, 용접기 사용률은 몇 %인가?

① 25   ② 40
③ 65   ④ 80

> **해설** 사용률(%)=아크발생시간/총사용시간(아크발생시간+휴식시간)×100(%)이다.

38 피복제 중에 산화티탄(TiO$_2$)을 약 35% 정도 포함한 용접봉으로서 아크는 안정되고 스패터는 적으나, 고온 균열(hot crack)을 일으키기 쉬운 결점이 있는 용접봉은?

① E4301   ② E4313
③ E4311   ④ E4316

> **해설**
> - 일미나이트계(E4301) : 일미나이트(TiO$_2$·FeO)를 30% 이상 함유한 용접봉으로 작업성과 용접성이 우수하다.
> - 고셀룰로오스계(E4311) : 셀룰로오스(유기물)를 20~30% 정도 포함하고 있는 용접봉으로 피복이 얇고 슬래그가 적어 좁은 홈 용접, 수직 상진, 하진, 위보기용접에서 우수한 작업성을 나타낸다.
> - 저수소계(E4316) : 석회석과 형석이 주성분이며, 수소함유량이 타 용접봉의 1/10 정도로 작업성은 매우 불량하나 용착금속의 기계적 성질, 내마모성, 내균열성이 우수하다.

39 알루미늄과 마그네슘의 합금으로 바닷물과 알칼리에 대한 내식성이 강하고 용접성이 매우 우수하여 주로 선박용 부품, 화학장치용 부품 등에 쓰이는 것은?

① 실루민
② 하이드로날륨
③ 알루미늄 청동
④ 애드미럴티 황동

> **해설**
> - 실루민 : 주조용 알루미늄으로 Al+Si계이며 알팩스라고도 한다.
> - 알루미늄 청동 : 구리에 알루미늄을 첨가한 Cu-Al계 합금으로 조성은 보통 Al 5~12% 정도이며 용도로는 모조금, 열교환기 등에 사용된다.

• 애드미럴티황동 : 7 : 3 황동에 약 1%의 주석을 첨가한 황동

40 열과 전기의 전도율이 가장 좋은 금속은?
① Cu   ② Al
③ Ag   ④ Au

해설 **금속의 열전도율**
Ag > Cu > Au > Al > Mg > Zn > Ni > Fe

41 섬유 강화 금속 복합 재료의 기지 금속으로 가장 많이 사용되는 것으로 비중이 약 2.7인 것은?
① Na   ② Fe
③ Al   ④ Co

42 비파괴검사가 아닌 것은?
① 자기탐상시험
② 침투탐상시험
③ 샤르피 충격시험
④ 초음파탐상시험

해설 **샤르피 충격시험**
재료의 인성과 취성을 검사하기 위한 시험법으로 파괴시험법이다.

43 주철의 유동성을 나쁘게 하는 원소는?
① Mn   ② C
③ P   ④ S

44 다음 금속 중 용융 상태에서 응고할 때 팽창하는 것은?
① Sn   ② Zn
③ Mo   ④ Bi

45 강자성체 금속에 해당되는 것은?
① Bi, Sn, Au   ② Fe, Pt, Mn
③ Ni, Fe, Co   ④ Co, Sn, Cu

46 강에서 상온 메짐(취성)의 원인이 되는 원소는?
① P   ② S
③ Mn   ④ Cu

해설 **황(S)**
고온취성(적열취성)의 원인이 되는 원소이다.

47 60% Cu - 40% Zn 황동으로 복수기용 판, 볼트, 너트 등에 사용되는 합금은?
① 톰백(Tombac)
② 길딩메탈(Gilding metal)
③ 문쯔메탈(Muntz metal)
④ 애드미럴티메탈(Admiralty metal)

해설
• 톰백 : 아연을 8~20% 함유한 황동으로 모조금 또는 미술장식주물 등에 사용한다.
• 길딩메탈 : 구리 95~97%, 아연 3~5%로 된 구리 합금. 소총탄의 뇌관, 포탄의 탄대 등에 사용한다.
• 애드미럴티메탈 : 애드미럴티황동과 같은 용어이다.

48 구상흑연주철에서 그 바탕조직이 펄라이트이면서 구상흑연의 주위를 유리된 페라이트가 감싸고 있는 조직의 명칭은?
① 오스테나이트(austenite) 조직
② 시멘타이트(cementite) 조직
③ 레데뷰라이트(ledeburite) 조직
④ 불스 아이(bull's eye) 조직

정답
40 ③ 41 ③ 42 ③ 43 ④ 44 ④ 45 ③ 46 ① 47 ③ 48 ④

49 시편의 표점거리가 125mm, 늘어난 길이가 145mm이었다면 연신율은?
① 16%   ② 20%
③ 26%   ④ 30%

해설 연신율=늘어난 길이-표점거리/표점거리 ×100(%)이므로
20/125×100(%)은 16%이다.

50 주변 온도가 변화하더라도 재료가 가지고 있는 열팽창계수나 탄성계수 등의 특정한 성질이 변하지 않는 강은?
① 쾌삭강   ② 불변강
③ 강인강   ④ 스테인리스강

해설
- 쾌삭강 : 강의 피절삭성을 개선하기 위해 황(S)을 첨가한 강이다.
- 강인강 : 탄소강에 Ni, Cr, Mo 등을 소량 첨가하여 강인성을 부여한 합금이다.
- 스테인리스강 : 탄소강에 크롬(12% 이상)이나 Ni을 함유하여 내식성을 향상시킨 강으로 일명 불수강이라 한다.

51 그림과 같은 도시 기호가 나타내는 것은?

① 안전 밸브   ② 전동 밸브
③ 스톱 밸브   ④ 슬루스 밸브

52 도면에 물체를 표시하기 위한 투상에 관한 설명 중 잘못된 것은?
① 주 투상도는 대상물의 모양 및 기능을 가장 명확하게 표시하는 면을 그린다.
② 보다 명확한 설명을 위해 주 투상도를 보충하는 다른 투상도를 많이 나타낸다.
③ 특별한 이유가 없는 경우 대상물을 가로길이로 놓은 상태로 그린다.
④ 서로 관련되는 그림의 배치는 되도록 숨은선을 쓰지 않도록 한다.

53 KS 기계재료 표시기호 SS 400의 400은 무엇을 나타내는가?
① 경도   ② 연신율
③ 탄소 함유량   ④ 최저 인장강도

54 그림과 같은 입체도의 화살표 방향 투상도로 가장 적합한 것은?

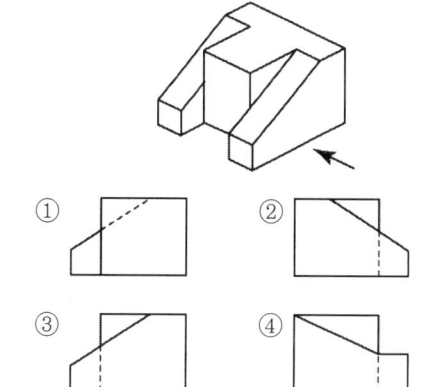

55 치수 기입의 원칙에 관한 설명 중 틀린 것은?
① 치수는 필요에 따라 기준으로 하는 점, 선, 또는 면을 기준으로 하여 기입한다.
② 대상물의 기능, 제작, 조립 등을 고려하여 필요하다고 생각되는 치수를 명료하게 도면에 지시한다.
③ 치수 입력에 대해서는 중복 기입을 피한다.
④ 모든 치수에는 단위를 기입해야 한다.

해설 기계제도에서 길이의 단위는 mm이며 도면에 기입하지 않는다.

49. ① 50. ② 51. ① 52. ② 53. ④ 54. ③ 55. ④

56 그림과 같은 KS 용접기호의 해석으로 올바른 것은?

① 지름이 2mm이고 피치가 75mm인 플러그 용접이다.
② 폭이 2mm이고 길이가 75mm인 심 용접이다.
③ 용접 수는 2개이고, 피치가 75mm인 슬롯 용접이다.
④ 용접 수는 2개이고, 피치가 75mm인 스폿(점) 용접이다.

해설 "3"은 스폿 용접의 용접부 지름을 나타낸다.

57 그림과 같은 입체도를 3각법으로 올바르게 도시한 것은?

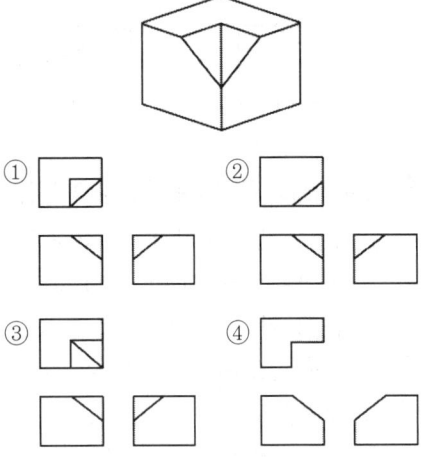

58 그림과 같이 기계 도면 작성 시 가공에 사용하는 공구 등의 모양을 나타낼 필요가 있을 때 사용하는 선으로 올바른 것은?

① 가는 실선　② 가는 1점 쇄선
③ 가는 2점 쇄선　④ 가는 파선

59 도면의 척도값 중 실제 형상을 확대하여 그리는 것은?

① 2 : 1　② $1 : \sqrt{2}$
③ 1 : 1　④ 1 : 2

해설 도면의 척도는 축척(실물보다 작게 표현), 현척(실물과 같게 표현), 배척(실물보다 크게 표현)으로 구분한다.

60 기호를 기입한 위치에서 먼 면에 카운터싱크가 있으며, 공장에서 드릴 가공 및 현장에서 끼워 맞춤을 나타내는 리벳의 기호 표시는?

해설 ① 현장드릴, 현장 끼워 맞춤으로 먼 면에 카운터싱크 있음
③ 현장드릴, 현장 끼워 맞춤으로 양 면에 카운터싱크 있음
④ 공장드릴, 현장 끼워 맞춤으로 양 면에 카운터싱크 있음

정답
56. ④　57. ③　58. ③　59. ①　60. ②

2015년 제5회 과년도출제문제 특수용접기능사

01 아크용접에서 피닝을 하는 목적으로 가장 알맞은 것은?
① 용접부의 잔류응력을 완화시킨다.
② 모재의 재질을 검사하는 수단이다.
③ 응력을 강하게 하고 변형을 유발시킨다.
④ 모재표면의 이물질을 제거한다.

해설 피닝
끝이 구면인 특수한 피닝 해머로써 용접부를 연속적으로 때려 용접 표면상에 소성변형을 주는 방법으로 인장응력을 완화하는 방법이다.

02 다음 중 연납의 특성에 관한 설명으로 틀린 것은?
① 연납땜에 사용하는 용가제를 말한다.
② 주석-납계 합금이 가장 많이 사용된다.
③ 기계적 강도가 낮으므로 강도를 필요로 하는 부분에는 적당하지 않다.
④ 은납, 황동납 등이 이에 속하고 물리적 강도가 크게 요구될 때 사용된다.

해설
• 연납의 종류 : 주석-납, 납-은납, 저융점 땜납, 카드뮴-아연납, 납-카드뮴납
• 경납의 종류 : 은납, 황동납, 인동납, 망간납, 양은납, 알루미늄납

03 다음 각종 용접에서 전격방지 대책으로 틀린 것은?
① 홀더나 용접봉은 맨손으로 취급하지 않는다.
② 어두운 곳이나 밀폐된 구조물에서 작업 시 보조자와 함께 작업한다.
③ CO_2 용접이나 MIG 용접 작업 도중에 와이어를 2명이 교대로 교체할 때는 전원은 차단하지 않아도 된다.
④ 용접작업을 하지 않을 때에는 TIG 전극봉은 제거하거나 노즐 뒤쪽에 밀어 넣는다.

04 심(seam) 용접법에서 용접전류의 통전방법이 아닌 것은?
① 직·병렬 통전법
② 단속 통전법
③ 연속 통전법
④ 맥동 통전법

05 플라즈마 아크의 종류가 아닌 것은?
① 이행형 아크 ② 비이행형 아크
③ 중간형 아크 ④ 탠덤형 아크

해설
• 이행형 아크 : 텅스텐 전극 수냉 구속 노즐 사이에 작동 가스를 보내고 고주파 발생장치에 의해 텅스텐 전극과 컨스트릭팅 노즐에 이온화된 전류 통로가 만들어져 파일럿 아크가 지속적으로 흐르고, 이 아크열에 의해 플라즈마가 발생하는 방식으로 플라즈마 아크방식이라고도 한다.
• 비이행형 아크 : 아크 전극이 토치 내에 있어서 텅스텐 전극과 컨스트릭팅 노즐 사이에서 아크가 발생되어 오리피스를 통해 나오는 가열된 고온의 플라즈마를

정답
1. ① 2. ④ 3. ③ 4. ① 5. ④

이용하는 방식으로 모재에 전극을 연결하지 않으므로 부전도체 물질의 용접도 가능하며 플라즈마 제트 방식이라고도 한다.
- 중간형 아크 : 이행형 아크 방식과 비이행형 아크 방식을 병용한 방식이다.

06 피복아크용접 결함 중 용착 금속의 냉각속도가 빠르거나, 모재의 재질이 불량할 때 일어나기 쉬운 결함으로 가장 적당한 것은?

① 용입 불량 ② 언더컷
③ 오버랩 ④ 선상조직

해설
- 용입 불량 : 이음 설계의 결함이나 용접속도가 너무 빠를 때, 용접 전류가 낮을 때, 용접봉의 선택이 잘못 됐을 때 발생한다.
- 언더 컷 : 전류가 높을 때, 아크 길이가 너무 길 때, 부적당한 용접봉을 사용했을 때, 용접 속도가 적당하지 않을 때 발생한다.
- 오버랩 : 용접 전류가 낮을 때, 운봉 및 봉의 유지 각도가 불량할 때 발생한다.

07 용접기의 점검 및 보수 시 지켜야 할 사항으로 옳은 것은?

① 정격사용률 이상으로 사용한다.
② 탭전환은 반드시 아크 발생을 하면서 시행한다.
③ 2차측 단자의 한쪽과 용접기 케이스는 반드시 어스(earth)하지 않는다.
④ 2차측 케이블이 길어지면 전압강하가 일어나므로 가능한 한 지름이 큰 케이블을 사용한다.

08 용접입열이 일정할 경우에는 열전도율이 큰 것일수록 냉각속도가 빠른데 다음 금속 중 열전도율이 가장 높은 것은?

① 구리 ② 납
③ 연강 ④ 스테인리스강

09 로봇용접의 분류 중 동작 기구로부터의 분류 방식이 아닌 것은?

① PTB 좌표 로봇
② 직각 좌표 로봇
③ 극좌표 로봇
④ 관절 로봇

해설 로봇의 분류

일반적인 로봇, 제어적인 로봇, 동작기구 형태의 로봇
① 일반적인 로봇 : 조종 로봇, 시퀸스 로봇, 플레이 백 로봇, 수치 제어 로봇, 지능 로봇, 감각제어 로봇, 적응제어 로봇, 학습제어 로봇
② 제어적인 로봇 ; 서보 제어 로봇, 논 서보 제어 로봇, CP 제어 로봇, PTP 제어 로봇
③ 동작기구 형태의 로봇 : 직각 좌표 로봇, 극좌표 로봇, 원통 좌표 로봇, 다관절 로봇

10 CO_2 용접작업 중 가스의 유량은 낮은 전류에서 얼마가 적당한가?

① $10 \sim 15 l/min$
② $20 \sim 25 l/min$
③ $30 \sim 35 l/min$
④ $40 \sim 45 l/min$

해설 탄산가스아크용접에서 가스유량은 저전류 영역에서는 $10 \sim 15 l/min$, 고전류 영역에서는 $15 \sim 20 l/min$이다.

정답
6. ④ 7. ④ 8. ① 9. ① 10. ①

11 용접부의 균열 중 모재의 재질 결함으로서 강괴일 때 기포가 압연되어 생기는 것으로 설퍼밴드와 같은 층상으로 편재해 있어 강재 내부에 노치를 형성하는 균열은?

① 라미네이션(lamination) 균열
② 루트(root) 균열
③ 응력 제거 풀림(stress relief) 균열
④ 크레이터(crater) 균열

> **해설**
> • 루트 균열 : 용접부의 루트부분에서 발생하는 균열로 저온균열의 일종이며, 응력 집중이나 수소에 의해 발생한다.
> • 응력 제거 풀림 균열 : 응력완화균열이라고도 하며 용접부의 후열처리 또는 고온에서 장시간 사용 시 열영향부의 조립역에서 결정립을 따라 발생하는 특징이 있다.
> • 크레이터 균열 : 용접 비드의 크레이터에 발생하는 균열. 아크용접 시 비드의 맨 끝부분에서 급랭 응고에 의한 수축으로 발생한다.

12 다음 중 용접열원을 외부로부터 가하는 것이 아니라 금속분말의 화학반응에 의한 열을 사용하여 용접하는 방식은?

① 테르밋 용접   ② 전기저항 용접
③ 잠호 용접   ④ 플라즈마 용접

> **해설** 테르밋 용접
> 테르밋 용접은 테르밋 반응이란 탈산 반응을 이용한 용접법으로 알루미늄 분말과 산화철 분말을 3~4 : 1의 중량비로 혼합한 테르밋제에 점화제를 이용해 점화해서 금속을 합하는 용접법이다.

13 각종 금속의 용접부 예열온도에 대한 설명으로 틀린 것은?

① 고장력강, 저합금강, 주철의 경우 용접 홈을 50~350℃로 예열한다.
② 연강을 0℃ 이하에서 용접할 경우 이음의 양쪽 폭 100mm 정도를 40~75℃로 예열한다.
③ 열전도가 좋은 구리 합금은 200~400℃의 예열이 필요하다.
④ 알루미늄 합금은 500~600℃ 정도의 예열온도가 적당하다.

> **해설** 알루미늄 합금의 예열온도는 200~400℃이다.

14 논 가스 아크용접의 설명으로 틀린 것은?

① 보호 가스나 용제를 필요로 한다.
② 바람이 있는 옥외에서 작업이 가능하다.
③ 용접장치가 간단하며 운반이 편리하다.
④ 용접 비드가 아름답고 슬래그 박리성이 좋다.

> **해설** 논 가스 아크용접은 보호가스의 공급없이 와이어 자체에서 발생하는 가스에 의해 아크 분위기를 보호하는 용접방법이다.

15 용접부의 결함이 오버랩일 경우 보수 방법은?

① 가는 용접봉을 사용하여 보수한다.
② 일부분을 깎아내고 재용접한다.
③ 양단에 드릴로 정지 구멍을 뚫고 깎아내고 재용접한다.
④ 그 위에 다시 재용접한다.

> **해설** 용접부 결함 보수 방법
> ① 기공, 슬래그 섞임 : 결함부를 깎아내고 재용접한다
> ② 균열 : 균열 양단에 드릴을 사용해 정지 구멍(stop hole)을 뚫고 균열부를 깎아내고 재용접한다.
> ③ 언더 컷 : 가는 용접봉을 사용하여 결함 부분을 재용접한다.

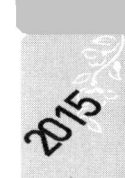

④ 오버랩 : 일부분을 깎아내고 재용접한다.

16 다음 중 초음파 탐상법의 종류에 해당하지 않는 것은?
① 투과법　　② 펄스 반사법
③ 관통법　　④ 공진법

해설 초음파 탐상법의 종류
- 투과법 : 시험체 속에 초음파의 연속파를 투과하여 뒷면에서 이를 수신하여 결함 여부 검사
- 펄스 반사법 : 초음파의 펄스를 시험체의 한쪽 면으로부터 송신하여 그 결함에서 반사되는 반사파의 형태로 결함 여부 판정
- 공진법 : 시험체의 한쪽 면에서 초음파의 연속파를 입사시키면 시험체 두께가 이 파 파장의 1/2 정수배에 해당할 때 공진이 일어나는데, 공진상태에서 결함의 유무나 재질, 두께 등을 측정하는 방법

17 피복아크용접 작업의 안전사항 중 전격방지 대책이 아닌 것은?
① 용접기 내부는 수시로 분해·수리하고 청소를 하여야 한다.
② 절연 홀더의 절연부분이 노출되거나 파손되면 교체한다.
③ 장시간 작업을 하지 않을 시는 반드시 전기 스위치를 차단한다.
④ 젖은 작업복이나 장갑, 신발 등을 착용하지 않는다.

18 전자렌즈에 의해 에너지를 집중시킬 수 있고, 고용융 재료의 용접이 가능한 용접법은?
① 레이저 용접
② 피복아크용접
③ 전자 빔 용접
④ 초음파 용접

19 일렉트로 슬래그 용접에서 사용되는 수냉식 판의 재료는?
① 연강　　② 동
③ 알루미늄　　④ 주철

20 맞대기용접 이음에서 모재의 인장강도는 40kgf/mm²이며, 용접 시험편의 인장강도가 45kgf/mm²일 때 이음효율은 몇 %인가?
① 88.9　　② 104.4
③ 112.5　　④ 125.0

해설 이음 효율=용접 시험편의 인장강도/모재의 인장강도×100(%)

21 납땜에서 경납용 용제가 아닌 것은?
① 붕사　　② 붕산
③ 염산　　④ 알칼리

22 서브머지드 아크용접에서 동일한 전류 전압의 조건에서 사용되는 와이어 지름의 영향 설명 중 옳은 것은?
① 와이어의 지름이 크면 용입이 깊다.
② 와이어의 지름이 작으면 용입이 깊다.
③ 와이어의 지름과 상관이 없이 같다.
④ 와이어의 지름이 커지면 비드 폭이 좁아진다.

23 피복아크용접봉에서 피복제의 주된 역할

정답
16. ③　17. ①　18. ③　19. ②　20. ③　21. ③　22. ②　23. ③

로 틀린 것은?

① 전기 절연 작용을 하고 아크를 안정시킨다.
② 스패터의 발생을 적게 하고 용착금속에 필요한 합금원소를 첨가시킨다.
③ 용착 금속의 탈산 정련 작용을 하며 용융점이 높고, 높은 점성의 무거운 슬래그를 만든다.
④ 모재 표면의 산화물을 제거하고, 양호한 용접부를 만든다.

24 다음 중 부하전류가 변하여도 단자 전압은 거의 변화하지 않는 용접기의 특성은?

① 수하 특성
② 하향 특성
③ 정전압 특성
④ 정전류 특성

> 해설
> • 수하 특성 : 부하전류(아크전류)가 증가하면 단자전압이 저하하는 특성으로 아크의 안정을 위해 필요하다.
> • 정전류 특성 : 아크길이의 변화로 인한 전압의 변동과 관계없이 전류는 거의 변화하지 않는 특성으로 수하특성과 함께 수동용접기에 필요한 특성이다.

25 아크가 보이지 않는 상태에서 용접이 진행된다고 하여 일명 잠호용접이라 부르기도 하는 용접법은?

① 스터드 용접
② 레이저 용접
③ 서브머지드 아크용접
④ 플라즈마 용접

26 가스 절단면의 표준 드래그(drag) 길이는 판 두께의 몇 % 정도가 가장 적당한가?

① 10%   ② 20%
③ 30%   ④ 40%

27 피복아크용접에서 홀더로 잡을 수 있는 용접봉 지름(mm)이 5.0~8.0일 경우 사용하는 용접봉 홀더의 종류로 옳은 것은?

① 125호   ② 160호
③ 300호   ④ 400호

> 해설
> • 125호 : 1.6~3.2mm
> • 160호 : 3.2~4.0mm
> • 200호 : 3.2~5.0mm
> • 250호 : 4.0~6.0mm
> • 300호 : 4.0~6.0mm
> • 400호 : 5.0~8.0mm
> • 500호 : 6.4~10.0mm

28 다음 중 용접봉의 내균열성이 가장 좋은 것은?

① 셀룰로오스계   ② 티탄계
③ 일미나이트계   ④ 저수소계

> 해설 피복아크용접봉의 내균열성
> 저수소계 > 일미나이트계 > 고산화철계 > 고셀룰로오스계 > 티탄계

29 아크 길이가 길 때 일어나는 현상이 아닌 것은?

① 아크가 불안정해진다.
② 용융금속의 산화 및 질화가 쉽다.
③ 열 집중력이 양호하다.
④ 전압이 높고 스패터가 많다.

30 직류용접기 사용 시 역극성(DCRP)과 비교한, 정극성(DCSP)의 일반적인 특징으

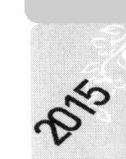

정답
24. ③ 25. ③ 26. ② 27. ④ 28. ④ 29. ③ 30. ③

로 옳은 것은?

① 용접봉의 용융속도가 빠르다.
② 비드 폭이 넓다.
③ 모재의 용입이 깊다.
④ 박판, 주철, 합금강 비철금속의 접합에 쓰인다.

> **해설** 직류정극성(DCSP)과 직류역극성(DCRP)의 비교

직류정극성(DCSP)	직류역극성(DCRP)
모재의 용입이 깊다.	모재의 용입이 얕다.
용접봉의 녹음이 느리다.	용접봉의 녹음이 빠르다.
비드 폭이 좁다.	비드 폭이 넓다.
일반적으로 많이 사용된다.	박판, 주철, 비철금속의 용접에 사용된다.
열분배 : 모재(+) : 70%, 용접봉(-) 30%	열분배 : 모재(-) : 30%, 용접봉(+) 70%

31 가변압식의 팁 번호가 200일 때 10시간 동안 표준 불꽃으로 용접할 경우 아세틸렌 가스의 소비량은 몇 리터인가?

① 20 ② 200
③ 2000 ④ 20000

> **해설** 팁의 크기
> 가변압식의 팁 번호는 중성불꽃으로 용접 시 한 시간당 소비되는 아세틸렌의 양(리터)을 표시하며, 불변압식(독일식) 팁의 번호는 용접 가능한 판 두께를 표시한다.

32 정격 2차 전류가 200A, 아크출력 60kW인 교류용접기를 사용할 때 소비전력은 얼마인가? (단, 내부손실이 4kW이다.)

① 64kW ② 104kW
③ 264kW ④ 804kW

> **해설** 소비전력=아크출력+내부손실이므로, 60kW+4kW=64kW이다.(1kW=1,000W)

33 수중절단 작업을 할 때 가장 많이 사용하는 가스로 기포발생이 적은 연료가스는?

① 아르곤 ② 수소
③ 프로판 ④ 아세틸렌

34 용접기의 규격 AW 500의 설명 중 옳은 것은?

① AW은 직류 아크용접기라는 뜻이다.
② 500은 정격 2차 전류의 값이다.
③ AW은 용접기의 사용률을 말한다.
④ 500은 용접기의 무부하 전압값이다.

35 가스용접에서 토치를 오른손에 용접봉을 왼손에 잡고 오른쪽에서 왼쪽으로 용접을 해나가는 용접법은?

① 전진법 ② 후진법
③ 상진법 ④ 병진법

36 용접기와 멀리 떨어진 곳에서 용접전류 또는 전압을 조절할 수 있는 장치는?

① 원격 제어 장치
② 핫 스타트 장치
③ 고주파 발생장치
④ 수동전류조정장치

37 아크에어 가우징법의 작업능률은 가스 가우징법보다 몇 배 정도 높은가?

① 2~3배 ② 4~5배
③ 6~7배 ④ 8~9배

38 가스용접에서 프로판 가스의 성질 중 틀린 것은?

정답
31. ③ 32. ① 33. ② 34. ② 35. ① 36. ① 37. ① 38. ①

① 증발잠열이 작고, 연소할 때 필요한 산소의 양은 1 : 1 정도이다.
② 폭발한계가 좁아 다른 가스에 비해 안전도가 높고 관리가 쉽다.
③ 액화가 용이하여 용기에 충전이 쉽고 수송이 편리하다.
④ 상온에서 기체 상태이고 무색, 투명하며 약간의 냄새가 난다.

해설 프로판 가스는 증발잠열이 크고 연소할 때 필요한 산소의 양은 1 : 4.5이다.

39 면심입방격자의 어떤 성질이 가공성을 좋게 하는가?
① 취성 ② 내식성
③ 전연성 ④ 전기전도성

40 알루미늄과 알루미늄 가루를 압축 성형하고 약 500~600℃로 소결하여 압출 가공한 분산 강화형 합금의 기호에 해당하는 것은?
① DAP ② ACD
③ SAP ④ AMP

41 스테인리스강 중 내식성이 제일 우수하고 비자성이나 염산, 황산, 염소가스 등에 약하고 결정입계 부식이 발생하기 쉬운 것은?
① 석출경화계 스테인리스강
② 페라이트계 스테인리스강
③ 마텐자이트계 스테인리스강
④ 오스테나이트계 스테인리스강

42 라우탈은 Al-Cu-Si 합금이다. 이 중 3~8%

Si를 첨가하여 향상되는 성질은?
① 주조성 ② 내열성
③ 피삭성 ④ 내식성

43 금속의 조직검사로서 측정이 불가능한 것은?
① 결함 ② 결정입도
③ 내부응력 ④ 비금속개재물

44 탄소 함량 3.4%, 규소 함량 2.4% 및 인 함량 0.6%인 주철의 탄소당량(CE)은?
① 4.0 ② 4.2
③ 4.4 ④ 4.6

해설 탄소당량=C%+0.3(Si%+P%) 또는 C%+1/3(Si%+P%)이므로, 3.4+1/3(2.4+0.6)=4.4%이다.

45 자기변태가 일어나는 점을 자기 변태점이라 하며, 이 온도를 무엇이라고 하는가?
① 상점 ② 이슬점
③ 퀴리점 ④ 동소점

46 다음 중 경질 자성 재료가 아닌 것은?
① 센더스트
② 알니코 자석
③ 페라이트 자석
④ 네오디뮴 자석

해설
- 경질자성재료 : 알니코 자석, 페라이트 자석, 희토류계 자석, 네오디뮴 자석, Fe+Cr+Co계 자석
- 연질자성재료 : Si강판, 퍼멀로이, 센더스트, 알펌, 퍼멘듀르, 수퍼멘듀르

39. ③ 40. ③ 41. ④ 42. ① 43. ③ 44. ③ 45. ③ 46. ①

47 문쯔메탈(muntz metal)에 대한 설명으로 옳은 것은?

① 90% Cu-10% Zn 합금으로 톰백의 대표적인 것이다.
② 70% Cu-30% Zn 합금으로 가공용 황동의 대표적인 것이다.
③ 70% Cu-30% Zn 황동에 주석(Sn)을 1% 함유한 것이다.
④ 60% Cu-40% Zn 합금으로 황동 중 아연 함유량이 가장 높은 것이다.

해설
- 톰백: 구리+아연(8~20%)의 합금으로 모조금으로 사용한다.
- commercial bronze : 구리(90%)+아연(10%)의 합금
- 애드미럴티 황동 : 7 : 3 황동에 주석을 1% 첨가한 황동

48 다음의 조직 중 경도값이 가장 낮은 것은?

① 마텐자이트   ② 베이나이트
③ 소르바이트   ④ 오스테나이트

49 열처리의 종류 중 항온열처리 방법이 아닌 것은?

① 마퀜칭   ② 어닐링
③ 마템퍼링 ④ 오스템퍼링

해설 어닐링(annealing)은 풀림으로 일반 열처리법의 한 가지로 내부응력을 제거하는 데 목적이 있다.

50 컬러텔레비전의 전자총에서 나온 광선의 영향을 받아 섀도 마스크가 열팽창하면 엉뚱한 색이 나오게 된다. 이를 방지하기 위해 섀도 마스크의 제작에 사용되는 불변강은?

① 인바
② Ni-Cr강
③ 스테인리스강
④ 플래티나이트

51 다음 단면도에 대한 설명으로 틀린 것은?

① 부분 단면도는 일부분을 잘라내고 필요한 내부 모양을 그리기 위한 방법이다.
② 조합에 의한 단면도는 축, 핀, 볼트, 너트류의 절단면의 이해를 위해 표시한 것이다.
③ 한쪽 단면도는 대칭형 대상물의 외형 절반과 온 단면도의 절반을 조합하여 표시한 것이다.
④ 회전도시 단면도는 핸들이나 바퀴 등의 암, 림, 훅, 구조물 등의 절단면을 90도 회전시켜서 표시한 것이다.

해설 조합에 의한 단면도는 2개 이상의 절단면에 대한 단면도를 조합하여 표시할 경우에 사용한다.

52 나사의 감김 방향의 지시 방법 중 틀린 것은?

① 오른나사는 일반적으로 감김 방향을 지시하지 않는다.
② 왼나사는 나사의 호칭 방법에 약호 "LH"를 추가하여 표시한다.
③ 동일 부품에 오른나사와 왼나사가 있을 때는 왼나사에만 약호 "LH"를 추가한다.
④ 오른나사는 필요하면 나사의 호칭 방법에 약호 "RH"를 추가하여 표시할 수 있다.

해설 동일 부품에 오른 나사와 왼나사가 있을 때는 각각 쌍방에 표시한다.

정답
47. ④ 48. ④ 49. ② 50. ① 51. ② 52. ③

53 그림과 같은 도면의 해독으로 잘못된 것은?

① 구멍 사이의 피치는 50mm
② 구멍의 지름은 10mm
③ 전체 길이는 600mm
④ 구멍의 수는 11개

> **해설** 첫째 구멍과 마지막 구멍 사이의 거리는 500mm이다. 왜냐하면 구멍의 개수가 11개이므로 10곳의 간격이 존재한다. 따라서 전체길이는 500+50(양 끝단의 합)으로 550mm이다.

54 그림과 같이 제3각법으로 정투상한 도면에 적합한 입체도는?

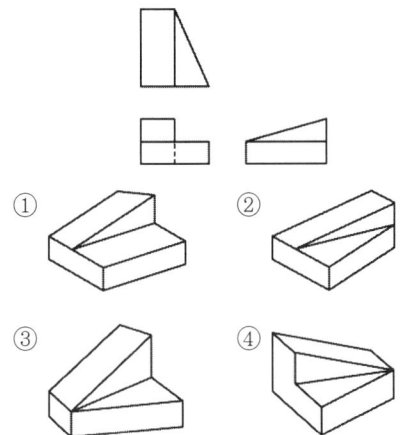

55 동일 장소에서 선이 겹칠 경우 나타내야 할 선의 우선순위를 옳게 나타낸 것은?

① 외형선>중심선>숨은선>치수보조선
② 외형선>치수보조선>중심선>숨은선
③ 외형선>숨은선>중심선>치수보조선
④ 외형선>중심선>치수보조선>숨은선

56 일반적인 판금 전개도의 전개법이 아닌 것은?

① 다각전개법   ② 평행선법
③ 방사선법   ④ 삼각형법

57 다음 냉동장치의 배관 도면에서 팽창 밸브는?

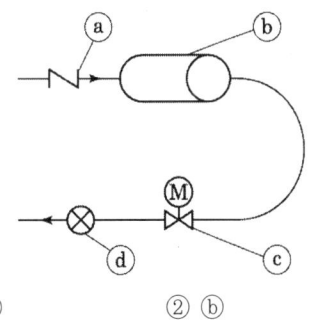

① ⓐ   ② ⓑ
③ ⓒ   ④ ⓓ

58 다음 중 치수 보조기호로 사용되지 않는 것은?

① π   ② Sφ
③ R   ④ □

> **해설** Sφ : 구의 지름 표시기호
> R : 원의 반지름 표시기호
> □ : 정사각형의 변의 기호

59 3각법으로 그린 투상도 중 잘못된 투상이 있는 것은?

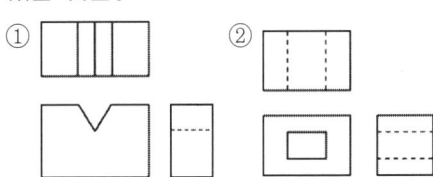

정답
53. ③ 54. ② 55. ③ 56. ① 57. ④ 58. ① 59. ④

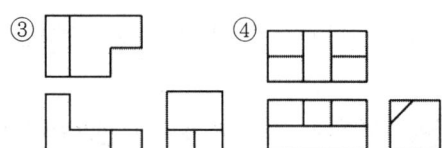

60 다음 중 열간 압연 강판 및 강대에 해당하는 재료 기호는?

① SPCC   ② SPHC
③ STS   ④ SPB

해설
- SPCC : 냉간압연강판
- STS : 합금공구강

정답
60. ②

2016년 제1회 과년도출제문제 — 용접기능사

01 지름이 10cm인 단면에 8000kgf의 힘이 작용할 때 발생하는 응력은 약 몇 kgf/cm² 인가?
① 89 ② 102
③ 121 ④ 158

해설) σ(응력)=W(하중)/A(단면적)이다. 여기서 지름이 10cm인 원의 단면적은 πr^2에 의해 3.14×5×5=78.5이므로, 8000/78.5는 101.9kgf/cm²이다.

02 화재의 분류 중 C급 화재에 속하는 것은?
① 전기 화재 ② 금속 화재
③ 가스 화재 ④ 일반 화재

해설) 화재의 분류
① A급 화재(일반화재): 연소 후 재를 남기는 화재(종이, 목재 등)
② B급 화재(유류화재): 액상 또는 기체상의 연료성 화재(휘발유, 벤젠 등)
③ C급 화재(전기화재): 전기 에너지가 발화원이 되는 화재
④ D급 화재(금속화재): 금속 칼륨, 금속 나트륨, 유황 등의 화재
⑤ E급 화재(가스 화재): 가연성 가스에 의해 발화원이 되는 화재

03 다음 중 귀마개를 착용하고 작업하면 안 되는 작업자는?
① 조선소의 용접 및 취부작업자
② 자동차 조립공장의 조립작업자
③ 강재 하역장의 크레인 신호자
④ 판금작업장의 타출 판금작업자

04 용접 열원을 외부로부터 공급받는 것이 아니라, 금속산화물과 알루미늄 간의 분말에 점화제를 넣어 점화제의 화학반응에 의하여 생성되는 열을 이용한 금속 용접법은?
① 일렉트로 슬래그 용접
② 전자 빔 용접
③ 테르밋 용접
④ 저항 용접

05 용접 작업 시 전격 방지대책으로 틀린 것은?
① 절연 홀더의 절연부분이 노출, 파손되면 보수하거나 교체한다.
② 홀더나 용접봉은 맨손으로 취급한다.
③ 용접기의 내부에 함부로 손을 대지 않는다.
④ 땀, 물 등에 의한 습기찬 작업복, 장갑, 구두 등을 착용하지 않는다.

06 서브머지드 아크 용접봉 와이어 표면에 구리를 도금한 이유는?
① 접촉 팁과의 전기 접촉을 원활히 한다.
② 용접 시간이 짧고 변형을 적게 한다.
③ 슬래그 이탈성을 좋게 한다.
④ 용융 금속의 이행을 촉진시킨다.

해설) 구리 도금 이유: 전기적인 접촉을 원활히

정답
1. ② 2. ① 3. ③ 4. ③ 5. ② 6. ①

하고 와이어가 녹스는 것을 방지해 준다.

07 기계적 접합으로 볼 수 없는 것은?
① 볼트 이음   ② 리벳 이음
③ 접어 잇기   ④ 압접

해설) 압접
융접, 납땜과 함께 용접의 한 종류로 야금적 이음이다.

08 플래시 용접(flash welding)법의 특징으로 틀린 것은?
① 가열 범위가 좁고 열영향부가 작으며 용접속도가 빠르다.
② 용접면에 산화물의 개입이 적다.
③ 종류가 다른 재료의 용접이 가능하다.
④ 용접면의 끝맺음 가공이 정확하여야 한다.

해설) 플래시 용접
저항용접의 한 종류로 용접할 2개의 단면을 가볍게 접촉시켜 대전류를 흘려 용접면을 고르게 가열한 후 압력을 주어 용접하는 방법이므로 용접면이 정밀하지 않아도 좋은 결과를 얻을 수 있다.(플래시 용접의 3단계 : 예열 → 플래시 → 업셋)

09 서브머지드 아크 용접부의 결함으로 가장 거리가 먼 것은?
① 기공   ② 균열
③ 언더컷   ④ 용착

해설) 용착이란 결함이 아닌 용접봉이 모재로 이행되어 접합된 상태를 말한다.

10 다음이 설명하고 있는 현상은?

알루미늄 용접에서는 사용 전류에 한계가 있어 용접 전류가 어느 정도 이상이 되면 청정 작용이 일어나지 않아 산화가 심하게 생기며 아크 길이가 불안정하게 변동되어 비드 표면이 거칠게 주름이 생기는 현상

① 번 백(burn back)
② 퍼커링(puckering)
③ 버터링(buttering)
④ 멜트 백킹(melt backing)

해설)
• 번백 시간(burn back time) : 크레이터 처리 기능에 의해 낮아진 전류가 서서히 줄면서 아크가 끊어지는 기능으로 이면 용접부가 녹아내리는 것을 방지한다.
• 용락 받침(melt backing) : 용접 시 용융금속의 용락을 방지하기 위해 뒷댐판을 사용하는 것으로 금속 뒷댐판, 불활성가스 뒷댐판, 용제 뒷댐판 등이 있다.
• 버터링(buttering) : 맞대기 용접 시 모재의 열영향을 방지하기 위해 홈 면과 모재를 다른 종류의 금속으로 덧살 용접하는 것을 말한다.

11 CO_2 가스 아크 용접 결함에 있어서 다공성이란 무엇을 의미하는가?
① 질소, 수소, 일산화탄소 등에 의한 기공을 말한다.
② 와이어 선단부에 용적이 붙어 있는 것을 말한다.
③ 스패터가 발생하여 비드의 외관에 붙어 있는 것을 말한다.
④ 노즐과 모재 간 거리가 지나치게 작아서 와이어 송급 불량을 의미한다.

정답
7. ④ 8. ④ 9. ④ 10. ② 11. ①

12 아크 쏠림의 방지대책에 관한 설명으로 틀린 것은?

① 교류용접으로 하지 말고 직류용접으로 한다.
② 용접부가 긴 경우는 후퇴법으로 용접한다.
③ 아크 길이는 짧게 한다.
④ 접지부를 될 수 있는 대로 용접부에서 멀리한다.

해설 아크 쏠림 방지책
②, ③, ④ 외에 직류 대신 교류를 사용할 것, 이음부의 양 끝에 엔드탭을 이용할 것, 용접봉 끝을 아크 쏠림 반대쪽으로 기울일 것 등이다.

13 박판의 스테인리스강의 좁은 홈의 용접에서 아크 교란 상태가 발생할 때 적합한 용접방법은?

① 고주파 펄스 티그 용접
② 고주파 펄스 미그 용접
③ 고주파 펄스 일렉트로 슬래그 용접
④ 고주파 펄스 이산화탄소 아크 용접

해설 스테인리스강의 박판 용접에는 TIG가 유용하고, 특히 낮은 전류가 필요할 때는 펄스전류가 효과적이다.

14 현미경 시험을 하기 위해 사용되는 부식제 중 철강용에 해당되는 것은?

① 왕수
② 염화제2철용액
③ 피크린산
④ 플루오르화수소액

해설 • 철강용 : 피크린산, 알코올액
• 스테인리스강용 : 왕수, 알코올액, 구리
• 구리 합금용 : 염화철액
• 알루미늄 및 그 합금용 : 플루오르화수소액, 수산화나트륨 또는 수산화칼륨액

15 용접 자동화의 장점을 설명한 것으로 틀린 것은?

① 생산성 증가 및 품질을 향상시킨다.
② 용접조건에 따른 공정을 늘일 수 있다.
③ 일정한 전류값을 유지할 수 있다.
④ 용접와이어의 손실을 줄일 수 있다.

16 용접부의 연성결함을 조사하기 위하여 사용되는 시험법은?

① 브리넬 시험   ② 비커스 시험
③ 굽힘 시험   ④ 충격 시험

해설 • 브리넬 시험, 비커스 시험 : 경도를 알아보기 위한 검사법
• 충격 시험 : 인성 및 취성을 알아보기 위한 검사법으로 샤르피 충격시험, 아이조드 충격시험이 있다.

17 서브머지드 아크 용접에 관한 설명으로 틀린 것은?

① 아크발생을 쉽게 하기 위하여 스틸 울(steel wool)을 사용한다.
② 용융속도와 용착속도가 빠르다.
③ 홈의 개선각을 크게 하여 용접 효율을 높인다.
④ 유해 광선이나 퓸(fume) 등이 적게 발생한다.

해설 서브머지드 아크 용접은 대전류를 사용하므로 개선각을 작게 하여 용접 패스 수를 줄일 수 있어서 효율적이다.

18 가용접에 대한 설명으로 틀린 것은?

정답
12. ① 13. ① 14. ③ 15. ② 16. ③ 17. ③ 18. ①

① 가용접 시에는 본 용접보다도 지름이 큰 용접봉을 사용하는 것이 좋다.
② 가용접은 본 용접과 비슷한 기량을 가진 용접사에 의해 실시되어야 한다.
③ 강도상 중요한 곳과 용접의 시점 및 종점이 되는 끝부분은 가용접을 피한다.
④ 가용접은 본 용접을 실시하기 전에 좌우의 홈 또는 이음부분을 고정하기 위한 짧은 용접이다.

해설 가용접 시에는 본 용접보다도 지름이 작은 용접봉을 사용한다.

19 용접 이음의 종류가 아닌 것은?
① 겹치기 이음   ② 모서리 이음
③ 라운드 이음   ④ T형 필릿 이음

해설 용접 이음의 종류
맞대기 이음, 모서리 이음, 변두리 이음, 겹치기 이음, T 이음, 십자 이음, 필릿 이음, 양면 덮개판 이음이 있다.

20 플라즈마 아크 용접의 특징으로 틀린 것은?
① 용접부의 기계적 성질이 좋으며 변형도 적다.
② 용입이 깊고 비드 폭이 좁으며 용접속도가 빠르다.
③ 단층으로 용접할 수 있으므로 능률적이다.
④ 설비비가 적게 들고 무부하 전압이 낮다.

해설 장비가격이 비싸고 무부하전압은 아크 용접에 비해 2~5배 높다.

21 용접 자세를 나타내는 기호가 틀리게 짝지어진 것은?
① 위보기 자세 : O
② 수직 자세 : V
③ 아래보기 자세 : U
④ 수평자세 : H

해설 아래보기 자세 : F(flat position)

22 이산화탄소 아크 용접의 보호가스 설비에서 저전류 영역의 가스유량은 약 몇 L/min 정도가 가장 적당한가?
① 1~5   ② 6~9
③ 10~15   ④ 20~25

해설 • 저전류 영역 : 10~15리터/min 내외
• 고전류 영역 : 15 ~20리터/min

23 가스 용접의 특징으로 틀린 것은?
① 응용 범위가 넓으며 운반이 편리하다.
② 전원 설비가 없는 곳에서도 쉽게 설치할 수 있다.
③ 아크 용접에 비해서 유해 광선의 발생이 적다.
④ 열집중성이 좋아 효율적인 용접이 가능하여 신뢰성이 높다.

해설 가스 용접은 열 집중성이 아크 용접에 비해 나쁘므로 변형이 심하며 잔류응력 또한 많아지므로 아크 용접에 비해 효율이 떨어진다.

24 규격이 AW 300인 교류 아크 용접기의 정격 2차 전류 조정 범위는?
① 0~300A
② 20~220A
③ 60~330A
④ 120~430A

해설 교류 아크 용접기의 전류조정범위는 정격 2차 전류의 20~110% 범위이다.

정답
19. ③ 20. ④ 21. ③ 22. ③ 23. ④ 24. ③

25 아세틸렌 가스의 성질 중 15℃ 1기압에서의 아세틸렌 1리터의 무게는 약 몇 g인가?

① 0.151 ② 1.176
③ 3.143 ④ 5.117

해설) 아세틸렌 가스의 비중은 0.906으로 공기보다 가벼우며 무게는 15℃ 1기압에서 1.176g으로 산소(1.429g)보다 가볍다.

26 가스 용접에서 모재의 두께가 6mm일 때 사용되는 용접봉의 직경은 얼마인가?

① 1mm ② 4mm
③ 7mm ④ 9mm

해설) 가스 용접봉(D)=T/2+1이므로 6/2+1은 4mm이다.

27 피복 아크 용접 시 아크 열에 의하여 용접봉과 모재가 녹아서 용착금속이 만들어지는데 이때 모재가 녹은 깊이를 무엇이라 하는가?

① 용융지 ② 용입
③ 슬래그 ④ 용적

해설)
• 용융지 : 아크 발생과 동시에 모재와 용접봉이 녹아서 이루어지는 액체상태의 모재부분
• 슬래그 : 피복제가 아크에 의해 녹아서 생성된 것으로 용접부를 보호하는 역할을 한다.
• 용적 : 용접봉이 모재로 이행되는 것으로 단락형, 스프레이형, 글로뷸러형이 있다.

28 직류 아크 용접기로 두께가 15mm이고, 길이가 5m인 고장력 강판을 용접하는 도중에 아크가 용접봉 방향에서 한쪽으로 쏠리었다. 다음 중 이러한 현상을 방지하는 방법이 아닌 것은?

① 이음의 처음과 끝에 엔드 탭을 이용한다.
② 용량이 더 큰 직류용접기로 교체한다.
③ 용접부가 긴 경우에는 후퇴 용접법으로 한다.
④ 용접봉 끝을 아크 쏠림 반대 방향으로 기울인다.

해설) 아크 쏠림을 말하는 것이므로 문제 12번을 참고하기 바람

29 강재 표면의 홈이나 개재물, 탈탄층 등을 제거하기 위해 얇고, 타원형 모양으로 표면을 깎아내는 가공법은?

① 가스 가우징 ② 너깃
③ 스카핑 ④ 아크 에어 가우징

해설) 스카핑은 얇은 표면 홈 가공이며, 가우징은 깊고 좁은 홈 가공법이다.

30 가스용기를 취급할 때의 주의사항으로 틀린 것은?

① 가스용기의 이동 시는 밸브를 잠근다.
② 가스용기에 진동이나 충격을 가하지 않는다.
③ 가스용기의 저장은 환기가 잘 되는 장소에 한다.
④ 가연성 가스용기는 눕혀서 보관한다.

31 피복 아크 용접봉은 금속심선의 겉에 피복제를 발라서 말린 것으로 한쪽 끝은 홀더에 물려 전류를 통할 수 있도록 심선길이의 얼마만큼을 피복하지 않고 남겨 두는가?

① 3mm ② 10mm
③ 15mm ④ 25mm

정답
25. ② 26. ② 27. ② 28. ② 29. ③ 30. ④ 31. ④

32 다음 중 두꺼운 강판, 주철, 강괴 등의 절단에 이용되는 절단법은?

① 산소창 절단 ② 수중 절단
③ 분말 절단 ④ 포갬 절단

해설
- 수중 절단 : 침몰선이나 항만의 방파제 공사 시 사용되고 연료가스로는 수소가 쓰이며 수심 45m까지 절단이 가능하다.
- 분말 절단 : 철분이나 용제를 압축공기와 함께 팁을 통해 분출시키고 예열 불꽃으로 이들과의 연소 반응을 일으켜 화학작용을 일으켜 절단하는 방법
- 포갬 절단 : 비교적 얇은판(6mm 이하)을 포개어 놓고 한꺼번에 절단하는 방법으로 판 사이의 틈새는 0.08mm 이하가 되도록 포갠다.

33 피복 배합제의 성분 중 탈산제로 사용되지 않는 것은?

① 규소철 ② 망간철
③ 알루미늄 ④ 유황

34 고셀룰로오스계 용접봉은 셀룰로오스를 몇 % 정도 포함하고 있는가?

① 0~5 ② 6~15
③ 20~30 ④ 30~40

35 용접법의 분류 중 압접에 해당하는 것은?

① 테르밋 용접
② 전자 빔 용접
③ 유도가열 용접
④ 탄산가스 아크 용접

해설 테르밋 용접, 전자 빔 용접, 탄산가스 아크 용접은 융접에 속한다.

36 피복 아크 용접에서 일반적으로 가장 많이 사용되는 차광유리의 차광도 번호는?

① 4~5 ② 7~8
③ 10~11 ④ 14~15

37 가스절단에 이용되는 프로판가스와 아세틸렌가스를 비교하였을 때 프로판가스의 특징으로 틀린 것은?

① 절단면이 미세하며 깨끗하다.
② 포갬 절단 속도가 아세틸렌보다 느리다.
③ 절단 상부 기슭이 녹은 것이 적다.
④ 슬래그의 제거가 쉽다.

38 교류 아크 용접기의 종류에 속하지 않는 것은?

① 가동코일형
② 탭전환형
③ 정류기형
④ 가포화 리액터형

해설
- 교류 아크 용접기 : 탭 전환형, 가동코일형, 가동철심형, 가포화리액터형
- 직류 아크 용접기 : 정류기형, 구동형(엔전구동형, 모터구동형)

39 Mg 및 Mg 합금의 성질에 대한 설명으로 옳은 것은?

① Mg의 열전도율은 Cu와 Al보다 높다.
② Mg의 전기전도율은 Cu와 Al보다 높다.
③ Mg합금보다 Al합금의 비강도가 우수하다.
④ Mg는 알칼리에 잘 견디나, 산이나 염수에는 침식된다.

정답
32. ① 33. ④ 34. ③ 35. ③ 36. ③ 37. ② 38. ③ 39. ④

40 금속간 화합물의 특징을 설명한 것 중 옳은 것은?

① 어느 성분 금속보다 용융점이 낮다.
② 어느 성분 금속보다 경도가 낮다.
③ 일반 화합물에 비하여 결합력이 약하다.
④ Fe_3C는 금속간 화합물에 해당되지 않는다.

41 니켈-크롬 합금 중 사용한도가 1000℃까지 측정할 수 있는 합금은?

① 망가닌   ② 우드메탈
③ 배빗메탈   ④ 크로멜-알루멜

해설
- 망가닌 : 구리 84%에 망간 12%와 니켈 4%를 첨가한 합금, 표준저항기용 재료로 사용
- 우드메탈 : 비스무트+납+주석+카드뮴의 저융점 합금으로 전기 퓨즈, 저온땜납용에 사용
- 배빗메탈 : 주석계 화이트메탈로 주석+납+안티몬+아연+구리의 합금으로 베어링용에 사용된다.

42 주철에 대한 설명으로 틀린 것은?

① 인장강도에 비해 압축강도가 높다.
② 회주철은 편상 흑연이 있어 감쇠능이 좋다.
③ 주철 절삭 시에는 절삭유를 사용하지 않는다.
④ 액상일 때 유동성이 나쁘며, 충격 저항이 크다.

해설 주철은 유동성이 좋아 주물재료로 많이 사용되나 취성이 있으므로 충격에 약하다.

43 철에 Al, Ni, Co를 첨가한 합금으로 잔류 자속밀도가 크고 보자력이 우수한 자성 재료는?

① 퍼멀로이   ② 센더스트
③ 알니코 자석   ④ 페라이트 자석

해설
- 퍼멀로이 : 니켈+철의 합금으로 고투자율 합금이다.
- 센더스트 : 철+규소+알루미늄 합금으로 고투자율 합금이다.
- 페라이트 자석 : 망간, 코발트, 니켈 등의 산화물과 철의 혼합으로 제작되는 영구자석으로 일상에 널리 사용된다.

44 물과 얼음, 수증기가 평형을 이루는 3 중점 상태에서의 자유도는?

① 0   ② 1
③ 2   ④ 3

해설 자유도(F)=n+2-P(여기서 n : 성분수, P : 상의 수)이다. 물, 얼음, 수증기는 모두 성분(n)은 같으면서 상(P)는 3상이므로 F=1+2-3=0이다. 즉 자유도는 0이다.

45 황동의 종류 중 순 Cu와 같이 연하고 코이닝하기 쉬우므로 동전이나 메달 등에 사용되는 합금은?

① 95% Cu-5% Zn 합금
② 70% Cu-30% Zn 합금
③ 60% Cu-40% Zn 합금
④ 50% Cu-50% Zn 합금

해설
- 95% Cu+5% Zn : 길딩 메탈(gilding metal)이라 하며 단련황동의 한 종류이다.
- 70% Cu+30% Zn : 카트리지 황동이라 하며 판, 봉, 관으로 사용
- 60% Cu+40% Zn : 문쯔메탈이라 하며 열교환기 등에 사용

정답
40. ③ 41. ④ 42. ④ 43. ③ 44. ① 45. ①

46 금속재료의 표면에 강이나 주철의 작은 입자(ϕ0.5mm~1.0mm)를 고속으로 분사시켜, 표면의 경도를 높이는 방법은?

① 침탄법 ② 질화법
③ 폴리싱 ④ 쇼트피닝

> **해설**
> • 침탄법 : 금속표면에 탄소를 침투시켜 표면을 경화시키는 표면경화처리법
> • 질화법 : 금속표면에 질소를 침투시켜 표면을 경화시키는 표면경화처리법
> • 폴리싱 : 버프 연삭(研削)에서 공작물 표면에 윤을 내는 연마 작업을 말한다.

47 탄소강은 200~300℃에서 연신율과 단면수축률이 상온보다 저하되어 단단하고 깨지기 쉬우며, 강의 표면이 산화되는 현상은?

① 적열메짐 ② 상온메짐
③ 청열메짐 ④ 저온메짐

> **해설**
> • 적열취성 : 황에 의해 발생되며 망간을 첨가하면 MnS가 되어 적열취성을 방지한다.
> • 상온취성 : 상온에서 발생하는 메짐으로 인(P)으로 인해 발생되며 결정립을 조대화시키고 상온에서 충격값이 감소되며 냉간가공 시 균열이 발생한다.
> • 저온취성 : 상온 이하에서 발생하며 연신율, 충격값이 감소한다.

48 강에 S, Pb 등의 특수 원소를 첨가하여 절삭할 때 칩을 잘게 하고 피삭성을 좋게 만든 강은 무엇인가?

① 불변강 ② 쾌삭강
③ 베어링강 ④ 스프링강

49 주위의 온도 변화에 따라 선팽창 계수나 탄성률 등의 특정한 성질이 변하지 않는 불변강이 아닌 것은?

① 인바 ② 엘린바
③ 코엘린바 ④ 스텔라이트

> **해설** 스텔라이트
> 코발트+크롬+텅스텐+탄소로 이루어진 주조경질합금으로 절삭공구 등에 사용된다.

50 Al의 비중과 용융점(℃)은 약 얼마인가?

① 2.7, 660℃
② 4.5, 390℃
③ 8.9, 220℃
④ 10.5, 450℃

51 기계제도에서 물체의 보이지 않는 부분의 형상을 나타내는 선은?

① 외형선 ② 가상선
③ 절단선 ④ 숨은선

52 그림과 같은 입체도의 화살표 방향을 정면도로 표현할 때 실제와 동일한 형상으로 표시되는 면을 모두 고른 것은?

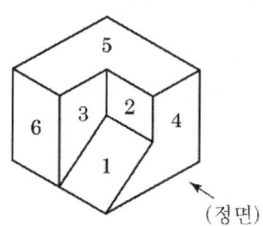

① 3과 4 ② 4와 6
③ 2와 6 ④ 1과 5

53 다음 중 한쪽 단면도를 올바르게 도시한 것은?

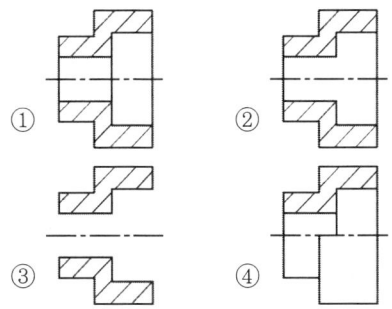

54 다음 재료 기호 중 용접구조용 압연 강재에 속하는 것은?

① SPPS 380　　② SPCC
③ SCW 450　　④ SM 400C

> 해설 ㉠ SPPS : 압력배관용 탄소강관
> ㉡ SPCC : 냉간압연강판
> ㉢ SCW : 용접용 주강품

55 그림의 도면에서 X의 거리는?

① 510mm　　② 570mm
③ 600mm　　④ 630mm

> 해설 구멍 사이의 간격은 30mm이고 구멍의 개수가 20개이므로 30×19는 570mm이며, 전체의 길이는 570+70이므로 630mm이다.

56 다음 치수 중 참고 치수를 나타내는 것은?

① (50)　　② □50
③ 50̄　　④ 50

57 주 투상도를 나타내는 방법에 관한 설명으로 옳지 않은 것은?

① 조립도 등 주로 기능을 나타내는 도면에서는 대상물을 사용하는 상태로 표시한다.
② 주 투상도를 보충하는 다른 투상도는 되도록 적게 표시한다.
③ 특별한 이유가 없을 경우, 대상물을 세로 길이로 놓은 상태로 표시한다.
④ 부품도 등 가공하기 위한 도면에서는 가공에 있어서 도면을 가장 많이 이용하는 공정에서 대상물을 놓은 상태로 표시한다.

58 그림에서 나타난 용접기호의 의미는?

① 플레이어 K형 용접
② 양쪽 필릿 용접
③ 플러그 용접
④ 프로젝션 용접

59 그림과 같은 배관 도면에서 도시기호 S는 어떤 유체를 나타내는 것인가?

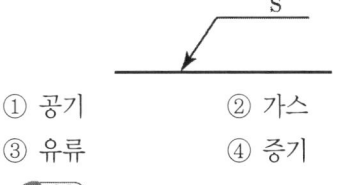

① 공기　　② 가스
③ 유류　　④ 증기

> 해설 공기 : A, 가스 : G, 유류 : O

정답
54. ④　55. ②　56. ①　57. ③　58. ②　59. ④

60 그림의 입체도에서 화살표 방향을 정면으로 하여 제3각법으로 그린 정투상도는?

60. ①

2016년 제1회 과년도출제문제 — 특수용접기능사

01 용접 이음 설계 시 충격하중을 받는 연강의 안전율은?
① 12
② 8
③ 5
④ 3

해설 하중에 따른 안전율

하중의 종류	정하중	동하중		충격하중
		단진응력	교번응력	
안전율	3	5	8	12

02 다음 중 기본 용접 이음 형식에 속하지 않는 것은?
① 맞대기 이음
② 모서리 이음
③ 마찰 이음
④ T자 이음

03 화재의 분류는 소화 시 매우 중요한 역할을 한다. 서로 바르게 연결된 것은?
① A급 화재 - 유류화재
② B급 화재 - 일반화재
③ C급 화재 - 가스화재
④ D급 화재 - 금속화재

해설
- A급 화재(일반화재) : 연소 후 재를 남기는 화재(종이, 목재, 석탄 등)
- B급 화재(유류화재) : 액상 또는 기체상의 연료성 화재(휘발유, 벤젠 등)
- C급 화재(전기화재) : 전기에너지가 발화원이 되는 화재로 전기시설의 화재
- D급 화재(금속화재) : 금속 칼륨, 금속 나트륨, 유황, 탄산알루미늄 등의 화재
- E급 화재(가스화재) : 가연성 가스에 의해 발화원이 되는 화재

04 불활성 가스가 아닌 것은?
① C_2H_2
② Ar
③ Ne
④ He

해설 불활성 가스로는 Ar(아르곤), He(헬륨), Ne(네온)이 있으며 이 중 주로 Ar을 활용한 불활성 가스 용접으로는 TIG, MIG 용접이 있다.

05 서브머지드 아크 용접장치 중 전극형상에 의한 분류에 속하지 않는 것은?
① 와이어(wire) 전극
② 테이프(tape) 전극
③ 대상(hoop) 전극
④ 대차(carriage) 전극

해설 대차(carriage)란 용접와이어 및 제어장치 등을 얹어놓고 이동할 수 있게 한 장치이다.

06 용접 시공 계획에서 용접 이음 준비에 해당되지 않는 것은?
① 용접 홈의 가공
② 부재의 조립
③ 변형 교정
④ 모재의 가용접

해설 변형교정은 용접 후에 행하는 시공법이다.

07 다음 중 서브머지드 아크 용접(Submerged Arc Welding)에서 용제의 역할과 가장 거리가 먼 것은?

정답
1. ① 2. ③ 3. ④ 4. ① 5. ④ 6. ③ 7. ②

① 아크 안정
② 용락 방지
③ 용접부의 보호
④ 용착금속의 재질 개선

> **해설** 서브머지드 아크 용접에서 용락을 방지하기 위해서는 0.8mm 이하의 루트간격을 유지하거나 또는 이면 받침판을 사용한다.

08 다음 중 전기저항 용접의 종류가 아닌 것은?
① 점 용접
② MIG 용접
③ 프로젝션 용접
④ 플래시 용접

> **해설** MIG 용접은 TIG 용접과 함께 불활성 가스 아크 용접의 한 종류이다.

09 다음 중 용접 금속에 기공을 형성하는 가스에 대한 설명으로 틀린 것은?
① 응고 온도에서의 액체와 고체의 용해도 차에 의한 가스 방출
② 용접금속 중에서의 화학반응에 의한 가스 방출
③ 아크 분위기에서의 기체의 물리적 혼입
④ 용접 중 가스 압력의 부적당

10 가스 용접 시 안전조치로 적절하지 않은 것은?
① 가스의 누설검사는 필요할 때만 체크하고 점검은 수돗물로 한다.
② 가스 용접장치는 화기로부터 5m 이상 떨어진 곳에 설치해야 한다.
③ 작업 종료 시 메인 밸브 및 콕 등을 완전히 잠가준다.
④ 인화성 액체 용기의 용접을 할 때는 증기 열탕물로 완전히 세척 후 통풍구멍을 개방하고 작업한다.

> **해설** 가스의 누설검사는 수시로 실시하며 검사는 비눗물을 이용하여 실시한다.

11 TIG 용접에서 가스이온이 모재에 충돌하여 모재 표면에 산화물을 제거하는 현상은?
① 제거 효과
② 청정 효과
③ 용융 효과
④ 고주파 효과

> **해설** 청정 효과(cleaning action)란 TIG 용접에서 직류역극성이나 교류를 사용할 때 나타나는 현상으로 모재표면의 산화피막을 제거하는 효과가 있다.

12 연강의 인장시험에서 인장시험편의 지름이 10mm이고 최대하중이 5500kgf일 때 인장강도는 약 몇 kgf/mm^2인가?
① 60
② 70
③ 80
④ 90

> **해설** 인장응력(σ)=하중(5500)/단면적(3.14×5×5)이므로 $70.06kgf/mm^2$이다.

13 용접부의 표면에 사용되는 검사법으로 비교적 간단하고 비용이 싸며 특히 자기 탐상 검사가 되지 않는 금속 재료에 주로 사용되는 검사법은?
① 방사선 비파괴 검사
② 누수 검사
③ 침투 비파괴 검사
④ 초음파 비파괴 검사

> **해설** 침투탐상검사 : 용접부 표면을 깨끗이 청소한 다음 침투액을 스며들게 한 후 현상액을 칠하여 결함(균열 등)을 검출하는 비

정답
8. ② 9. ④ 10. ① 11. ② 12. ② 13. ③

파괴검사법의 한 종류이다.

14 용접에 의한 변형을 미리 예측하여 용접하기 전에 용접 반대 방향으로 변형을 주고 용접하는 방법은?

① 억제법 ② 역변형법
③ 후퇴법 ④ 비석법

> **해설**
> - 억제법 : 용접 시 변형을 방지하기 위해 지그 등을 사용해서 변형을 방지하는 방법이다.
> - 후퇴법 : 용접방향과 용접진행방향이 서로 반대되게 진행하는 방법으로 잔류응력을 다소 적게 발생되게 하는 용착법이다.
> - 비석법 : 용접 길이를 짧게 나누어 간격을 두면서 용접하는 방법으로 변형이나 잔류응력을 경감시키는 용착법이다.

15 다음 중 플라즈마 아크 용접에 적합한 모재가 아닌 것은?

① 텅스텐, 백금
② 티탄, 니켈 합금
③ 티탄, 구리
④ 스테인리스강, 탄소강

> **해설** 플라즈마 아크 용접은 아주 작고 정밀하거나 고품질의 제품을 요구하는 곳에 사용하는 용접법으로 일반 용접이 어려운 금속에 주로 사용된다.

16 용접 지그를 사용했을 때의 장점이 아닌 것은?

① 구속력을 크게 하여 잔류응력 발생을 방지한다.
② 동일 제품을 다량 생산할 수 있다.
③ 제품의 정밀도를 높인다.
④ 작업을 용이하게 하고 용접능률을 높인다.

> **해설** 용접 지그를 사용하면 구속력을 높여서 변형을 경감시킬 수 있으나 대신 잔류응력은 증가한다.

17 일종의 피복 아크 용접법으로 피더(feeder)에 철분제 용접봉을 장착하여 수평 필릿용접을 전용으로 하는 일종의 반자동 용접장치로서 모재와 일정한 경사를 갖는 금속지주를 용접 홀더가 하강하면서 용접되는 용접법은?

① 그래비티 용접 ② 용사
③ 스터드 용접   ④ 테르밋 용접

> **해설**
> - 용사 : 용사하고자 하는 금속재료의 분말을 가열하여 반 용융상태에서 압축공기의 힘으로 분무를 시켜서 원하는 재료에 밀착피복시키는 방법을 말한다.
> - 스터드용접 : 볼트나 환봉을 피스톤형의 홀더에 끼우고 모재와 볼트 사이에 순간적으로 아크를 발생시켜 용접하는 방법이다.
> - 테르밋 용접 : 알루미늄과 산화철의 분말 혼합물을 사용하여 고열을 이용해서 강 또는 철재를 용접하는 방법으로 기차의 레일 등의 제작에 사용된다.

18 피복 아크 용접에 의한 맞대기 용접에서 개선 홈과 판 두께에 관한 설명으로 틀린 것은?

① I형 : 판 두께 6mm 이하 양쪽용접에 적용
② V형 : 판 두께 20mm 이하 한쪽용접에 적용
③ U형 : 판 두께 40~60mm 양쪽용접에 적용
④ X형 : 판 두께 15~40mm 양쪽용접에 적용

정답
14. ② 15. ① 16. ① 17. ① 18. ③

해설 U형 홈

U형 홈 용접은 판 두께에 거의 제한이 없다.

19 이산화탄소 아크 용접 방법에서 전진법의 특징으로 옳은 것은?

① 스패터의 발생이 적다.
② 깊은 용입을 얻을 수 있다.
③ 비드 높이가 낮고 평탄한 비드가 형성된다.
④ 용접선이 잘 보이지 않아 운봉을 정확하게 하기 어렵다.

해설 • 전진법의 특징
① 용접 시 용접선을 잘 볼 수 있어 운봉을 정확하게 할 수 있다.
② 비드 높이가 낮아 평탄한 비드가 형성된다.
③ 스패터가 많고 진행 방향으로 흩어진다.
④ 용착금속이 진행 방향으로 앞서기 쉬워 용입이 얕다.

• 후진법의 특징
① 비드 높이가 높고 폭이 좁은 비드를 얻을 수 있다.
② 스패터 발생이 전진법보다 적게 발생한다.
③ 용융금속이 진행 방향에 직접적인 영향이 적어 깊은 용입을 얻을 수 있다.
④ 용접 진행 중에 비드 모양을 볼 수 있어 비드의 폭과 높이를 제어하면서 용접이 가능하다.

20 일렉트로 슬래그 용접에서 주로 사용되는 전극 와이어의 지름은 보통 몇 mm 정도인가?

① 1.2~1.5 ② 1.7~2.3
③ 2.5~3.2 ④ 3.5~4.0

21 볼트나 환봉을 피스톤형의 홀더에 끼우고 모재와 볼트 사이에 순간적으로 아크를 발생시켜 용접하는 방법은?

① 서브머지드 아크 용접
② 스터드 용접
③ 테르밋 용접
④ 불활성가스 아크 용접

22 용접 결함과 그 원인에 대한 설명 중 잘못 짝지어진 것은?

① 언더컷 – 전류가 너무 높은 때
② 기공 – 용접봉이 흡습되었을 때
③ 오버랩 – 전류가 너무 낮은 때
④ 슬래그 섞임 – 전류가 과대되었을 때

해설 슬래그 섞임 : 슬래그 제거 불완전, 전류 과소, 운봉 조작 불완전 등으로 인해 발생한다.

23 피복 아크 용접에서 피복제의 성분에 포함되지 않는 것은?

① 아크 안정제   ② 가스 발생제
③ 피복 이탈제   ④ 슬래그 생성제

24 피복 아크 용접봉의 용융속도를 결정하는 식은?

① 용융속도=아크전류×용접봉 쪽 전압강하
② 용융속도=아크전류×모재 쪽 전압강하
③ 용융속도=아크전압×용접봉 쪽 전압강하
④ 용융속도=아크전압×모재 쪽 전압강하

25 용접법의 분류에서 아크 용접에 해당되지 않는 것은?

정답
19. ③　20. ③　21. ②　22. ④　23. ③　24. ①　25. ①

① 유도가열 용접   ② TIG 용접
③ 스터드 용접   ④ MIG 용접

해설 유도가열 용접은 압접의 한 종류이다.

26 피복 아크 용접 시 용접선상에서 용접봉을 이동시키는 조작을 말하며 아크의 발생, 중단, 재아크, 위빙 등이 포함된 작업을 무엇이라 하는가?
① 용입   ② 운봉
③ 키홀   ④ 용융지

해설
- 용입 : 용접에 의해 모재가 녹은 깊이
- 키홀 : 이면 용접 시 뒤쪽에 비드를 형성하기 위한 위빙(운봉) 시 생기는 열쇠구멍과 같은 홀
- 용융지 : 모재와 용접봉이 녹아서 생기는 쇳물 부분

27 다음 중 산소 및 아세틸렌 용기의 취급방법으로 틀린 것은?
① 산소용기의 밸브, 조정기, 도관, 취부구는 반드시 기름이 묻은 천으로 깨끗이 닦아야 한다.
② 산소용기의 운반 시에는 충돌, 충격을 주어서는 안 된다.
③ 사용이 끝난 용기는 실병과 구분하여 보관한다.
④ 아세틸렌 용기는 세워서 사용하며 용기에 충격을 주어서는 안 된다.

해설 산소용기의 조정기, 도관, 취부구 등은 가스가 흐르는 통로이기 때문에 폭발의 염려가 있어서 기름이 혼용되어서는 안 된다.

28 가스 용접이나 절단에 사용되는 가연성 가스의 구비 조건으로 틀린 것은?

① 발열량이 클 것
② 연소속도가 느릴 것
③ 불꽃의 온도가 높을 것
④ 용융금속과 화학반응이 일어나지 않을 것

29 다음 중 가변저항의 변화를 이용하여 용접 전류를 조정하는 교류 아크 용접기는?
① 탭 전환형   ② 가동 코일형
③ 가동 철심형   ④ 가포화 리액터형

30 AW-250, 무부하전압 80V, 아크전압 20V인 교류 용접기를 사용할 때 역률과 효율은 각각 약 얼마인가? (단, 내부 손실은 4kW이다.)
① 역률 : 45%, 효율 : 56%
② 역률 : 48%, 효율 : 69%
③ 역률 : 54%, 효율 : 80%
④ 역률 : 69%, 효율 : 72%

해설
- 역률=소비전력/전원입력이다.
- 전원입력=(무부하전압×정격 2차 전류)이므로 역률=5+4/20=45%이다.
- 효율=아크출력/소비전력이다.
- 아크출력=(아크전압×정격 2차 전류), 소비전력=(아크전압×정격 2차 전류)+내부 손실이므로, 효율=5/5+4이므로 55.5%이다.
- ※ 전력은 전압×전류이며, 1kW는 1000W이다.

31 혼합가스 연소에서 불꽃 온도가 가장 높은 것은?
① 산소-수소 불꽃
② 산소-프로판 불꽃

정답 26. ② 27. ① 28. ② 29. ④ 30. ① 31. ③

③ 산소-아세틸렌 불꽃
④ 산소-부탄 불꽃

해설
- 산소-수소 : 2982℃
- 산소-프로판 : 2926℃
- 산소-아세틸렌 : 3230℃
- 산소-부탄 : 2926℃

32 연강용 피복 아크 용접봉의 종류와 피복제 계통으로 틀린 것은?

① E4303 : 라임티타니아계
② E4311 : 고산화티탄계
③ E4316 : 저수소계
④ E4327 : 철분산화철계

해설
- 고셀룰로오스계 : E4311
- 고산화티탄계 : E4313

33 산소-아세틸렌 가스 절단과 비교한 산소-프로판 가스절단의 특징으로 옳은 것은?

① 절단면이 미세하며 깨끗하다.
② 절단 개시 시간이 빠르다.
③ 슬래그 제거가 어렵다.
④ 중성불꽃을 만들기가 쉽다.

34 피복 아크 용접에서 "모재의 일부가 녹은 쇳물 부분"을 의미하는 것은?

① 슬래그   ② 용융지
③ 피복부   ④ 용착부

해설 슬래그
피복제가 녹아서 형성된 부분으로 용접부를 보호하는 역할을 한다.

35 가스 압력 조정기 취급 사항으로 틀린 것은?

① 압력 용기의 설치구 방향에는 장애물이 없어야 한다.
② 압력 지시계가 잘 보이도록 설치하며 유리가 파손되지 않도록 주의한다.
③ 조정기를 견고하게 설치한 다음 조정 나사를 잠그고 밸브를 빠르게 열어야 한다.
④ 압력 조정기 설치구에 있는 먼지를 털어내고 연결부에 정확하게 연결한다.

36 연강용 가스 용접봉에서 "625±25℃에서 1시간 동안 응력을 제거한 것"을 뜻하는 영문자 표시에 해당되는 것은?

① NSR   ② GB
③ SR   ④ GA

해설
- NSR : 응력을 제거하지 않은 것
- GA, GB : 가스 용접봉의 종류

37 피복 아크 용접에서 위빙(weaving) 폭은 심선 지름의 몇 배로 하는 것이 가장 적당한가?

① 1배   ② 2~3배
③ 5~6배   ④ 7~8배

38 전격방지기는 아크를 끊음과 동시에 자동적으로 릴레이가 차단되어 용접기의 2차 무부하 전압을 몇 V 이하로 유지시키는가?

① 20~30   ② 35~45
③ 50~60   ④ 65~75

39 30% Zn을 포함한 황동으로 연신율이 비교적 크고, 인장 강도가 매우 높아 판, 막대, 관, 선 등으로 널리 사용되는 것은?

① 톰백(tombac)

정답
32. ② 33. ① 34. ② 35. ③ 36. ③ 37. ② 38. ① 39. ④

② 네이벌 황동(naval brass)
③ 6-4 황동(muntz metal)
④ 7-3 황동(cartridge brass)

해설
- 톰백 : 아연을 8~20% 함유한 황동합금으로 모조금으로 사용된다.
- 네이벌 황동 : 6 : 4 황동에 주석을 1% 첨가한 황동합금이다
- 6 : 4 황동 : 구리 60%, 아연 40%의 황동합금이다.

40 Au의 순도를 나타내는 단위는?
① K(carat)   ② P(pound)
③ %(percent) ④ μm(micron)

41 다음 상태도에서 액상선을 나타내는 것은?

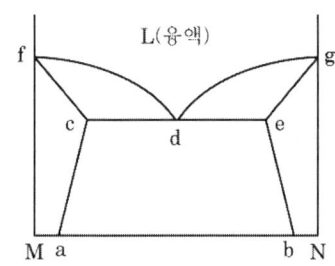

① acf   ② cde
③ fdg   ④ beg

해설 ①, ②, ④는 고상선이다.

42 금속 표면에 스텔라이트, 초경합금 등의 금속을 용착시켜 표면경화층을 만드는 것은?
① 금속 용사법   ② 하드 페이싱
③ 쇼트 피닝   ④ 금속 침투법

해설
- 금속 용사 : 금속재료의 분말을 가열하여 반 용융상태에서 압축공기의 힘으로 분무를 시켜서 금속표면을 경화시키는 방법
- 쇼트 피닝 : 지름이 얇은 강철볼 또는 모래를 금속표면에 고속으로 분사시켜 경화시키는 방법

- 금속침투법 : 금속에 다른 금속을 첨가시켜 합금층을 형성해 표면을 경화시키는 방법

43 철강 인장시험 결과 시험편이 파괴되기 직전 표점거리 62mm, 원표점거리 50mm일 때 연신율은?
① 12%   ② 24%
③ 31%   ④ 36%

해설 연신율
늘어난 길이/원래의 길이이므로 12/50×100(%)은 24%이다.

44 주철의 조직은 C와 Si의 양과 냉각속도에 의해 좌우된다. 이들의 요소와 조직의 관계를 나타낸 것은?
① C.C.T 곡선
② 탄소 당량도
③ 주철의 상태도
④ 마우러 조직도

45 Al-Cu-Si계 합금의 명칭으로 옳은 것은?
① 알민   ② 라우탈
③ 알드리   ④ 코슨합금

해설
- 알민 : 알루미늄+망간계 합금
- 알드리 : 알루미늄+마그네슘+규소계
- 코슨합금 : 구리에 3~4% 니켈, 약 1%의 규소가 함유된 합금으로서 C합금이라고도 하며, 통신선, 스프링 재료 등에 사용

46 Al 표면에 방식성이 우수하고 치밀한 산화피막이 만들어지도록 하는 방식 방법이 아닌 것은?

① 산화법　　② 수산법
③ 황산법　　④ 크롬산법

47 다음 중 재결정온도가 가장 낮은 것은?
① Sn　　② Mg
③ Cu　　④ Ni

해설
- Sn : -7~25℃
- Mg : 150℃
- Cu : 220~230℃
- Ni : 530~600℃

48 다음 중 해드필드(Hadfield)강에 대한 설명으로 틀린 것은?
① 오스테나이트조직의 Mn강이다.
② 성분은 10~14Mn%, 0.9~1.3C% 정도이다.
③ 이 강은 고온에서 취성이 생기므로 600~800℃에서 공랭한다.
④ 내마멸성과 내충격성이 우수하고, 인성이 우수하기 때문에 파쇄장치, 임펠러 플레이트 등에 사용한다.

해설 고온취성이 생기므로 1,000~1,100℃에서 수인법으로 담금질한다.

49 Fe-C 상태도에서 A_3와 A_4 변태점 사이에서의 결정구조는?
① 체심정방격자　　② 체심입방격자
③ 조밀육방격자　　④ 면심입방격자

50 열팽창계수가 다른 두 종류의 판을 붙여서 하나의 판으로 만든 것으로 온도 변화에 따라 휘거나 그 변형을 구속하는 힘을 발생하며 온도감응소자 등에 이용되는 것은?

① 서멧 재료
② 바이메탈 재료
③ 형상기억합금
④ 수소저장합금

해설
- 서멧 : 분말야금법으로 만들어진 금속과 세라믹스로 이루어지는 내열재료
- 형상기억합금 : 변형시킨 후에 열을 가하면 원래 형상으로 되돌아오는 특성을 가진 특수합금으로 최초에는 티탄+니켈 합금을 사용했다.
- 수소저장합금 : 온도와 압력의 변화에 따라 적당히 수소를 마시기도 하고 토해내기도 하는 합금으로 폭발성이 높은 수소를 안전하게 저장하는 데 사용된다.

51 기계제도에서 가는 2점 쇄선을 사용하는 것은?
① 중심선　　② 지시선
③ 피치선　　④ 가상선

해설
- 중심선 : 가는 일점쇄선
- 지시선, 피치선 : 가는 실선

52 나사의 종류에 따른 표시기호가 옳은 것은?
① M - 미터 사다리꼴 나사
② UNC - 미니추어 나사
③ Rc - 관용 테이퍼 암나사
④ G - 전구 나사

해설
- M : 미터보통나사
- UNC : 유니파이 보통나사
- G : 관용평행나사

53 배관용 탄소강관의 종류를 나타내는 기호가 아닌 것은?
① SPPS 380　　② SPPH 380
③ SPCD 390　　④ SPLT 390

정답
47. ①　48. ③　49. ④　50. ②　51. ④　52. ③　53. ③

54 기계제도에서 도형의 생략에 관한 설명으로 틀린 것은?

① 도형이 대칭 형식인 경우에는 대칭 중심선의 한쪽 도형만을 그리고, 그 대칭 중심선의 양끝 부분에 대칭그림기호를 그려서 대칭임을 나타낸다.
② 대칭 중심선의 한쪽 도형을 대칭 중심선을 조금 넘는 부분까지 그려서 나타낼 수도 있으며, 이때 중심선 양끝에 대칭그림기호를 반드시 나타내야 한다.
③ 같은 종류, 같은 모양의 것이 다수 줄지어 있는 경우에는 실형 대신 그림기호를 피치선과 중심선과의 교점에 기입하여 나타낼 수 있다.
④ 축, 막대, 관과 같은 동일 단면형의 부분은 지면을 생략하기 위하여 중간 부분을 파단선으로 잘라내서 그 긴요한 부분만을 가까이 하여 도시할 수 있다.

해설 대칭 중심선의 한쪽 도형을 대칭 중심선을 조금 넘는 부분까지 그려서 나타낼 수도 있으며, 이때 중심선 양끝에 대칭그림기호를 생략할 수 있다.

55 모떼기의 치수가 2mm이고 각도가 45°일 때 올바른 치수 기입 방법은?

① C2 ② 2C
③ 2-45° ④ 45°×2

56 도형의 도시 방법에 관한 설명으로 틀린 것은?

① 소성가공 때문에 부품의 초기 윤곽선을 도시해야 할 필요가 있을 때는 가는 2점 쇄선으로 도시한다.
② 필릿이나 둥근 모퉁이와 같은 가상의 교차선은 윤곽선과 서로 만나지 않은 가는 실선으로 투상도에 도시할 수 있다.
③ 널링부는 굵은 실선으로 전체 또는 부분적으로 도시한다.
④ 투명한 재료로 된 모든 물체는 기본적으로 투명한 것처럼 도시한다.

57 그림과 같은 제3각 정투상도에 가장 적합한 입체도는?

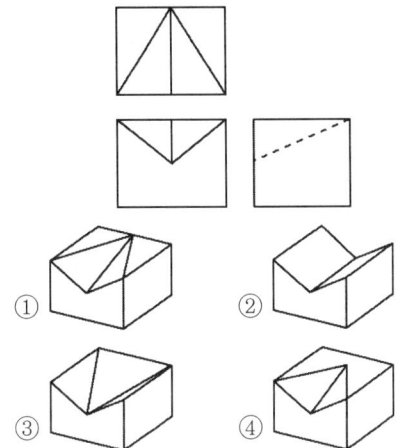

58 제3각법으로 정투상한 그림에서 누락된 정면도로 가장 적합한 것은?

정답
54. ② 55. ① 56. ④ 57. ① 58. ②

59 다음 중 게이트 밸브를 나타내는 기호는?

①   ②

③   ④

60 그림과 같은 용접 기호는 무슨 용접을 나타내는가?

① 심 용접   ② 비드 용접
③ 필릿 용접   ④ 점 용접

정답
59. ①   60. ③

용접기능사

2016년 제2회 과년도출제문제

01 서브머지드 아크 용접에서 사용하는 용제 중 흡습성이 가장 적은 것은?
① 용융형 ② 혼성형
③ 고온소결형 ④ 저온소결형

해설 용융형 용제는 흡습성이 거의 없으므로 재건조가 불필요하며, 소결형 용제는 고온소결형과 저온소결형(혼성형) 용제로 구분되며 사용 전 200~300℃로 1시간 정도 건조 후 사용한다.

02 고주파 교류 전원을 사용하여 TIG 용접을 할 때 장점으로 틀린 것은?
① 긴 아크유지가 용이하다.
② 전극봉의 수명이 길어진다.
③ 비접촉에 의해 융착 금속과 전극의 오염을 방지한다.
④ 동일한 전극봉 크기로 사용할 수 있는 전류 범위가 작다.

03 맞대기 용접 이음에서 판두께가 9mm, 용접선길이가 120mm, 하중이 7560N일 때, 인장응력은 몇 N/mm²인가?
① 5 ② 6
③ 7 ④ 8

해설 인장응력(σ)=하중(P)/단면적(A)이므로
7560/9×120=7N/mm²

04 용접 설계상 주의사항으로 틀린 것은?

① 용접에 적합한 설계를 할 것
② 구조상의 노치부가 생성되게 할 것
③ 결함이 생기기 쉬운 용접 방법은 피할 것
④ 용접 이음이 한곳으로 집중되지 않도록 할 것

해설 노치(notch)란 V자형의 홈을 일컫는 것으로서 노치가 있을 경우 하중의 집중으로 인해 응력의 발생으로 결함이 생길 확률이 높아진다.

05 납땜에 사용되는 용제가 갖추어야 할 조건으로 틀린 것은?
① 청정한 금속면의 산화를 방지할 것
② 납땜 후 슬래그의 제거가 용이할 것
③ 모재나 땜납에 대한 부식 작용이 최소한일 것
④ 전기 저항 납땜에 사용되는 것은 부도체일 것

해설 납땜용 용제의 구비 조건(위 지문 ①, ②, ③ 외에)
① 모재의 산화 피막과 같은 불순물을 제거하고 유동성이 좋을 것
② 땜납의 표면 장력을 맞추어서 모재와의 친화력을 높일 것
③ 용제의 유효온도 범위와 납땜 온도가 일치할 것
④ 전기 저항 납땜에 사용되는 것은 전도체일 것

06 용접 이음부에 예열하는 목적을 설명한 것

정답
1. ① 2. ④ 3. ③ 4. ② 5. ④ 6. ②

으로 틀린 것은?
① 수소의 방출을 용이하게 하여 저온균열을 방지한다.
② 모재의 열 영향부와 용착금속의 연화를 방지하고, 경화를 증가시킨다.
③ 용접부의 기계적 성질을 향상시키고, 경화조직의 석출을 방지시킨다.
④ 온도분포가 완만하게 되어 열응력의 감소로 변형과 잔류응력의 발생을 적게 한다.

07 전자 빔 용접의 특징으로 틀린 것은?
① 정밀 용접이 가능하다.
② 용접부의 열 영향부가 크고 설비비가 적게 든다.
③ 용입이 깊어 다층용접도 단층용접으로 완성할 수 있다.
④ 유해가스에 의한 오염이 적고 높은 순도의 용접이 가능하다.

〈해설〉 전자 빔 용접은 고온의 에너지를 집중할 수 있으므로 모재의 열 영향이 적으나 설비비는 매우 고가이다.

08 샤르피식의 시험기를 사용하는 시험 방법은?
① 경도시험 ② 인장시험
③ 피로시험 ④ 충격시험

〈해설〉 충격시험은 물체의 인성여부를 알아보기 위한 시험법으로 샤르피식 충격시험과 아이조드식 충격시험법이 있다.

09 다음 중 서브머지드 아크 용접의 다른 명칭이 아닌 것은?
① 잠호 용접

② 헬리 아크 용접
③ 유니언 멜트 용접
④ 불가시 아크 용접

〈해설〉 ① 서브머지드 아크 용접 : 불가시 용접, 링컨 용접, 잠호 용접, 유니언멜트 용접
② 불활성가스 텅스텐 아크 용접 : 헬리아크, 헬리웰드, 아르곤 아크 용접

10 용접제품을 조립하다가 V홈 맞대기 이음 홈의 간격이 5mm 정도 벌어졌을 때 홈의 보수 및 용접방법으로 가장 적합한 것은?
① 그대로 용접한다.
② 뒷댐판을 대고 용접한다.
③ 덧살올림 용접 후 가공하여 규정 간격을 맞춘다.
④ 치수에 맞는 재료로 교환하여 루트 간격을 맞춘다.

〈해설〉 맞대기 이음의 보수방법
① 6mm 이하 : 한쪽 또는 양쪽을 덧살 올림 용접을 하여 깎아내고 규정 간격으로 홈을 만들어 용접
② 6~16mm : 두께 6mm 정도의 뒤판을 대서 용접
③ 16mm 이상 : 판의 전부 또는 일부를 대체 후 용접

11 한 부분의 몇 층을 용접하다가 이것을 다음 부분의 층으로 연속시켜 전체 모양이 계단 형태를 이루는 용착법은?
① 스킵법 ② 덧살 올림법
③ 전진 블록법 ④ 캐스케이드법

〈해설〉 • 빌드업법(덧살 올림법) : 각 층마다 전체 길이를 쌓아 올리는 방법으로 가장 일반적이다.
• 캐스케이드법 : 한 부분의 몇 층을 용접하다가 이것을 다음 부분의 층으로 연속

정답
7. ② 8. ④ 9. ② 10. ③ 11. ④

시켜 전체가 계단 형태로 단계를 이루도록 용착시켜 나가는 방법
- 전진블록법 : 한 개의 용접봉으로 살을 붙일 만한 길이로 구분해서, 홈을 한 부분씩 여러 층으로 쌓아올린 다음, 다른 부분으로 진행하는 방법이다.

12 산소와 아세틸렌 용기의 취급상의 주의사항으로 옳은 것은?

① 직사광선이 잘 드는 곳에 보관한다.
② 아세틸렌병은 안전상 눕혀서 사용한다.
③ 산소병은 40℃ 이하 온도에서 보관한다.
④ 산소병 내에 다른 가스를 혼합해도 상관없다.

13 피복 아크 용접의 필릿 용접에서 루트 간격이 4.5mm 이상일 때의 보수 요령은?

① 규정대로의 각장으로 용접한다.
② 두께 6mm 정도의 뒤판을 대서 용접한다.
③ 라이너를 넣든지 부족한 판을 300mm 이상 잘라내서 대체하도록 한다.
④ 그대로 용접하여도 좋으나 넓혀진 만큼 각장을 증가시킬 필요가 있다.

해설 필릿 용접의 보수 방법
 ① 1.5mm 이하 : 규정된 각장으로 용접
 ② 1.5~4.5mm : 그대로 용접하되 넓혀진 만큼 각장을 증가시킨다.
 ③ 4.5mm 이상 : 라이너를 넣든지, 부족한 판을 300mm 이상 잘라내서 대체한다.

14 다음 중 초음파 탐상법의 종류가 아닌 것은?

① 극간법 ② 공진법
③ 투과법 ④ 펄스 반사법

해설 초음파 탐상법의 종류

- 투과법 : 시험체 속에 초음파의 연속파를 투과하여 뒷면에서 이를 수신하여 결함 여부 검사
- 펄스 반사법 : 초음파의 펄스를 시험체의 한쪽 면으로부터 송신하여 그 결함에서 반사되는 반사파의 형태로 결함여부 판정
- 공진법 ; 시험체의 한쪽 면에서 초음파의 연속파를 입사시키면 시험체 두께가 이 파 파장의 1/2 정수배에 해당할 때 공진이 일어나는데, 공진상태에서 결함의 유무나 재질, 두께 등을 측정하는 방법

15 CO_2 가스 아크 편면용접에서 이면 비드의 형성은 물론 뒷면 가우징 및 뒷면 용접을 생략할 수 있고, 모재의 중량에 따른 뒤업기(turn over) 작업을 생략할 수 있도록 홈 용접부 이면에 부착하는 것은?

① 스캘럽 ② 엔드탭
③ 뒷댐재 ④ 포지셔너

해설
- 스캘럽 : 용접선의 교차를 피하기 위해 한쪽 부재에 설치한 홈을 일컫는다.
- 엔드탭 : 용접선의 시작과 끝점에 부착한 보조판으로 시작부와 끝부분의 결함을 피하기 위해 사용
- 포지셔너 : 용접을 가장 하기 쉬운 자세로 위치할 수 있도록 하는 지그의 한 종류

16 탄산가스 아크 용접의 장점이 아닌 것은?

① 가시 아크이므로 시공이 편리하다.
② 적용되는 재질이 철계통으로 한정되어 있다.
③ 용착 금속의 기계적 성질 및 금속학적 성질이 우수하다.
④ 전류 밀도가 높아 용입이 깊고 용접 속도를 빠르게 할 수 있다.

해설 탄산가스 아크 용접의 장점
① 전류밀도가 높아 용입이 깊고 용접속도

정답
12. ③ 13. ③ 14. ① 15. ③ 16. ②

가 빠르다.
② 용착금속의 기계적 성질 및 금속학적 성질이 우수하다.
③ 피복 아크 용접처럼 용접봉을 갈아 끼울 필요가 없으므로 효율적이다.
④ 용제가 불필요하므로 슬래그 섞임이 없고 용접 후 처리가 간단하다.
⑤ 가시 아크이므로 용접부의 상태를 파악할 수 있고 시공이 편리하다.
⑥ 아크 특성에 적합한 상승 특성을 사용하여 아크가 안정된다.
⑦ 가스값이 저렴하므로 다른 용접법에 비해 비용이 적게 든다.

TIG에서 사용하는 전극봉 대신 소모성 용가재를 사용한다.
- 전자 빔 용접 : 높은 고진공 속에서 적열된 필라멘트로부터 전자 빔을 접합부에 조사하여 그 충격열을 이용하여 용접하는 방법이다.
- 원자수소 용접 : 분자 상태의 수소를 원자 상태의 수소로 해리시켜 이것이 다시 결합해서 분자 상태의 수소로 될 때 발생하는 열을 이용하여 용접하는 방법으로 2개의 텅스텐 전극 사이에 발생되는 아크열을 이용하여 모재를 접합하는 방법이다.

17 현상제(MgO, BaCO₃)를 사용하여 용접부의 표면 결함을 검사하는 방법은?
① 침투 탐상법   ② 자분 탐상법
③ 초음파 탐상법 ④ 방사선 투과법

해설
- 자분 탐상법 : 자성이 있는 재료에 시행할 수 있는 시험법으로 자속을 누설시켜 결함여부를 판단하는 비파괴 시험법이다.
- 초음파 탐상법 : 시험체에 초음파를 검사물 내부에 침투시켜 내부의 결함여부를 판단하는 비파괴 시험법이다.
- 방사선 투과법 : X-선이나 γ-선 같은 방사선을 이용하여 결함을 검사하는 비파괴 시험법이다.

18 미세한 알루미늄 분말과 산화철 분말을 혼합하여 과산화바륨과 알루미늄 등의 혼합분말로 된 점화제를 넣고 연소시켜 그 반응열로 용접하는 방법은?
① MIG 용접   ② 테르밋 용접
③ 전자 빔 용접 ④ 원자 수소 용접

해설
- MIG 용접 : 불활성가스를 사용하는 용접법으로 토치를 통해 자동으로 공급되는 와이어와 모재 사이에 아크를 발생시켜 용접하는 방법으로 TIG와 유사하나

19 용접결함에서 언더컷이 발생하는 조건이 아닌 것은?
① 전류가 너무 낮을 때
② 아크 길이가 너무 길 때
③ 부적당한 용접봉을 사용할 때
④ 용접속도가 적당하지 않을 때

해설 전류가 낮을 경우 오버랩이 발생한다.

20 플라즈마 아크 용접장치에서 아크 플라즈마의 냉각가스로 쓰이는 것은?
① 아르곤과 수소의 혼합가스
② 아르곤과 산소의 혼합가스
③ 아르곤과 메탄의 혼합가스
④ 아르곤과 프로판의 혼합가스

21 피복 아크 용접 작업 시 감전으로 인한 재해의 원인으로 틀린 것은?
① 1차측과 2차측 케이블의 피복 손상부에 접촉되었을 경우
② 피용접물에 붙어 있는 용접봉을 떼려다 몸에 접촉되었을 경우

정답
17. ① 18. ② 19. ① 20. ① 21. ③

③ 용접기기의 보수 중에 입출력 단자가 절연된 곳에 접촉되었을 경우
④ 용접 작업 중 홀더에 용접봉을 물릴 때나, 홀더가 신체에 접촉되었을 경우

22 보기에서 설명하는 서브머지드 아크 용접에 사용되는 용제는?

> - 화학적 균일성이 양호하다.
> - 반복 사용성이 좋다.
> - 비드 외관이 아름답다.
> - 용접 전류에 따라 입자의 크기가 다른 용제를 사용해야 한다.

① 소결형　　② 혼성형
③ 혼합형　　④ 용융형

23 기체를 수천도의 높은 온도로 가열하면 그 속도의 가스원자가 원자핵과 전자로 분리되어 양(+)과 음(-) 이온상태로 된 것을 무엇이라 하는가?

① 전자빔　　② 레이저
③ 테르밋　　④ 플라즈마

24 정격 2차 전류 300A, 정격 사용률 40%인 아크 용접기로 실제 200A 용접 전류를 사용하여 용접하는 경우 전체시간을 10분으로 하였을 때 다음 중 용접 시간과 휴식 시간을 올바르게 나타낸 것은?

① 10분 동안 계속 용접한다.
② 5분 용접 후 5분간 휴식한다.
③ 7분 용접 후 3분간 휴식한다.
④ 9분 용접 후 1분간 휴식한다.

해설 허용사용률=(정격 2차 전류)^2/(실제용접 전류)^2×정격사용률(%)이므로 $300^2/200^2$×40은 90%이다. 따라서 10분을 기준으로 했을 경우 9분은 아크를 발생하고 1분은 휴식을 취한다.

25 용해 아세틸렌 취급 시 주의사항으로 틀린 것은?

① 저장 장소는 통풍이 잘 되어야 된다.
② 저장 장소에는 화기를 가까이 하지 말아야 한다.
③ 용기는 진동이나 충격을 가하지 말고 신중히 취급해야 한다.
④ 용기는 아세톤의 유출을 방지하기 위해 눕혀서 보관한다.

26 다음 중 아크 절단법이 아닌 것은?

① 스카핑
② 금속 아크 절단
③ 아크 에어 가우징
④ 플라즈마 제트 절단

27 피복 아크 용접봉의 피복제 작용을 설명한 것 중 틀린 것은?

① 스패터를 많게 하고, 탈탄 정련작용을 한다.
② 용융금속의 용적을 미세화하고, 용착효율을 높인다.
③ 슬래그 제거를 쉽게 하며, 파형이 고운 비드를 만든다.
④ 공기로 인한 산화, 질화 등의 해를 방지하여 용착금속을 보호한다.

28 용접법의 분류 중에서 용접에 속하는 것은?

정답 22. ④　23. ④　24. ④　25. ④　26. ①　27. ①　28. ②

① 심 용접　② 테르밋 용접
③ 초음파 용접　④ 플래시 용접

해설 심 용접, 초음파 용접, 플래시 용접은 압접에 해당한다.

29 산소 용기의 윗부분에 각인되어 있는 표시 중 최고 충전 압력의 표시는 무엇인가?

① TP　② FP
③ WP　④ LP

해설 산소용기 각인 사항
- W : 용기 중량
- V : 내용적
- TP : 내압시험압력
- FP : 최고충전압력

30 2개의 모재에 압력을 가해 접촉시킨 다음 접촉면에 압력을 주면서 상대운동을 시켜 접촉면에서 발생하는 열을 이용하는 용접법은?

① 가스압접　② 냉간압접
③ 마찰용접　④ 열간압접

해설
- 가스압접 : 접합할 부분을 가스 불꽃으로 가열 후 접합 온도가 되었을 때 압력을 주어 접합하는 용접법이다.
- 냉간압접 : 2개의 금속을 Å(옹스트롬, 10^{-8}cm) 이상으로 밀착시키면 금속이온의 상호작용으로 결합하는 방법으로 상온에서 단순히 가압만을 이용해 접합하는 용접법이다.
- 열간압접 : 접합부를 고온으로 해서 압력을 가하여 용접하는 방법이다.

31 사용률이 60%인 교류 아크 용접기를 사용하여 정격전류로 6분 용접하였다면 휴식 시간은 얼마인가?

① 2분　② 3분
③ 4분　④ 5분

해설 사용률 계산 시 기준시간은 10분이며 사용률이 60%라 하면 6분은 일하고 4분은 휴식을 취해야 한다.

32 모재의 절단부를 불활성가스로 보호하고 금속전극에 대전류를 흐르게 하여 절단하는 방법으로 알루미늄과 같이 산화에 강한 금속에 이용되는 절단방법은?

① 산소 절단　② TIG 절단
③ MIG 절단　④ 플라즈마 절단

해설
- TIG 절단 : 텅스텐 전극과 모재 사이에 아크를 발생시켜 모재를 용융하여 절단하는 방법으로 전원은 직류정극성을 사용하며 알루미늄, 마그네슘, 스테인리스강 등의 절단에 사용된다.
- 플라즈마 절단 : 기체를 가열하면 발생되는 강한 빛과 고온의 플라즈마를 이용한 절단법으로 금속재료는 물론 비금속재료의 절단도 가능하다.

33 용접기의 특성 중에서 부하전류가 증가하면 단자 전압이 저하하는 특성은?

① 수하 특성　② 상승 특성
③ 정전압 특성　④ 자기제어 특성

해설
- 상승 특성 : 부하전류의 증가와 더불어 단자전압도 약간 상승하는 특성으로 자동 및 반자동 용접에 필요한 특성이다.
- 정전압 특성 : 부하전류의 변동과 관계없이 단자전압은 거의 일정한 특성으로 CP 특성이라 한다.
- 자기제어 특성 : 정확한 명칭은 아크길이 자기제어 특성으로 아크 전류가 일정할 때 전압이 높아지면 용접봉의 용융속도가 느려지고 전압이 낮아지면 용융속도가 빨라지는 특성으로 아크의 안정을 위

정답
29. ②　30. ③　31. ③　32. ③　33. ①

해 항상 안정된 아크길이를 유지하는 특성이다.

34 산소 - 아세틸렌 불꽃의 종류가 아닌 것은?
① 중성 불꽃 ② 탄화 불꽃
③ 산화 불꽃 ④ 질화 불꽃

35 리벳이음과 비교하여 용접 이음의 특징을 열거한 것 중 틀린 것은?
① 구조가 복잡하다.
② 이음 효율이 높다.
③ 공정의 수가 절감된다.
④ 유밀, 기밀, 수밀이 우수하다.

36 아크 에어 가우징 작업에 사용되는 압축공기의 압력으로 적당한 것은?
① 1~3kgf/cm²   ② 5~7kgf/cm²
③ 9~12kgf/cm²   ④ 14~16kgf/cm²

37 탄소 전극봉 대신 절단 전용의 특수 피복을 입힌 피복봉을 사용하여 절단하는 방법은?
① 금속 아크 절단
② 탄소 아크 절단
③ 아크 에어 가우징
④ 플라즈마 제트 절단

> **해설**
> • 탄소 아크 절단 : 탄소 또는 흑연 전극봉과 금속 사이에 아크를 발생시켜 절단하는 방법으로 전원은 직류정극성이 주로 사용된다.
> • 아크 에어 가우징 : 탄소아크절단에 압축공기를 병행하여 전극 홀더의 구멍에서 탄소전극봉과 나란히 고속의 공기를 분출시켜 홈을 파내는 방법이다.

38 산소 아크 절단에 대한 설명으로 가장 적합한 것은?
① 전원은 직류 역극성이 사용된다.
② 가스절단에 비하여 절단속도가 느리다.
③ 가스절단에 비하여 절단면이 매끄럽다.
④ 철강 구조물 해체나 수중 해체 작업에 이용된다.

> **해설** 산소 아크 절단은 속이 빈 용접봉과 모재 사이에 아크를 발생시켜 절단하는 방법으로 전원은 직류정극성이 주로 사용되고 절단속도는 가스절단에 비해 빠르나 절단면은 거칠다.

39 다이캐스팅 주물품, 단조품 등의 재료로 사용되며 융점이 약 660℃이고, 비중이 약 2.7인 원소는?
① Sn   ② Ag
③ Al   ④ Mn

40 다음 중 주철에 관한 설명으로 틀린 것은?
① 비중은 C와 Si 등이 많을수록 작아진다.
② 용융점은 C와 Si 등이 많을수록 낮아진다.
③ 주철을 600℃ 이상의 온도에서 가열 및 냉각을 반복하면 부피가 감소한다.
④ 투자율을 크게 하기 위해서는 화합 탄소를 적게 하고, 유리 탄소를 균일하게 분포시킨다.

> **해설** 주철을 600℃ 이상의 온도에서 가열 및 냉각하면 부피가 커지면서 결국은 균열이 발생되는데 이것을 주철의 성장이라 한다.

41 금속의 소성변형을 일으키는 원인 중 원자 밀도가 가장 큰 격자면에서 잘 일어나는 것은?

정답
34. ④ 35. ① 36. ② 37. ① 38. ④ 39. ③ 40. ③ 41. ①

① 슬립　　② 쌍정
③ 전위　　④ 편석

42 다음 중 Ni-Cu 합금이 아닌 것은?
① 어드밴스　　② 콘스탄탄
③ 모넬메탈　　④ 니칼로이

>해설> 니칼로이
>　　　Ni : 50%, Fe : 50%의 합금으로 초투자율 합금이다.

43 침탄법에 대한 설명으로 옳은 것은?
① 표면을 용융시켜 연화시키는 것이다.
② 망상 시멘타이트를 구상화시키는 방법이다.
③ 강재의 표면에 아연을 피복시키는 방법이다.
④ 강재의 표면에 탄소를 침투시켜 경화시키는 것이다.

44 그림과 같은 결정격자의 금속 원소는?

① Ni　　② Mg
③ Al　　④ Au

>해설> • 조밀육방격자 : Mg, Zn, Be, Cd, Ti, Co
>　　　• 체심입방격자 : Ba, Cr, K, W, Mo, V, Li, α-철, δ-철
>　　　• 면심입방격자 : Al, Ag, Au, Cu, Pt, Ni, γ-철

45 전해 인성 구리는 약 400℃ 이상의 온도에서 사용하지 않는 이유로 옳은 것은?
① 풀림취성을 발생시키기 때문이다.
② 수소취성을 발생시키기 때문이다.
③ 고온취성을 발생시키기 때문이다.
④ 상온취성을 발생시키기 때문이다.

46 구상흑연주철은 주조성, 가공성 및 내마멸성이 우수하다. 이러한 구상흑연주철 제조 시 구상화제로 첨가되는 원소로 옳은 것은?
① P, S　　② O, N
③ Pb, Zn　　④ Mg, Ca

47 형상 기억 효과를 나타내는 합금이 일으키는 변태는?
① 펄라이트 변태
② 마텐자이트 변태
③ 오스테나이트 변태
④ 레데뷰라이트 변태

48 Y 합금의 일종으로 Ti과 Cu를 0.2% 정도씩 첨가한 것으로 피스톤에 사용되는 것은?
① 두랄루민　　② 코비탈륨
③ 로엑스합금　　④ 하이드로날륨

>해설> • 두랄루민 : Al+Cu+Mg+Mn의 합금으로 비행기 제작에 사용
>　　　• Lo-Ex 합금 : Ni(2.0~2.5%), Cu(1.0%), Mg(1.0%), Si(12~14%), 나머지 Al 첨가
>　　　• 하이드로날륨 : Al+Mg(6%)의 합금으로 내식용에 쓰인다.

49 시험편을 눌러 구부리는 시험방법으로 굽

정답　42. ④　43. ④　44. ②　45. ②　46. ④　47. ②　48. ②　49. ②

힘에 대한 저항력을 조사하는 시험방법은?
① 충격시험 ② 굽힘시험
③ 전단시험 ④ 인장시험

50 Fe-C 평형상태도에서 공정점의 C%는?
① 0.02% ② 0.8%
③ 4.3%   ④ 6.67%

51 다음 용접 기호 중 표면 육성을 의미하는 것은?
①   ②
③   ④

해설 ② : 서피싱 이음(표면육성 이음)
③ : 경사 이음
④ : 겹침 이음

52 배관의 간략 도시방법에서 파이프의 영구 결합부(용접 또는 다른 공법에 의한다.) 상태를 나타내는 것은?
①   ②
③ ─●─ ④ ─┼─

53 제3각법의 투상도에서 도면의 배치 관계는?
① 평면도를 중심하여 정면도는 위에 우측면도는 우측에 배치된다.
② 정면도를 중심하여 평면도는 밑에 우측면도는 우측에 배치된다.
③ 정면도를 중심하여 평면도는 위에 우측면도는 우측에 배치된다.
④ 정면도를 중심하여 평면도는 위에 우측면도는 좌측에 배치된다.

54 그림과 같이 제3각법으로 정투상한 각뿔의 전개도 형상으로 적합한 것은?

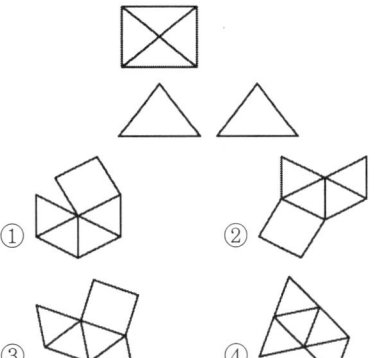

55 도면에 대한 호칭방법이 다음과 같이 나타날 때 이에 대한 설명으로 틀린 것은?

KS B ISO 5457-A1t-TP 112.5-R-TBL

① 도면은 KS B ISO 5457을 따른다.
② A1 용지 크기이다.
③ 재단하지 않은 용지이다.
④ $112.5g/m^2$ 사양의 트레이싱지이다.

56 그림과 같은 도면에서 나타난 "□40" 치수에서 "□"가 뜻하는 것은?

① 정사각형의 변
② 이론적으로 정확한 치수
③ 판의 두께
④ 참고치수

57 그림과 같이 원통을 경사지게 절단한 제품

정답
50. ③ 51. ① 52. ③ 53. ③ 54. ② 55. ③ 56. ① 57. ②

을 제작할 때, 다음 중 어떤 전개법이 가장 적합한가?

① 사각형법 ② 평행선법
③ 삼각형법 ④ 방사선법

해설 ㉠ SPP : 배관용 탄소강관
㉡ SPS : 스프링 강
㉢ SKH : 고속도 강

58 다음 중 가는 실선으로 나타내는 경우가 아닌 것은?

① 시작점과 끝점을 나타내는 치수선
② 소재의 굽은 부분이나 가공 공정의 표시선
③ 상세도를 그리기 위한 틀의 선
④ 금속 구조 공학 등의 구조를 나타내는 선

59 그림과 같은 도면에서 괄호 안의 치수는 무엇을 나타내는가?

① 완성 치수
② 참고 치수
③ 다듬질 치수
④ 비례척이 아닌 치수

60 다음 중 일반구조용 탄소강관의 KS 재료 기호는?

① SPP ② SPS
③ SKH ④ STK

정답
58. ④ 59. ② 60. ④

2016년 제2회 과년도출제문제 — 특수용접기능사

01 가스 용접 시 안전사항으로 적당하지 않은 것은?
① 호스는 길지 않게 하며 용접이 끝났을 때는 용기밸브를 잠근다.
② 작업자 눈을 보호하기 위해 적당한 차광유리를 사용한다.
③ 산소병은 60℃ 이상 온도에서 보관하고 직사광선을 피하여 보관한다.
④ 호스 접속부는 호스밴드로 조이고 비눗물 등으로 누설 여부를 검사한다.

> **해설** 산소병은 통풍이 잘 되고 직사광선이 없는 곳에 보관하며 항상 40℃ 이하로 보관할 것

02 다음 중 일반적으로 모재의 용융선 근처의 열영향부에서 발생되는 균열이며 고탄소강이나 저합금강을 용접할 때 용접열에 의한 열영향부의 경화와 변태응력 및 용착금속 속의 확산성 수소에 의해 발생되는 균열은?
① 루트 균열   ② 설퍼 균열
③ 비드 밑 균열   ④ 크레이터 균열

03 다음 중 지그나 고정구의 설계 시 유의사항으로 틀린 것은?
① 구조가 간단하고 효과적인 결과를 가져와야 한다.
② 부품의 고정과 이완은 신속히 이루어져야 한다.

③ 모든 부품의 조립은 어렵고 눈으로 볼 수 없어야 한다.
④ 한번 부품을 고정시키면 차후 수정 없이 정확하게 고정되어 있어야 한다.

04 플라즈마 아크 용접의 특징으로 틀린 것은?
① 비드 폭이 좁고 용접속도가 빠르다.
② 1층으로 용접할 수 있으므로 능률적이다.
③ 용접부의 기계적 성질이 좋으며 용접변형이 적다.
④ 핀치효과에 의해 전류밀도가 작고 용입이 얕다.

05 다음 용접 결함 중 구조상의 결함이 아닌 것은?
① 기공   ② 변형
③ 용입 불량   ④ 슬래그 섞임

> **해설**
> • 구조상 결함 : 기공, 슬래그 섞임, 용입불량, 언더컷, 오버랩, 피트, 용융불량 등
> • 치수상 결함 : 변형, 가로수축, 세로수축, 비틀림
> • 성질상 결함 : 부식, 기계적 성질 저하(강도, 경도, 연신율 등), 물리적 성질 변화 등

06 다음 금속 중 냉각속도가 가장 빠른 금속은?
① 구리   ② 연강
③ 알루미늄   ④ 스테인리스강

> **해설** • 냉각속도 : 열전도율이 높은 금속일수록 냉각속도가 빠르다.

정답
1. ③ 2. ③ 3. ③ 4. ④ 5. ② 6. ①

• 구리＞알루미늄＞연강＞스테인리스강

07 다음 중 인장시험에서 알 수 없는 것은?
① 항복점　　② 연신율
③ 비틀림강도　④ 단면수축률

08 서브머지드 아크 용접에서 와이어 돌출 길이는 보통 와이어 지름을 기준으로 정한다. 적당한 와이어 돌출길이는 와이어 지름의 몇 배가 가장 적합한가?
① 2배　　② 4배
③ 6배　　④ 8배

09 용접봉의 습기가 원인이 되어 발생하는 결함으로 가장 적절한 것은?
① 기공　　② 선상 조직
③ 용입불량　④ 슬래그 섞임

10 은납땜이나 황동납땜에 사용되는 용제(Flux)는?
① 붕사　　② 송진
③ 염산　　④ 염화암모늄

11 다음 중 불활성 가스인 것은?
① 산소　　② 헬륨
③ 탄소　　④ 이산화탄소

　해설) **불활성 가스**
아르곤(Ar), 헬륨(He), 네온(Ne)

12 저항 용접의 특징으로 틀린 것은?
① 산화 및 변질부분이 적다.
② 용접봉, 용제 등이 불필요하다.
③ 작업속도가 빠르고 대량생산에 적합하다.
④ 열손실이 많고, 용접부에 집중열을 가할 수 없다.

　해설) 저항용접의 특징 – 위 지문 ①, ②, ③ 외에
① 열 손실이 적고 용접부에 집중열을 가할 수 있다.
② 접합강도가 비교적 크다.
③ 가압효과로 조직이 치밀해진다.
④ 작업자의 숙련이 필요 없다.
⑤ 대전류를 필요로 하고 설비가 복잡하고 값이 비싸다.
⑥ 급랭 경화로 후열 처리가 필요하다.
⑦ 용접부의 위치, 형상 등의 영향을 받는다.
⑧ 다른 금속 간의 접합이 곤란하다.
⑨ 적당한 비파괴 검사가 어렵다.

13 아크 용접기의 사용에 대한 설명으로 틀린 것은?
① 사용률을 초과하여 사용하지 않는다.
② 무부하 전압이 높은 용접기를 사용한다.
③ 전격방지기가 부착된 용접기를 사용한다.
④ 용접기 케이스는 접지(earth)를 확실히 해둔다.

　해설) 무부하 전압이 높을 경우 전격의 위험이 커진다.

14 용접 순서에 관한 설명으로 틀린 것은?
① 중심선에 대하여 대칭으로 용접한다.
② 수축이 적은 이음을 먼저 하고 수축이 큰 이음은 후에 용접한다.
③ 용접선의 직각 단면 중심축에 대하여 용접의 수축력의 합이 0이 되도록 한다.
④ 동일 평면 내에 많은 이음이 있을 때는 수축은 가능한 한 자유단으로 보낸다.

정답
07. ③　08. ④　09. ①　10. ①　11. ②　12. ④　13. ②　14. ②

15 다음 중 TIG 용접 시 주로 사용되는 가스는?
① CO_2
② H_2
③ O_2
④ Ar

16 서브머지드 아크 용접법에서 두 전극 사이의 복사열에 의한 용접은?
① 탠덤식
② 횡 직렬식
③ 횡 병렬식
④ 종 병렬식

> **해설**
> - 탠덤식 : 두 개의 전극와이어를 독립된 전원에 접속하여 2개의 전극와이어를 동시에 녹게 함으로써 한꺼번에 많은 양의 용착금속을 얻을 수 있다.
> - 횡병렬식 : 한 종류의 전원에 접속하여 용접하는 방법으로 비드 폭이 넓고 용입이 깊은 용접부가 얻어진다.
> - 횡직렬식 : 두 개의 와이어에 전류를 직렬로 연결하여 한쪽 전극 와이어에서 다른 쪽 전극 와이어로 전류가 흐르면 두 전극에서 아크가 발생되고 그 복사열에 의해 용접이 이루어지며 비교적 용입이 얕다.

17 다음 중 유도방사에 의한 광의 증폭을 이용하여 용융하는 용접법은?
① 맥동 용접
② 스터드 용접
③ 레이저 용접
④ 피복 아크 용접

> **해설**
> - 맥동 용접 : 모재 두께가 다른 경우에 전극의 과열을 피하기 위해 사이클 단위를 몇 번이고 전류를 단속하여 용접하는 방법으로 두께가 다른 경우, 두께가 두꺼운 경우 등에 사용된다.
> - 스터드 용접 : 권총과 같이 생긴 스터드 건을 이용하여 용접하는 것으로 모재에서 약간 간격을 두고 스터드에 아크를 발생시켜 적당히 용융하였을 때 압력을 가해 접합하는 방법이다.

18 심용접의 종류가 아닌 것은?
① 횡 심 용접(circular seam welding)
② 매시 심 용접(mash seam welding)
③ 포일 심 용접(foil seam welding)
④ 맞대기 심 용접(butt seam welding)

19 맞대기 용접 이음에서 판 두께가 6mm, 용접선 길이가 120mm, 인장응력이 $9.5N/mm^2$일 때 모재가 받는 하중은 몇 N인가?
① 5680
② 5860
③ 6480
④ 6840

> **해설** 인장응력(σ)=하중(W)/단면적(A)이므로, 하중=인장응력×단면적이다. 그러므로 $9.5 \times 6 \times 120 = 6840$ kg이다.

20 제품을 용접한 후 일부분에 언더컷이 발생하였을 때 보수 방법으로 가장 적당한 것은?
① 홈을 만들어 용접한다.
② 결함부분을 절단하고 재용접한다.
③ 가는 용접봉을 사용하여 재용접한다.
④ 용접부 전체부분을 가우징으로 따낸 후 재용접한다.

21 다음 중 일렉트로 가스 아크 용접의 특징으로 옳은 것은?
① 용접속도는 자동으로 조절된다.
② 판 두께가 얇을수록 경제적이다.
③ 용접장치가 복잡하여, 취급이 어렵고 고도의 숙련을 요한다.
④ 스패터 및 가스의 발생이 적고, 용접 작업 시 바람의 영향을 받지 않는다.

정답 15. ④　16. ②　17. ③　18. ①　19. ④　20. ③　21. ①

22 다음 중 연소의 3요소에 해당하지 않는 것은?
① 가연물　　② 부촉매
③ 산소공급원　④ 점화원

23 일미나이트계 용접봉을 비롯하여 대부분의 피복 아크 용접봉을 사용할 때 많이 볼 수 있으며 미세한 용적이 날려서 옮겨가는 용접이행 방식은?
① 단락형　　② 누적형
③ 스프레이형　④ 글로뷸러형

> **해설** 용적이행 방식
> ① 단락형 : 용적이 용융지에 접촉하여 단락되고 표면장력의 작용으로 모재에 옮겨서 용착되는 방식으로 비피복 용접봉 사용 시 나타난다.
> ② 스프레이형 : 피복제의 일부가 가스화하여 가스를 뿜어냄으로써 미세한 용적이 스프레이와 같이 날려 모재에 이행되는 방식이다.
> ③ 글로뷸러형 : 비교적 큰 용적이 단락되지 않고 옮겨가는 형식이며 서브머지드 아크 용접과 같이 높은 전류 사용 시 나타나며 일명 핀치효과형이라 한다.

24 가스 절단작업에서 절단속도에 영향을 주는 요인과 가장 관계가 먼 것은?
① 모재의 온도　② 산소의 압력
③ 산소의 순도　④ 아세틸렌 압력

> **해설** 가스 절단 속도는 산소의 압력과 순도가 높을수록, 산소의 소비량이 많을수록, 모재의 온도가 높을수록 빨라진다.

25 산소-아세틸렌가스 용접기로 두께가 3.2mm인 연강판을 V형 맞대기 이음을 하려면 이에 적합한 연강용 가스 용접봉의 지름(mm)을 계산식에 의해 구하면 얼마인가?
① 2.6　② 3.2
③ 3.6　④ 4.6

> **해설** 가스용접봉 지름(D)=모재두께(T)/2+1이므로 3.2/2+1=2.6이다.

26 산소 프로판 가스 절단에서, 프로판 가스 1에 대하여 얼마의 비율로 산소를 필요로 하는가?
① 1.5　② 2.5
③ 4.5　④ 6

27 산소 용기를 취급할 때 주의사항으로 가장 적합한 것은?
① 산소밸브의 개폐는 빨리 해야 한다.
② 운반 중에 충격을 주지 말아야 한다.
③ 직사광선이 쬐이는 곳에 두어야 한다.
④ 산소 용기의 누설시험에는 순수한 물을 사용해야 한다.

28 용접용 2차측 케이블의 유연성을 확보하기 위하여 주로 사용하는 캡타이어 전선에 대한 설명으로 옳은 것은?
① 가는 구리선을 여러 개로 꼬아 얇은 종이로 싸고 그 위에 니켈 피복을 한 것
② 가는 구리선을 여러 개로 꼬아 튼튼한 종이로 싸고 그 위에 고무 피복을 한 것
③ 가는 알루미늄선을 여러 개로 꼬아 튼튼한 종이로 싸고 그 위에 니켈 피복을 한 것
④ 가는 알루미늄선을 여러 개로 꼬아 얇은 종이로 싸고 그 위에 고무 피복을 한 것

정답 22. ② 23. ③ 24. ④ 25. ① 26. ③ 27. ② 28. ②

29 아크 용접기의 구비 조건으로 틀린 것은?

① 효율이 좋아야 한다.
② 아크가 안정되어야 한다.
③ 용접 중 온도상승이 커야 한다.
④ 구조 및 취급이 간단해야 한다.

> **해설** 아크 용접기 구비 조건 (위의 지문 ①, ②, ④ 외에)
> ① 전류조정이 용이하고 일정한 전류가 흘러야 한다.
> ② 아크 발생이 잘 되도록 무부하 전압이 유지되어야 한다.(교류 70~85V, 직류 40~60V)
> ③ 사용 중에 온도상승이 작아야 한다.
> ④ 가격이 저렴하고 사용 유지비가 적게 들어야 한다.
> ⑤ 역률 및 효율이 좋아야 한다.

30 아크가 발생될 때 모재에서 심선까지의 거리를 아크 길이라 한다. 아크 길이가 짧을 때 일어나는 현상은?

① 발열량이 작다.
② 스패터가 많아진다.
③ 기공 균열이 생긴다.
④ 아크가 불안정해진다.

31 아크 용접에 속하지 않는 것은?

① 스터드 용접
② 프로젝션 용접
③ 불활성 가스 아크 용접
④ 서브머지드 아크 용접

> **해설** 프로젝션 용접은 점 용접, 심 용접, 플래시 버트 용접, 업셋 용접, 퍼커션 용접과 함께 압접 중에 저항 용접에 속한다.

32 아세틸렌(C_2H_2) 가스의 성질로 틀린 것은?

① 비중이 1.906으로 공기보다 무겁다.
② 순수한 것은 무색, 무취의 기체이다.
③ 구리, 은, 수은과 접촉하면 폭발성 화합물을 만든다.
④ 매우 불안전한 기체이므로 공기 중에서 폭발 위험성이 크다.

> **해설** 아세틸렌 가스의 성질
> ① 비중이 0.906으로 공기보다 가벼우며 15℃ 1기압하에서의 무게는 1.176g으로 산소보다 가볍다.
> ② 온도가 406~408℃가 되면 자연발화하고, 505~515℃가 되면 폭발하며, 780℃ 이상이면 자연 폭발한다.
> ③ 15℃ 1.5기압이면 충격이나 가열에 의해 폭발 위험이 있으며 2기압 이상이면 분해 폭발을 일으킬 수 있다.
> ④ 아세틸렌 15%, 산소 85%로 혼합되면 폭발 위험이 가장 크다.

33 피복 아크 용접에서 아크의 특성 중 정극성에 비교하여 역극성의 특징으로 틀린 것은?

① 용입이 얕다.
② 비드 폭이 좁다.
③ 용접봉의 용융이 빠르다.
④ 박판, 주철 등 비철금속의 용접에 쓰인다.

> **해설** 직류 정극성과 역극성의 비교
>
> | 직류정극성(DCSP) | 직류역극성(DCRP) |
> | --- | --- |
> | 모재의 용입이 깊다. | 모재의 용입이 얕다. |
> | 용접봉의 녹음이 느리다. | 용접봉의 녹음이 빠르다. |
> | 비드 폭이 좁다. | 비드 폭이 넓다. |
> | 일반적으로 많이 사용된다. | 박판, 주철, 비철금속의 용접에 사용된다. |
> | 열분배 : 모재(+) : 70%, 용접봉(-) 30% | 열분배 : 모재(-) : 30%, 용접봉(+) 70% |

34 피복 아크 용접 중 용접봉의 용융속도에

정답 29. ③ 30. ① 31. ② 32. ① 33. ② 34. ④

관한 설명으로 옳은 것은?

① 아크전압×용접봉 쪽 전압강하로 결정된다.
② 단위시간당 소비되는 전류값으로 결정된다.
③ 동일종류 용접봉인 경우 전압에만 비례하여 결정된다.
④ 용접봉 지름이 달라도 동일종류 용접봉인 경우 용접봉 지름에는 관계가 없다.

> **해설** 피복 아크 용접봉의 용융속도
> ① 아크 전류×용접봉 쪽 전압강하로 결정된다.
> ② 단위 시간당 소비되는 용접봉의 무게로 결정된다.
> ③ 용접봉의 용융속도와 전압과는 관계가 없다.

35 프로판 가스의 성질에 대한 설명으로 틀린 것은?

① 기화가 어렵고 발열량이 낮다.
② 액화하기 쉽고 용기에 넣어 수송이 편리하다.
③ 온도 변화에 따른 팽창률이 크고 물에 잘 녹지 않는다.
④ 상온에서는 기체 상태이고 무색, 투명하고 약간의 냄새가 난다.

36 가스 용접에서 용제(flux)를 사용하는 가장 큰 이유는?

① 모재의 용융온도를 낮게 하여 가스 소비량을 적게 하기 위해
② 산화작용 및 질화작용을 도와 용착금속의 조직을 미세화하기 위해
③ 용접봉의 용융속도를 느리게 하여 용접봉 소모를 적게 하기 위해
④ 용접 중에 생기는 금속의 산화물 또는 비금속 개재물을 용해하여 용착금속의 성질을 양호하게 하기 위해

37 피복 아크 용접봉에서 피복제의 역할로 틀린 것은?

① 용착금속의 급랭을 방지한다.
② 모재 표면의 산화물을 제거한다.
③ 용착금속의 탈산 정련 작용을 방지한다.
④ 중성 또는 환원성 분위기로 용착금속을 보호한다.

> **해설** 피복제의 역할 : (위 문제 지문의 ①, ②, ④ 외에)
> ① 용착금속에 필요한 합금원소를 첨가한다.
> ② 중성 또는 환원성 분위기로 대기 중의 유해한 원소로부터 산화, 질화를 방지하고 용착금속을 보호한다.
> ③ 용착금속을 탈산 정련시키며, 융점이 낮은 적당한 점성의 가벼운 슬래그를 만든다.
> ④ 슬래그 제거를 쉽게 하고 파형이 고운 비드를 만든다.
> ⑤ 모재 표면의 산화물을 제거하고 양호한 용접부를 만든다.
> ⑥ 스패터 발생을 적게 한다.
> ⑦ 아크를 안정시킨다.
> ⑧ 전기 절연 작용을 한다.

38 가스 용접봉 선택 조건으로 틀린 것은?

① 모재와 같은 재질일 것
② 용융 온도가 모재보다 낮을 것
③ 불순물이 포함되어 있지 않을 것
④ 기계적 성질에 나쁜 영향을 주지 않을 것

> **해설** 용융온도가 모재와 동일해야 하며 재질 중에 불순물을 포함하고 있지 않아야 한다.

정답
35. ① 36. ④ 37. ③ 38. ②

39 금속의 공통적 특성으로 틀린 것은?

① 열과 전기의 양도체이다.
② 금속 고유의 광택을 갖는다.
③ 이온화하면 음(-) 이온이 된다.
④ 소성변형성이 있어 가공하기 쉽다.

40 다음 중 Fe-C 평형상태도에서 가장 낮은 온도에서 일어나는 반응은?

① 공석반응   ② 공정반응
③ 포석반응   ④ 포정반응

> 해설
> • 공석반응 : 723℃
> • 공정반응 : 1130℃
> • 포정반응 : 1500℃

41 담금질한 강을 뜨임 열처리하는 이유는?

① 강도를 증가시키기 위하여
② 경도를 증가시키기 위하여
③ 취성을 증가시키기 위하여
④ 인성을 증가시키기 위하여

> 해설 일반열처리법의 종류
> ① 담금질 : 강도 및 경도를 증가시키기 위해
> ② 뜨임 : 인성을 증가시키기 위해
> ③ 불림 : 재료를 표준조직으로 만들기 위해
> ④ 풀림 : 내부응력을 제거하기 위해

42 [그림]과 같은 결정격자는?

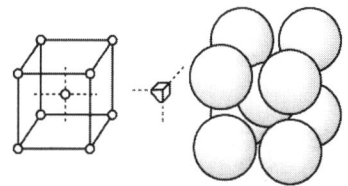

① 면심입방격자
② 조밀육방격자
③ 저심면방격자
④ 체심입방격자

> 해설 결정격자의 종류
>
>
> (a) 체심입방격자 (b) 면심입방격자 (c) 조밀육방격자

43 인장시험편의 단면적이 50mm^{2}이고 최대 하중이 500kgf일 때 인장강도는 얼마인가?

① 10kgf/mm^2
② 50kgf/mm^2
③ 100kgf/mm^2
④ 250kgf/mm^2

> 해설 인장강도(σ)=하중/단면적이므로
> 500/50=10kgf/mm^{2}이다.

44 미세한 결정립을 가지고 있으며, 어느 응력하에서 파단에 이르기까지 수백 % 이상의 연신율을 나타내는 합금은?

① 제진합금   ② 초소성 합금
③ 비정질합금 ④ 형상기억합금

> 해설
> • 형상기업합금 : 처음에 주어진 특정 모양의 것을 인장하거나 소성변형된 것이 가열에 의하여 원래의 모양으로 되돌아가는 합금
> • 제진합금 : 진동발생원인 고체의 진동 자체를 감소시키는 것으로 두드렸을 때 쇳소리 대신 둔탁한 소리를 내는 금속
> • 비정질합금 : 액체처럼 불규칙한(비정질) 원자구조를 지닌 합금(amorphous alloy)을 뜻한다. 이 합금은 분자단위까지 관찰해도 결정구조가 없기 때문에 일반적인 금속소재보다 강성이 뛰어나다.

정답
39. ③ 40. ① 41. ④ 42. ④ 43. ① 44. ②

45 합금공구강 중 게이지용 강이 갖추어야 할 조건으로 틀린 것은?
① 경도는 HRC 45 이하를 가져야 한다.
② 팽창계수가 보통강보다 작아야 한다.
③ 담금질에 의한 변형 및 균열이 없어야 한다.
④ 시간이 지남에 따라 치수의 변화가 없어야 한다.

해설 경도는 HRC 55 이상을 가져야 된다.

46 상온에서 방치된 황동 가공재나, 저온 풀림 경화로 얻은 스프링재가 시간이 지남에 따라 경도 등 여러 가지 성질이 악화되는 현상은?
① 자연 균열   ② 경년 변화
③ 탈아연 부식   ④ 고온 탈아연

해설
• 자연 균열(season cracking) : 황동에 공기 중의 암모니아, 기타의 염류에 의해 입간부식을 일으켜 상온가공에 의한 내부응력에 의해 균열이 발생하는 현상
• 탈아연 부식 : 불순한 물질 또는 부식성 물질이 녹아 있는 수용액의 작용에 의해 황동의 표면 또는 깊은 곳까지 탈아연되는 현상
• 고온탈아연 : 고온에서 증발에 의해 황동 표면으로부터 아연이 탈출하는 현상

47 Mg의 비중과 용융점(℃)은 약 얼마인가?
① 0.8, 350℃   ② 1.2, 550℃
③ 1.74, 650℃   ④ 2.7, 780℃

48 Al-Si계 합금을 개량처리하기 위해 사용되는 접종처리제가 아닌 것은?
① 금속나트륨
② 염화나트륨
③ 불화알칼리
④ 수산화나트륨

49 다음 중 소결 탄화물 공구강이 아닌 것은?
① 듀콜(Ducole)강
② 미디아(Midia)
③ 카볼로이(Carboloy)
④ 텅갈로이(Tungalloy)

해설
• 듀콜강 : 저망간 합금강이며, 고망간강은 해드필드강이라 한다.
• 초경합금 : WC, TiC, TaC 등의 금속탄화물을 Co를 결합제로 사용하여 소결하는 합금으로 종류로는 비디아, 미디아, 카볼로이, 텅갈로이가 있다.

50 4% Cu, 2% Ni, 1.5% Mg 등을 알루미늄에 첨가한 Al 합금으로 고온에서 기계적 성질이 매우 우수하고, 금형 주물 및 단조용으로 이용될 뿐만 아니라 자동차 피스톤용에 많이 사용되는 합금은?
① Y 합금   ② 슈퍼인바
③ 코슨합금   ④ 두랄루민

해설
• 슈퍼인바 : 철 - 니켈 - 코발트계 합금으로 불변강의 일종이다.
• 코슨합금 : 구리 - 니켈 - 규소계 합금으로 전선 및 스프링재료로 사용된다.
• 두랄루민 : 알루미늄 - 구리 - 마그네슘 - 망간의 합금으로 비행기재료로 사용된다.

51 판을 접어서 만든 물체를 펼친 모양으로 표시할 필요가 있는 경우 그리는 도면을 무엇이라 하는가?
① 투상도   ② 개략도
③ 입체도   ④ 전개도

45. ① 46. ② 47. ③ 48. ② 49. ① 50. ① 51. ④

52 재료 기호 중 SPHC의 명칭은?

① 배관용 탄소강관
② 열간 압연 연강판 및 강대
③ 용접구조용 압연 강재
④ 냉간 압연 강판 및 강대

53 그림과 같이 기점 기호를 기준으로 하여 연속된 치수선으로 치수를 기입하는 방법은?

① 직렬 치수 기입법
② 병렬 치수 기입법
③ 좌표 치수 기입법
④ 누진 치수 기입법

54 나사의 표시방법에 대한 설명으로 옳은 것은?

① 수나사의 골지름은 가는 실선으로 표시한다.
② 수나사의 바깥지름은 가는 실선으로 표시한다.
③ 암나사의 골지름은 아주 굵은 실선으로 표시한다.
④ 완전 나사부와 불완전 나사부의 경계선은 가는 실선으로 표시한다.

해설
• 수나사의 바깥지름은 굵은 실선으로 표시한다.
• 암나사의 골지름은 가는 실선으로 표시한다.
• 완전 나사부와 불완전 나사부의 경계선은 굵은 실선으로 표시한다.

55 아주 굵은 실선의 용도로 가장 적합한 것은?

① 특수 가공하는 부분의 범위를 나타내는 데 사용
② 얇은 부분의 단면도시를 명시하는 데 사용
③ 도시된 단면의 앞쪽을 표현하는 데 사용
④ 이동한계의 위치를 표시하는 데 사용

56 기계제도에서 사용하는 척도에 대한 설명으로 틀린 것은?

① 척도의 표시방법에는 현척, 배척, 축척이 있다.
② 도면에 사용한 척도는 일반적으로 표제란에 기입한다.
③ 한 장의 도면에 서로 다른 척도를 사용할 필요가 있는 경우에는 해당되는 척도를 모두 표제란에 기입한다.
④ 척도는 대상물과 도면의 크기로 정해진다.

57 그림과 같은 입체도의 정면도로 적합한 것은?

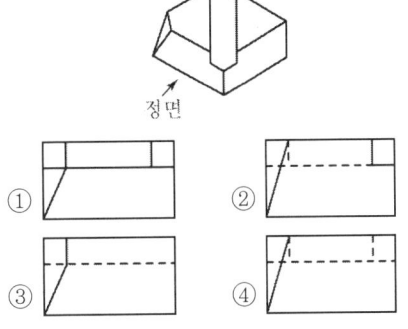

58 용접 보조기호 중 "제거 가능한 이면 판재 사용" 기호는?

정답
52. ② 53. ④ 54. ① 55. ② 56. ③ 57. ② 58. ①

① ②

③ ④

해설 ② : 평면(모재와 동일 평면으로 다듬질)
③ : 끝단부를 매끄럽게 함
④ : 영구적인 덮개판을 사용

59 배관도시기호에서 유량계를 나타내는 기호는?

①

②

③

④

해설 ① 압력지시계
② 온도지시계

60 다음 입체도의 화살표 방향을 정면으로 한다면 좌측면도로 적합한 투상도는?

정답
59. ③ 60. ①

2016년 제4회 과년도출제문제 - 용접기능사

01 다음 중 용접 시 수소의 영향으로 발생하는 결함과 가장 거리가 먼 것은?
① 기공   ② 균열
③ 은점   ④ 설퍼

해설 설퍼(sulfur)는 황(S)을 뜻한다.

02 가스 중에서 최소의 밀도로 가장 가볍고 확산속도가 빠르며, 열전도가 가장 큰 가스는?
① 수소   ② 메탄
③ 프로판   ④ 부탄

03 용착금속의 인장강도가 55N/m², 안전율이 6이라면 이음의 허용응력은 약 몇 N/m²인가?
① 0.92   ② 9.2
③ 92   ④ 920

해설 허용응력=인장강도/안전율이므로 55/6은 9.16N/m²이다.

04 팁 끝이 모재에 닿는 순간 순간적으로 팁 끝이 막혀 팁 속에서 폭발음이 나면서 불꽃이 꺼졌다가 다시 나타나는 현상은?
① 인화   ② 역화
③ 역류   ④ 선화

해설
• 인화 : 팁 끝이 막히면 가스의 분출이 나빠져서 가스의 토치의 가스 혼합실까지 불꽃이 도달되어 토치가 빨갛게 달구어지는 현상
• 역류 : 토치 내부의 청소 불량으로 토치 내부의 막힘이 생겨 고압의 산소가 밖으로 배출되지 못하고 산소보다 압력이 낮은 아세틸렌 호스 쪽으로 흐르는 현상

05 다음 중 파괴시험 검사법에 속하는 것은?
① 부식시험   ② 침투시험
③ 음향시험   ④ 와류시험

해설
• 부식시험 : 용접부가 바닷물, 유기산, 무기산 등에 부식되는가를 알아보기 위한 시험법으로 시험편의 일부분을 채취하여 검사하므로 파괴시험법이다.
• 침투시험 : 용접부 표면을 깨끗이 한 후 침투성이 강한 액체를 도포하면 결함이 있는 곳으로 침투액이 스며들고 이후 현상제를 발라서 결함여부를 알아보는 비파괴시험법이다.
• 음향시험 : 시험편을 해머나 기타 기구를 이용하여 두드리면서 그 소리로 결함여부를 검사하는 비파괴시험법이다.
• 와류시험 : 금속 내에 맴돌이 전류를 발생시켜 그 와류 전류의 변화를 측정하여 용접부의 결함 유무 및 크기를 측정하는 비파괴시험법이다.

06 TIG 용접 토치의 분류 중 형태에 따른 종류가 아닌 것은?
① T형 토치
② Y형 토치
③ 직선형 토치
④ 플렉시블형 토치

정답
1. ④   2. ①   3. ②   4. ②   5. ①   6. ②

07 용접에 의한 수축 변형에 영향을 미치는 인자로 가장 거리가 먼 것은?
① 가접
② 용접 입열
③ 판의 예열 온도
④ 판 두께에 따른 이음 형상

08 전자동 MIG 용접과 반자동 용접을 비교했을 때 전자동 MIG 용접의 장점으로 틀린 것은?
① 용접속도가 빠르다.
② 생산단가를 최소화할 수 있다.
③ 우수한 품질의 용접이 얻어진다.
④ 용착 효율이 낮아 능률이 매우 좋다.

09 다음 중 탄산 가스 아크 용접의 자기쏠림 현상을 방지하는 대책으로 틀린 것은?
① 엔드 탭을 부착한다.
② 가스 유량을 조절한다.
③ 어스의 위치를 변경한다.
④ 용접부의 틈을 작게 한다.

10 다음 용접법 중 비소모식 아크 용접법은?
① 논 가스 아크 용접
② 피복 금속 아크 용접
③ 서브머지드 아크 용접
④ 불활성 가스 텅스텐 아크 용접

11 용접부를 끝이 구면인 해머로 가볍게 때려 용착 금속부의 표면에 소성 변형을 주어 인장응력을 완화시키는 잔류 응력 제거법은?
① 피닝법
② 노내 풀림법
③ 저온 응력 완화법
④ 기계적 응력 완화법

> **해설**
> • 노내 풀림법 : 제품을 가열로 안에 넣고 적당한 온도에서 일정 시간 유지한 다음 노 내에서 서냉시킴으로써 잔류응력을 제거하는 방법이다.
> • 저온 응력 완화법 : 용접선 양측을 일정한 속도로 이동하는 가스 불꽃에 의해 너비 약 150mm를 150~200℃로 가열한 다음 바로 수냉하는 방법이다.
> • 기계적 응력 완화법 : 잔류 응력이 있는 제품에 하중을 주고 용접부에 약간의 소성변형을 일으킨 다음 하중을 제거하는 방법이다.

12 용접 변형의 교정법에서 점 수축법의 가열 온도와 가열시간으로 가장 적당한 것은?
① 100~200℃, 20초
② 300~400℃, 20초
③ 500~600℃, 30초
④ 700~800℃, 30초

13 수직면 또는 수평면 내에서 선회하는 회전 영역이 넓고 팔이 기울어져 상하로 움직일 수 있어, 주로 스폿 용접, 중량물 취급 등에 많이 이용되는 로봇은?
① 다관절 로봇
② 극좌표 로봇
③ 원통 좌표 로봇
④ 직각 좌표계 로봇

14 서브머지드 아크 용접 시 발생하는 기공의 원인이 아닌 것은?
① 직류 역극성 사용

② 용제의 건조 불량
③ 용제의 산포량 부족
④ 와이어의 녹, 기름, 페인트

15 다음 중 전자 빔 용접에 관한 설명으로 틀린 것은?
① 용입이 낮아 후판 용접에는 적용이 어렵다.
② 성분 변화에 의하여 용접부의 기계적 성질이나 내식성의 저하를 가져올 수 있다.
③ 가공재나 열처리에 대하여 소재의 성질을 저하시키지 않고 용접할 수 있다.
④ $10^{-4} \sim 10^{-6}$ mmHg 정도의 높은 진공실 속에서 음극으로부터 방출된 전자를 고전압으로 가속시켜 용접을 한다.

> **해설** 전자 빔 용접은 진공상태에서 용접을 하는 것으로 전자 빔의 집속성이 우수하여 깊은 용입을 얻을 수 있다.

16 안전·보건표지의 색채, 색도기준 및 용도에서 지시의 용도 색채는?
① 검은색   ② 노란색
③ 빨간색   ④ 파란색

> **해설** 안전표시 색채
> ① 빨강 : 방화, 금지, 정지, 고도의 위험
> ② 황적 : 위험, 항해, 항공의 보안시설
> ③ 노랑 : 주의(충돌, 추락, 걸려서 넘어지는 광고)
> ④ 녹색 : 안전, 피난, 위생 및 구호
> ⑤ 청색 : 지시, 주의(보호구 착용 등 안전 위생을 위한 지시)
> ⑥ 자주 : 방사능
> ⑦ 흰색 : 통로, 정돈
> ⑧ 검정 : 위험 표지의 문자, 유도 표지의 화살표

17 X선이나 γ선을 재료에 투과시켜 투과된 빛의 강도에 따라 사진 필름에 감광시켜 결함을 검사하는 비파괴 시험법은?
① 자분 탐상 검사
② 침투 탐상 검사
③ 초음파 탐상 검사
④ 방사선 투과 검사

> **해설**
> • 자분 탐상 검사 : 강자성체의 재질에 사용되는 검사법으로 시험체를 자화시킨 후 누설자속의 흐트러짐 여부로 결함을 검사하는 방법이다.
> • 침투 탐상 검사 : 용접부 표면을 깨끗이 한 후 침투성이 강한 액체를 도포하면 결함이 있는 곳으로 침투액이 스며들고 이후 현상제를 발라서 결함여부를 알아보는 비파괴시험법이다.
> • 초음파 탐상 검사 : 파장이 짧은 음파(0.5~15MHz)를 검사물의 내부에 침투시켜 내부의 결함 또는 불균일층의 존재를 검사하는 비파괴 시험법이다.

18 다음 중 용접봉의 용융속도를 나타낸 것은?
① 단위 시간당 용접 입열의 양
② 단위 시간당 소모되는 용접전류
③ 단위 시간당 형성되는 비드의 길이
④ 단위 시간당 소비되는 용접봉의 길이

> **해설**
> • 용접봉의 용융속도 : 단위 시간당 소비되는 용접봉의 무게 또는 길이로 표시
> • 용접봉의 용융속도 : 용접봉 쪽 전압강하×용접전류이다. 아크전압과는 관계가 없다.

19 물체와의 가벼운 충돌 또는 부딪침으로 인하여 생기는 손상으로 충격 부위가 부어오르고 통증이 발생되며 일반적으로 피부 표면에 창상이 없는 상처를 뜻하는 것은?

정답
15. ① 16. ④ 17. ④ 18. ④ 19. ④

① 출혈 ② 화상
③ 찰과상 ④ 타박상

③ 용접부의 위치, 형상 등의 영향을 받는다.
④ 다른 금속 간의 접합이 곤란하다.
⑤ 적당한 비파괴검사가 어렵다.

20 일명 비석법이라고도 하며, 용접 길이를 짧게 나누어 간격을 두면서 용접하는 용착법은?

① 전진법 ② 후진법
③ 대칭법 ④ 스킵법

해설
- 전진법 : 한 끝에서 다른 쪽 끝을 향해 연속적으로 진행하는 방법으로 변형과 잔류응력이 그다지 문제가 되지 않을 때 이용되는 용착법이다.
- 후진법 : 용접진행 방향과 용착방향이 서로 반대가 되는 방법으로 잔류응력은 다소 적게 발생한다.
- 대칭법 : 용접봉의 중앙으로부터 양끝을 향해 대칭적으로 용접해 나가는 방법이다.

21 금속산화물이 알루미늄에 의하여 산소를 빼앗기는 반응에 의해 생성되는 열을 이용한 용접법은?

① 마찰 용접
② 테르밋 용접
③ 일렉트로 슬래그 용접
④ 서브머지드 아크 용접

22 저항 용접의 장점이 아닌 것은?

① 대량 생산에 적합하다.
② 후열 처리가 필요하다.
③ 산화 및 변질 부분이 적다.
④ 용접봉, 용제가 불필요하다.

해설 저항 용접의 단점
① 대전류를 필요로 하고 설비가 복잡하고 값이 비싸다.
② 급랭 경화로 후열처리가 필요하다.

23 정격 2차 전류 200A, 정격 사용률 40%인 아크 용접기로 실제 아크 전압 30V, 아크 전류 130A로 용접을 수행한다고 가정할 때 허용사용률은 약 얼마인가?

① 70% ② 75%
③ 80% ④ 95%

해설 허용사용률=(정격 2차 전류)^2 / (실제 용접 전류)^2 × 정격사용률이므로,
$200^2/130^2 × 40 = 94.6\%$이다.

24 아크 전류가 일정할 때 아크 전압이 높아지면 용접봉의 용융속도가 늦어지고 아크 전압이 낮아지면 용융속도가 빨라지는 특성을 무엇이라 하는가?

① 부저항 특성
② 절연회복 특성
③ 전압회복 특성
④ 아크 길이 자기제어 특성

해설
- 부저항 특성 : 일반전기회로의 특성인 옴의 법칙과 반대인 현상으로 전류가 커지면 저항이 감소해서 전압도 낮아지는 현상으로 아크 전류 밀도가 작을 때 나타난다.
- 절연회복 특성 : 교류 아크 용접에서 1 cycle당 2회 전류값이 "0"이 될 때 아크가 불안정해지는 것을 방지하는 특성으로 피복제를 사용하는 교류 아크 용접에서 나타나는 특성으로 일명 피복제의 특성이라고도 한다.
- 전압회복 특성 : 아크가 단락되었을 때 순간적으로 과도전압을 공급해 아크의 재발생을 용이하게 해주는 특성으로 이

정답
20. ④ 21. ② 22. ② 23. ④ 24. ④

때의 전압을 재점호전압이라 한다.

25 강재 표면의 홈이나 개재물, 탈탄층 등을 제거하기 위하여 될 수 있는 대로 얇게 그리고 타원형 모양으로 표면을 깎아내는 가공법은?
① 분말 절단   ② 가스 가우징
③ 스카핑   ④ 플라즈마 절단

> 해설) 스카핑은 얇고 넓은 표면 홈파기 작업을 말하며 가우징은 좁고 깊은 홈파기 작업을 말한다.

26 다음 중 야금적 접합법에 해당되지 않는 것은?
① 융접(fusion welding)
② 접어 잇기(seam)
③ 압접(pressure welding)
④ 납땜(brazing and soldering)

> 해설) 심, 확관, 나사이음, 리벳이음은 기계적 접합법의 일종이다.

27 다음 중 불꽃의 구성 요소가 아닌 것은?
① 불꽃심   ② 속불꽃
③ 겉불꽃   ④ 환원불꽃

28 피복 아크 용접봉에서 피복제의 주된 역할이 아닌 것은?
① 용융금속의 용적을 미세화하여 용착효율을 높인다.
② 용착금속의 응고와 냉각속도를 빠르게 한다.
③ 스패터의 발생을 적게 하고 전기 절연 작용을 한다.
④ 용착금속에 적당한 합금원소를 첨가한다.

29 교류 아크 용접기에서 안정한 아크를 얻기 위하여 상용주파의 아크 전류에 고전압의 고주파를 중첩시키는 방법으로 아크발생과 용접작업을 쉽게 할 수 있도록 하는 부속장치는?
① 전격방지장치
② 고주파 발생장치
③ 원격제어장치
④ 핫 스타트장치

> 해설) • 전격방지장치 : 교류 아크 용접기의 무부하전압이 70~85V로 높아 감전의 위험이 높은 관계로 평소 용접을 하지 않을 때 무부하전압을 20~30V 이하로 유지시켜 감전(전격)의 위험을 방지해주는 장치
> • 원격제어장치 : 용접기에서 떨어져 작업할 때 작업 위치에서 전류를 조절할 수 있게 하는 장치
> • 핫스타트장치 : 아크 발생 시 용접봉이 모재와 접촉하는 순간 큰 전류를 발생시켜 아크 발생을 도와주는 장치

30 피복 아크 용접봉의 피복제 중에서 아크를 안정시켜 주는 성분은?
① 붕사   ② 페로망간
③ 니켈   ④ 산화티탄

31 산소 용기의 취급 시 주의사항으로 틀린 것은?
① 기름이 묻은 손이나 장갑을 착용하고는 취급하지 않아야 한다.
② 통풍이 잘 되는 야외에서 직사광선에 노출시켜야 한다.

25. ③ 26. ② 27. ④ 28. ② 29. ② 30. ④ 31. ②

③ 용기의 밸브가 얼었을 경우에는 따뜻한 물로 녹여야 한다.
④ 사용 전에는 비눗물 등을 이용하여 누설 여부를 확인한다.

해설 산소용기는 통풍이 잘 되고 온도가 40℃ 이하인 장소로 직사광선에 노출되어서는 안 된다.

32 피복 아크 용접봉의 기호 중 고산화티탄계를 표시한 것은?
① E4301　　② E4303
③ E4311　　④ E4313

해설
- E4301 : 일미나이트계
- E4303 : 라임티탄계
- E4311 : 고셀룰로오스계

33 가스 절단에서 프로판가스와 비교한 아세틸렌가스의 장점에 해당되는 것은?
① 후판 절단의 경우 절단속도가 빠르다.
② 박판 절단의 경우 절단속도가 빠르다.
③ 중첩 절단을 할 때에는 절단속도가 빠르다.
④ 절단면이 거칠지 않다.

해설

아세틸렌	프로판
점화하기 쉽다.	절단 상부 기슭이 녹은 것이 적다.
중성불꽃을 만들기 쉽다	절단면이 미세하며 깨끗하다.
절단 개시까지 시간이 빠르다.	슬래그 제거가 쉽다.
표면 영향이 적다.	포갬 절단 속도가 아세틸렌보다 빠르다.
박판 절단 시는 빠르다.	후판 절단 시는 아세틸렌보다 빠르다.

34 용접기의 구비 조건이 아닌 것은?
① 구조 및 취급이 간단해야 한다.
② 사용 중에 온도 상승이 작아야 한다.
③ 전류 조정이 용이하고 일정한 전류가 흘러야 한다.
④ 용접 효율과 상관없이 사용 유지비가 적게 들어야 한다.

35 다음 중 연강을 가스 용접할 때 사용하는 용제는?
① 붕사
② 염화나트륨
③ 사용하지 않는다.
④ 중탄산소다+탄산소다

해설

연 강	사용하지 않는다.
반경강	중탄산소다+탄산소다
주 철	탄산나트륨 15%, 붕사 15%, 중탄산나트륨 70%
구리합금	붕사 75%, 염화리튬 25%
알루미늄	염화나트륨 30%, 염화칼륨 45%, 염화리튬 15%, 플루오르화칼륨, 황산칼륨

36 프로판 가스의 특징으로 틀린 것은?
① 안전도가 높고, 관리가 쉽다.
② 온도변화에 따른 팽창률이 크다.
③ 액화하기 어렵고, 폭발 한계가 넓다.
④ 상온에서는 기체 상태이고 무색, 투명하다.

37 피복 아크 용접봉에서 아크 길이와 아크 전압의 설명으로 틀린 것은?
① 아크 길이가 너무 길면 아크가 불안전하다.

정답
32. ④　33. ②　34. ④　35. ③　36. ③　37. ③

② 양호한 용접을 하려면 짧은 아크를 사용한다.
③ 아크 전압은 아크 길이에 반비례한다.
④ 아크 길이가 적당할 때, 정상적인 작은 입자의 스패터가 생긴다.

38 다음 중 용융금속의 이행 형태가 아닌 것은?
① 단락형   ② 스프레이형
③ 연속형   ④ 글로뷸러형

해설 용적이행의 종류
① 단락형 : 용적이 용융지에 접촉하여 단락되고 표면장력의 작용으로 모재에 옮겨가면서 용착되는 형태로 비피복 용접봉 사용 시 나타난다.
② 스프레이형 : 피복제의 일부가 가스화하여 가스를 뿜어냄으로써 미세한 용적이 스프레이와 같이 날려 모재로 이행하는 형식으로 일미나이트를 비롯한 피복용접 시 나타난다.
③ 글로뷸러형 : 비교적 큰 용적이 단락되지 않고 옮겨가는 형식이며, 서브머지드 아크 용접과 같이 대전류 사용 시에 나타나며 일명 핀치효과형이라 한다.

39 강자성을 가지는 은백색의 금속으로 화학 반응용 촉매, 공구 소결재로 널리 사용되고 바이탈륨의 주성분 금속은?
① Ti   ② Co
③ Al   ④ Pt

40 재료에 어떤 일정한 하중을 가하고 어떤 온도에서 긴 시간 동안 유지하면 시간이 경과함에 따라 스트레인이 증가하는 것을 측정하는 시험 방법은?
① 피로 시험   ② 충격 시험
③ 비틀림 시험   ④ 크리프 시험

해설
• 피로시험 : 파괴하중보다 아주 작은 하중을 반복적으로 가하면서 파괴되기까지의 반복횟수를 구하는 시험방법이다.
• 충격시험 : 재료의 취성과 인성을 알아보기 위한 시험법으로 충격적인 힘을 가해서 측정한다.
• 비틀림시험 : 재료의 양 끝에서 서로 다른 방향으로 비틀림 하중을 주었을 때 견디는 힘을 측정한다.

41 금속의 결정구조에서 조밀육방격자(HCP)의 배위수는?
① 6   ② 8
③ 10   ④ 12

해설 배위수란 하나의 원자에 최근접한 원자의 수를 말하는 것으로 체심입방격자 8개, 면심입방격자, 조밀육방격자는 12개이다.

42 주석청동의 용해 및 주조에서 1.5~1.7%의 아연을 첨가할 때의 효과로 옳은 것은?
① 수축률이 감소된다.
② 침탄이 촉진된다.
③ 취성이 향상된다.
④ 가스가 혼입된다.

43 금속의 결정구조에 대한 설명으로 틀린 것은?
① 결정입자의 경계를 결정입계라 한다.
② 결정체를 이루고 있는 각 결정을 결정입자라 한다.
③ 체심입방격자는 단위격자 속에 있는 원자수가 3개이다.
④ 물질을 구성하고 있는 원자가 입체적으로 규칙적인 배열을 이루고 있는 것을 결정이라 한다.

정답 38. ③ 39. ② 40. ④ 41. ④ 42. ① 43. ③

해설 체심입방격자의 단위격자 속의 원자수는 2개이고, 면심입방격자는 4개, 조밀육방격자도 2개이다.

44 Al의 표면을 적당한 전해액 중에서 양극 산화 처리하면 표면에 방식성이 우수한 산화 피막층이 만들어진다. 알루미늄의 방식 방법에 많이 이용되는 것은?
① 규산법　　② 수산법
③ 탄화법　　④ 질화법

45 강의 표면경화법이 아닌 것은?
① 풀림　　② 금속용사법
③ 금속침투법　　④ 하드페이싱

해설 풀림은 담금질, 불림, 뜨임과 함께 일반열처리법으로 풀림의 목적은 내부응력을 제거하는 데 있다.

46 비금속 개재물이 강에 미치는 영향이 아닌 것은?
① 고온 메짐의 원인이 된다.
② 인성은 향상시키나 경도를 떨어뜨린다.
③ 열처리 시 개재물로 인한 균열을 발생시킨다.
④ 단조나 압연 작업 중에 균열의 원인이 된다.

47 해드필드강(hadfield steel)에 대한 설명으로 옳은 것은?
① Ferrite계 고 Ni강이다.
② Pearlite계 고 Co강이다.
③ Cementite계 고 Cr강이다.
④ Austenite계 고 Mn강이다.

해설 저망간강은 듀콜강이라고 한다.

48 잠수함, 우주선 등 극한 상태에서 파이프의 이음쇠에 사용되는 기능성 합금은?
① 초전도 합금　　② 수소 저장 합금
③ 아모퍼스 합금　　④ 형상 기억 합금

해설
- 초전도 합금 : 초전도성을 가진 합금. 일정한 온도에서 전기 저항이 급격히 작아지면서 영(零)에 접근한다. 전동기, 변압기, 전자 탐지기, 레이더, 열핵 반응기 따위에 쓰인다.
- 수소저장합금 : 수소를 안정적으로 저장하고 수송하기 위해 개발된 금속수소화물로 란탄-니켈계, 마그네슘-니켈계 등의 합금이 있다.
- 아모퍼스 합금 : 보통 금속은 작은 결정 입자의 모임인데 아모퍼스 금속은 원자의 배열이 무질서하고 결정 상태로 되어 있지 않는 비정질금속으로 용해된 금속을 급속 냉각시켜서 만든다.

49 탄소강에서 탄소의 함량이 높아지면 낮아지는 값은?
① 경도　　② 항복강도
③ 인장강도　　④ 단면수축률

50 3~5% Ni, 1% Si을 첨가한 Cu 합금으로 C 합금이라고도 하며 강력하고 전도율이 좋아 용접봉이나 전극재료로 사용되는 것은?
① 톰백　　② 문쯔 메탈
③ 길딩 메탈　　④ 코슨합금

해설
- 톰백 : Zn을 5~20% 함유한 황동의 한 종류로 전연성이 좋고 색깔이 금색에 가까워 모조금이나 판 및 선 등에 사용된다.
- 문쯔 메탈 : Cu 60% – Zn 40%의 6 :

정답
44. ②　45. ①　46. ②　47. ④　48. ④　49. ④　50. ④

4 황동으로 인장강도가 높아 판 등으로 사용한다.
  • 길딩 메탈 : Cu 95% - Zn 5% 함유한 황동의 한 종류로 연한 성질로 인해 동전이나 메달에 사용된다.

51 치수 기입법에서 지름, 반지름, 구의 지름 및 반지름, 모떼기, 두께 등을 표시할 때 사용되는 보조기호 표시가 잘못된 것은?

① 두께 : D6
② 반지름 : R3
③ 모떼기 : C3
④ 구의 지름 : Sϕ6

해설
 • 지름 : ϕ
 • 두께 : t
 • 구의 반지름 : sR
 • 정사각형의 변 : □
 • 참고치수 : ( )

52 인접부분을 참고로 표시하는 데 사용하는 선은?

① 숨은선
② 가상선
③ 외형선
④ 피치선

해설
 • 숨은선 : 물체의 보이지 않은 부분을 표시할 때 사용
 • 외형선 : 물체의 보이는 부분의 모양을 표시할 때 사용
 • 피치선 : 되풀이하는 도형의 피치를 취하는 기준을 표시하는 데 사용

53 보기와 같은 KS 용접 기호의 해독으로 틀린 것은?

① 화살표 반대쪽 점 용접
② 점 용접부의 지름 6mm
③ 용접부의 개수(용접 수) 5개
④ 점 용접한 간격은 100mm

해설 실선 위에 숫자가 있는 경우는 화살표 쪽 용접이며, 파선 위에 숫자가 있을 경우는 화살표 반대쪽 용접이다.

54 좌우, 상하 대칭인 그림과 같은 형상을 도면화하려고 할 때 이에 관한 설명으로 틀린 것은? (단, 물체에 뚫린 구멍의 크기는 같고 간격은 6mm로 일정하다.)

① 치수 a는 9×6(=54)으로 기입할 수 있다.
② 대칭기호를 사용하여 도형을 $\frac{1}{2}$로 나타낼 수 있다.
③ 구멍은 동일 형상일 경우 대표 형상을 제외한 나머지 구멍은 생략할 수 있다.
④ 구멍은 크기가 동일하더라도 각각의 치수를 모두 나타내어야 한다.

55 그림과 같은 제3각법 정투상도에 가장 적합한 입체도는?

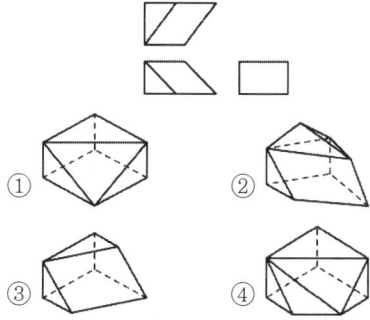

56 3각 기둥, 4각 기둥 등과 같은 각기둥 및

정답
51. ① 52. ② 53. ① 54. ④ 55. ③ 56. ②

원기둥을 평행하게 펼치는 전개방법의 종류는?
① 삼각형을 이용한 전개도법
② 평행선을 이용한 전개도법
③ 방사선을 이용한 전개도법
④ 사다리꼴을 이용한 전개도법

③ 배관도　　　④ 공정도

57 SF 340A는 탄소강 단강품이며 340은 최저인장강도를 나타낸다. 이때 최저인장강도의 단위로 가장 옳은 것은?
① N/m^2　　　② kgf/m^2
③ N/mm^2　　④ kgf/mm^2

58 배관 도면에서 그림과 같은 기호의 의미로 가장 적합한 것은?

① 체크 밸브　② 볼 밸브
③ 콕 일반　　④ 안전 밸브

59 한쪽 단면도에 대한 설명으로 올바른 것은?
① 대칭형의 물체를 중심선을 경계로 하여 외형도의 절반과 단면도의 절반을 조합하여 표시한 것이다.
② 부품도의 중앙 부위 전후를 절단하여, 단면을 90° 회전시켜 표시한 것이다.
③ 도형 전체가 단면으로 표시된 것이다.
④ 물체의 필요한 부분만 단면으로 표시한 것이다.

60 판금작업 시 강판재료를 절단하기 위하여 가장 필요한 도면은?
① 조립도　　　② 전개도

정답
57. ③　58. ①　59. ①　60. ②

2016년 제4회 과년도출제문제 특수용접기능사

01 일반적으로 용접순서를 결정할 때 유의해야 할 사항으로 틀린 것은?
① 용접물의 중심에 대하여 항상 대칭으로 용접한다.
② 수축이 작은 이음을 먼저 용접하고 수축이 큰 이음은 나중에 용접한다.
③ 용접구조물이 조립되어감에 따라 용접작업이 불가능한 곳이나 곤란한 경우가 생기지 않도록 한다.
④ 용접구조물의 중립축에 대하여 용접 수축력의 모멘트 합이 0이 되게 하면 용접선 방향에 대한 굽힘을 줄일 수 있다.

02 플래시 버트 용접 과정의 3단계는?
① 업셋, 예열, 후열
② 예열, 검사, 플래시
③ 예열, 플래시, 업셋
④ 업셋, 플래시, 후열

03 일렉트로 슬래그 용접의 장점으로 틀린 것은?
① 용접 능률과 용접 품질이 우수하다.
② 최소한의 변형과 최단시간의 용접법이다.
③ 후판을 단일층으로 한 번에 용접할 수 있다.
④ 스패터가 많으며 80%에 가까운 용착 효율을 나타낸다.

> **해설** 일렉트로 슬래그 용접의 특징(위 지문 ①, ②, ③ 외에)
> ① 아크가 눈에 보이지 않고 아크 불꽃이 없다.
> ② 각 변형이 거의 없다.
> ③ 스패터가 없어 거의 100%에 가까운 용착 효율을 나타낸다.
> ④ 용접속도가 빠르고 I형 용접으로 가공이 쉽다.

04 용접결함과 그 원인의 연결이 틀린 것은?
① 언더컷 - 용접전류가 너무 낮을 경우
② 슬래그 섞임 - 운봉속도가 느릴 경우
③ 기공 - 용접부가 급속하게 응고될 경우
④ 오버랩 - 부적절한 운봉법을 사용했을 경우

> **해설**
> • 언더컷 : 용접전류가 너무 높을 경우, 아크 길이가 너무 길 경우, 용접속도가 적당하지 않을 때
> • 오버랩 : 용접전류가 너무 낮을 경우

05 탄산 가스 아크 용접에서 용착속도에 관한 내용으로 틀린 것은?
① 용접속도가 빠르면 모재의 입열이 감소한다.
② 용착률은 일반적으로 아크전압이 높은 쪽이 좋다.
③ 와이어 용융속도는 와이어의 지름과는 거의 관계가 없다.
④ 와이어 용융속도는 아크전류에 거의 정비례하며 증가한다.

정답
1. ② 2. ③ 3. ④ 4. ① 5. ②

해설) 탄산가스 아크 용접에서는 전류를 높게 하면 와이어의 녹아내림과 용착률, 용입이 증가한다. 반면에 아크전압은 비드 형상을 결정하는 중요한 요인으로 전압이 높으면 비드가 넓어지고 납작해진다.

06 MIG 용접의 전류밀도는 TIG 용접의 약 몇 배 정도인가?
① 2 ② 4
③ 6 ④ 8

해설) 미그용접의 전류밀도
피복 아크 용접보다 약 6배, TIG 용접보다 약 2배 정도가 높다.

07 다음 중 용접 이음의 종류가 아닌 것은?
① 십자 이음 ② 맞대기 이음
③ 변두리 이음 ④ 모따기 이음

08 용접부에 생기는 결함 중 구조상의 결함이 아닌 것은?
① 기공 ② 균열
③ 변형 ④ 용입불량

해설) 변형, 치수부족, 형상불량, 비틀림 등은 치수상 결함에 속한다.

09 다음 중 파괴시험에서 기계적 시험에 속하지 않는 것은?
① 경도 시험 ② 굽힘 시험
③ 부식 시험 ④ 충격 시험

해설) 부식시험은 화학적 시험법이다.

10 서브머지드 아크 용접에서 용제의 구비 조건에 대한 설명으로 틀린 것은?
① 용접 후 슬래그(Slag)의 박리가 어려울 것
② 적당한 입도를 갖고 아크 보호성이 우수할 것
③ 아크 발생을 안정시켜 안정된 용접을 할 수 있을 것
④ 적당한 합금성분을 첨가하여 탈황, 탈산 등의 정련작용을 할 것

11 예열의 목적에 대한 설명으로 틀린 것은?
① 수소의 방출을 용이하게 하여 저온 균열을 방지한다.
② 열영향부와 용착 금속의 경화를 방지하고 연성을 증가시킨다.
③ 용접부의 기계적 성질을 향상시키고 경화 조직의 석출을 촉진시킨다.
④ 온도 분포가 완만하게 되어 열응력의 감소로 변형과 잔류 응력의 발생을 적게 한다.

12 다음 중 초음파 탐상법에 속하지 않는 것은?
① 공진법 ② 투과법
③ 프로드법 ④ 펄스반사법

13 화재 및 소화기에 관한 내용으로 틀린 것은?
① A급 화재란 일반화재를 뜻한다.
② C급 화재란 유류화재를 뜻한다.
③ A급 화재에는 포말소화기가 적합하다.
④ C급 화재에는 CO_2 소화기가 적합하다.

해설) 화재의 분류
① A급 화재(일반화재) : 연소 후 재를 남기는 화재(종이, 목재 등)
② B급 화재(유류화재) : 액상 또는 기체상의 연료성 화재(휘발유, 벤젠 등)
③ C급 화재(전기화재) : 전기 에너지가 발화원이 되는 화재

정답) 6. ① 7. ④ 8. ③ 9. ③ 10. ① 11. ③ 12. ③ 13. ②

④ D급 화재(금속화재) : 금속칼륨, 금속나트륨, 유황 등의 화재
⑤ E급 화재(가스 화재) : 가연성 가스에 의해 발화원이 되는 화재

14 다음 중 MIG 용접에서 사용하는 와이어 송급 방식이 아닌 것은?
① 풀(pull) 방식
② 푸시(push) 방식
③ 푸시 풀(push-pull) 방식
④ 푸시 언더(push-under) 방식

15 다음 중 제품별 노내 및 국부풀림의 유지 온도와 시간이 올바르게 연결된 것은?
① 탄소강 주강품 : 625±25℃, 판두께 25mm에 대하여 1시간
② 기계구조용 연강재 : 725±25℃, 판두께 25mm에 대하여 1시간
③ 보일러용 압연강재 : 625±25℃, 판두께 25mm에 대하여 4시간
④ 용접구조용 연강재 : 725±25℃, 판두께 25mm에 대하여 2시간

> 해설 ①, ②, ③, ④ 모두 625±25℃에서 판 두께 25mm에 대해 1시간 정도 풀림

16 다음 중 스터드 용접법의 종류가 아닌 것은?
① 아크 스터드 용접법
② 저항 스터드 용접법
③ 충격 스터드 용접법
④ 텅스텐 스터드 용접법

17 다음 중 저항 용접의 3요소가 아닌 것은?
① 가압력   ② 통전시간
③ 통전전압   ④ 전류의 세기

18 스터드 용접에서 내열성의 도기로 용융금속의 산화 및 유출을 막아주고 아크 열을 집중시키는 역할을 하는 것은?
① 페룰   ② 스터드
③ 용접토치   ④ 제어장치

19 용접 작업에서 전격의 방지대책으로 틀린 것은?
① 땀, 물 등에 의해 젖은 작업복, 장갑 등은 착용하지 않는다.
② 텅스텐봉을 교체할 때 항상 전원 스위치를 차단하고 작업한다.
③ 절연 홀더의 절연부분이 노출, 파손되면 즉시 보수하거나 교체한다.
④ 가죽 장갑, 앞치마, 발 덮개 등 보호구를 반드시 착용하지 않아도 된다.

20 용접결함 중 은점의 원인이 되는 주된 원소는?
① 헬륨   ② 수소
③ 아르곤   ④ 이산화탄소

> 해설 은점(fish eye)
> 용착 금속의 파단면에 나타나는 은백색을 띤 물고기 눈 모양의 결함부를 말하는데 그 크기가 보통 0.2~5mm 정도이다.

21 용접 시공에서 다층 쌓기로 작업하는 용착법이 아닌 것은?
① 스킵법   ② 빌드업법
③ 전진 블록법   ④ 캐스케이드법

14. ④ 15. ① 16. ④ 17. ③ 18. ① 19. ④ 20. ② 21. ①

22 선박, 보일러 등 두꺼운 판의 용접 시 용융 슬래그와 와이어의 저항열을 이용하여 연속적으로 상진하는 용접법은?

① 테르밋 용접
② 넌실드 아크 용접
③ 일렉트로 슬래그 용접
④ 서브머지드 아크 용접

23 용접기 설치 시 1차 입력이 10kVA이고 전원 전압이 200V이면 퓨즈 용량은?

① 50A   ② 100A
③ 150A   ④ 200A

> **해설** 전력(W)=전압(V)×전류(A)이므로, 퓨즈 용량(A)=전력/전압이다. 따라서 10,000/200 =50(A)이다.

24 산소-아세틸렌가스 절단과 비교한, 산소-프로판가스 절단의 특징으로 틀린 것은?

① 슬래그 제거가 쉽다.
② 절단면 윗 모서리가 잘 녹지 않는다.
③ 후판 절단 시에는 아세틸렌보다 절단속도가 느리다.
④ 포갬 절단 시에는 아세틸렌보다 절단속도가 빠르다.

> **해설** 아세틸렌가스와 프로판가스 절단의 비교

아세틸렌	프로판
점화하기 쉽다.	절단 상부 기슭이 녹은 것이 적다.
중성불꽃을 만들기 쉽다.	절단면이 미세하며 깨끗하다.
절단 개시까지 시간이 빠르다.	슬래그 제거가 쉽다.
표면 영향이 적다.	포갬 절단 속도가 아세틸렌보다 빠르다.
박판 절단 시는 빠르다.	후판 절단 시는 아세틸렌보다 빠르다.

25 양호한 절단면을 얻기 위한 조건으로 틀린 것은?

① 드래그가 가능한 한 클 것
② 슬래그 이탈이 양호할 것
③ 절단면 표면의 각이 예리할 것
④ 절단면이 평활하며 드래그의 홈이 낮을 것

26 TIG 절단에 관한 설명으로 틀린 것은?

① 전원은 직류 역극성을 사용한다.
② 절단면이 매끈하고 열효율이 좋으며 능률이 대단히 높다.
③ 아크 냉각용 가스에는 아르곤과 수소의 혼합가스를 사용한다.
④ 알루미늄, 마그네슘, 구리와 구리합금, 스테인리스강 등 비철금속의 절단에 이용된다.

> **해설** TIG 절단의 전원으로는 주로 직류정극성이 사용된다.

27 다음 중 아크 절단에 속하지 않는 것은?

① MIG 절단
② 분말 절단
③ TIG 절단
④ 플라즈마 제트 절단

> **해설**
> • 가스 절단 : 산소-아세틸렌 절단, 산소-프로판 절단, 분말 절단(철분 절단, 용제 절단), 가스 가우징, 스카핑
> • 아크 절단 : 탄소 아크 절단, 금속 아크 절단, TIG 절단, MIG 절단, 아크 에어 가우징, 산소 아크 절단, 플라즈마 제트 절단

28 가스 용접 작업에서 양호한 용접부를 얻기 위해 갖추어야 할 조건으로 틀린 것은?

정답: 22. ③ 23. ① 24. ③ 25. ① 26. ① 27. ② 28. ④

① 용착 금속의 용입 상태가 균일해야 한다.
② 용접부에 첨가된 금속의 성질이 양호해야 한다.
③ 기름, 녹 등을 용접 전에 제거하여 결함을 방지한다.
④ 과열의 흔적이 있어야 하고 슬래그나 기공 등도 있어야 한다.

29 용접기의 사용률(duty cycle)을 구하는 공식으로 옳은 것은?

① 사용률(%) = $\dfrac{휴식시간}{아크발생시간+휴식시간} \times 100$

② 사용률(%) = $\dfrac{아크발생시간}{아크발생시간+휴식시간} \times 100$

③ 사용률(%) = $\dfrac{아크발생시간}{아크발생시간-휴식시간} \times 100$

④ 사용률(%) = $\dfrac{휴식시간}{아크발생시간-휴식시간} \times 100$

30 다음 중 아크 쏠림 방지대책으로 틀린 것은?
① 접지점 2개를 연결할 것
② 용접봉 끝은 아크 쏠림 반대 방향으로 기울일 것
③ 접지점을 될 수 있는 대로 용접부에서 가까이할 것
④ 큰 가접부 또는 이미 용접이 끝난 용착부를 향하여 용접할 것

31 연강용 피복 아크 용접봉의 종류에 따른 피복제 계통이 틀린 것은?
① E4340 : 특수계
② E4316 : 저수소계
③ E4327 : 철분산화철계
④ E4313 : 철분산화티탄계

해설 E4313 : 고산화티탄계, E4324 : 철분산화티탄계

32 다음 중 기계적 접합법에 속하지 않는 것은?
① 리벳   ② 용접
③ 접어 잇기 ④ 볼트 이음

33 용접 중에 아크를 중단시키면 중단된 부분이 오목하거나 납작하게 파진 모습으로 남게 되는 것은?
① 피트   ② 언더컷
③ 오버랩   ④ 크레이터

34 가스 절단에서 예열불꽃의 역할에 대한 설명으로 틀린 것은?
① 절단산소 운동량 유지
② 절단산소 순도 저하방지
③ 절단개시 발화점 온도가열
④ 절단재의 표면스케일 등의 박리성 저하

35 가스 절단 작업 시 표준 드래그 길이는 일반적으로 모재 두께의 몇 % 정도인가?
① 5   ② 10
③ 20   ④ 30

36 일반적으로 두께가 3mm인 연강판을 가스 용접하기에 가장 적합한 용접봉의 직경은?
① 약 2.6mm   ② 약 4.0mm

정답 29. ② 30. ③ 31. ④ 32. ② 33. ④ 34. ④ 35. ③ 36. ①

③ 약 5.0mm ④ 약 6.0mm

해설 가스 용접봉의 지름(D)=T/2+1이므로, 3/2+1은 2.5mm이다.

37 일반적인 용접의 특징으로 틀린 것은?
① 재료의 두께에 제한이 없다.
② 작업공정이 단축되며 경제적이다.
③ 보수와 수리가 어렵고 제작비가 많이 든다.
④ 제품의 성능과 수명이 향상되며 이종 재료도 용접이 가능하다.

38 10000~30000℃의 높은 열에너지를 가진 열원을 이용하여 금속을 절단하는 절단법은?
① TIG 절단법
② 탄소 아크 절단법
③ 금속 아크 절단법
④ 플라즈마 제트 절단법

39 T.T.T 곡선에서 하부 임계냉각속도란?
① 50% 마텐자이트를 생성하는 데 요하는 최대의 냉각속도
② 100% 오스테나이트를 생성하는 데 요하는 최소의 냉각속도
③ 최초에 소르바이트가 나타나는 냉각속도
④ 최초에 마텐자이트가 나타나는 냉각속도

해설 T.T.T(time-temperature-transformation) 곡선 : 변태점 이상으로 가열한 강을 연속적으로 냉각하지 않고 어느 온도에서 일정한 시간 동안 항온을 유지하였다가 냉각하는 방법을 등온(항온) 열처리라 하며 이 열처리 과정을 시간-온도 곡선으로 나타낸 것을 T.T.T 곡선이라 한다.

※ 상부 임계냉각속도 : 마텐자이트 조직만을 생기게 하는 최소의 냉각속도를 상부 임계냉각속도라 한다.

40 금속에 대한 성질을 설명한 것으로 틀린 것은?
① 모든 금속은 상온에서 고체 상태로 존재한다.
② 텅스텐(W)의 용융점은 약 3410℃이다.
③ 이리듐(Ir)의 비중은 약 22.5이다.
④ 열 및 전기의 양도체이다.

해설 금속은 상온에서 고체이다.(단, 수은의 응고점은 -38.9℃이기 때문에 수은은 제외한다.)

41 압입체의 대면각이 136°인 다이아몬드 피라미드로 하중 1~120kg을 사용하여 특히 얇은 물건이나 표면 경화된 재료의 경도를 측정하는 시험법은 무엇인가?
① 로크웰 경도시험법
② 비커즈 경도시험법
③ 쇼어 경도시험법
④ 브리넬 경도시험법

해설
• 로크웰 경도 : B스케일과 C스케일이 있으며, B스케일은 100kgf의 하중에서 1.588mm의 강구를, C스케일에서는 120도의 원뿔 및 선단 반지름은 0.2mm의 다이아몬드 압입자를 사용한다.
• 쇼어 경도 : 시험편의 면 위에 강구 또는 다이아몬드추를 붙인 작은 추를 일정한 높이에서 떨구어서 그 튀어오르는 높이로 경도를 측정하는 방법
• 브리넬 경도 : 지름이 10mm와 5mm인 담금질한 강구(둥근 공 모양의 단단한 쇠구슬)를 시험하고자 하는 금속 재료에 힘을 가하여 누르면 움푹 들어간 압흔이 생기는데 그 압흔의 지름을 구하여서 경

정답
37. ③ 38. ④ 39. ④ 40. ① 41. ②

도를 측정하는 방법

42 게이지용 강이 갖추어야 할 성질로 틀린 것은?

① 담금질에 의해 변형이나 균열이 없을 것
② 시간이 지남에 따라 치수변화가 없을 것
③ HRC 55 이상의 경도를 가질 것
④ 팽창계수가 보통 강보다 클 것

43 두 종류 이상의 금속 특성을 복합적으로 얻을 수 있고 바이메탈 재료 등에 사용되는 합금은?

① 제진 합금
② 비정질 합금
③ 클래드 합금
④ 형상 기억 합금

> 해설
> - 제진 합금 : 진동 발생 원인 고체의 진동 자체를 감소시키는 것으로 두드렸을 때 쇳소리 대신 둔탁한 소리를 내는 금속
> - 비정질 합금 : 액체처럼 불규칙한(비정질) 원자구조를 지닌 합금(amorphous alloy)을 뜻한다. 이 합금은 분자단위까지 관찰해도 결정구조가 없기 때문에 일반적인 금속소재보다 강성이 뛰어나다.
> - 형상 기업 합금 : 처음에 주어진 특정 모양의 것을 인장하거나 소성변형된 것이 가열에 의하여 원래의 모양으로 되돌아가는 합금

44 알루미늄을 주성분으로 하는 합금이 아닌 것은?

① Y합금
② 라우탈
③ 인코넬
④ 두랄루민

> 해설 인코넬
> 니켈을 주재료로 15%의 크롬, 6~7%의 철, 2.5%의 티탄, 1% 이하의 알루미늄·망간·규소를 첨가한 내열합금이다.

45 다음의 희토류 금속원소 중 비중이 약 16.6, 용융점은 약 2996℃이고, 150℃ 이하에서 불활성 물질로서 내식성이 우수한 것은?

① Se
② Te
③ In
④ Ta

> 해설
> - Se(셀레늄) : 녹는점 221℃, 끓는점은 685℃인 고체로서 반도체의 재료로 주로 사용하며 직류아크 용접기 정류자의 재료로도 사용된다.
> - Te(텔루륨) : 녹는점 449.51℃, 끓는점 998℃, 밀도는 6.24g/cm^{3}인 고체로서 합금을 만드는 데 주로 사용된다.
> - In(인듐) : 녹는점 156.63℃, 끓는점 2,000℃로 은백색의 밀랍처럼 무른 금속으로 칼로 자를 수도 있으며 합금에 주로 사용된다.

46 황동 중 60% Cu+40% Zn 합금으로 조직이 $\alpha+\beta$이므로 상온에서 전연성은 낮으나 강도가 큰 합금은?

① 길딩 메탈(gilding metal)
② 문쯔 메탈(Muntz metal)
③ 두라나 메탈(durana metal)
④ 애드미럴티 메탈(Admiralty metal)

> 해설
> - 길딩 메탈 : 황동의 한 종류로 구리 95%~아연 5%이다. 동전이나 메달에 주로 사용된다.
> - 두라나 메탈 : 7 : 3 황동에 2% Fe, 그리고 소량의 Sn, Al을 첨가하여 전기저항이 높고 내열, 내식성이 우수하다. Ag 대용으로 사용한다.
> - 애드미럴티 황동 : 7 : 3 황동에 주석 1%를 첨가하여 경도, 인장강도, 내식성을 증가시

정답 42. ④ 43. ③ 44. ③ 45. ④ 46. ②

킨 것으로 증발기, 열교환기에 사용된다.

47 1000~1100℃에서 수중냉각함으로써 오스테나이트 조직으로 되고, 인성 및 내마멸성 등이 우수하여 광석 파쇄기, 기차 레일, 굴삭기 등의 재료로 사용되는 것은?

① 고 Mn강　② Ni-Cr강
③ Cr-Mo강　④ Mo계 고속도강

> **해설**
> • 고망간강 : 해드필드강 또는 오스테나이트 망간강이라 부른다.
> • Ni-Cr강 : 탄소강에 니켈과 크롬을 첨가하여 각각의 효과를 이용한 강으로 연신율 및 단면 수축률이 크게 감소하지 않고 강도가 높은 특징이 있는 구조용 강이다.
> • Cr-Mo강 : Ni-Cr강에서 Ni 대신 Mo을 소량 첨가하여 성질을 향상시킨 강으로 용접성이 우수하다.
> • Mo계 고속도강 : 고속도강의 한 종류로 가격이 저렴하고 비중이 작으며 인성이 높은 특징이 있다.

48 가단주철의 일반적인 특징이 아닌 것은?

① 담금질 경화성이 있다.
② 주조성이 우수하다.
③ 내식성, 내충격성이 우수하다.
④ 경도는 Si량이 적을수록 높다.

49 순철이 910℃에서 Ac₃ 변태를 할 때 결정격자의 변화로 옳은 것은?

① BCT → FCC　② BCC → FCC
③ FCC → BCC　④ FCC → BCT

> **해설** Ac₃ 변태
> 가열 시의 변태점을 Ac₃ 변태라 하고 냉각 시의 변태를 Ar₃ 변태라 한다.

50 압력이 일정한 Fe-C 평형상태도에서 공정점의 자유도는?

① 0　② 1
③ 2　④ 3

51 다음 중 호의 길이 치수를 나타내는 것은?

> **해설** ② : 각도의 표시, ③ : 현의 표시

52 보기 입체도의 화살표 방향 투상 도면으로 가장 적합한 것은?

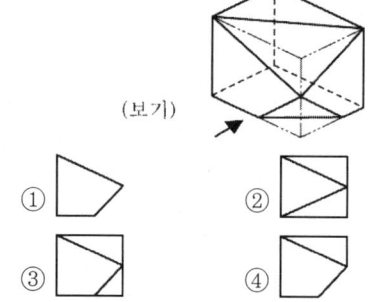

53 다음 중 도면의 일반적인 구비 조건으로 관계가 가장 먼 것은?

① 대상물의 크기, 모양, 자세, 위치의 정보가 있어야 한다.
② 대상물을 명확하고 이해하기 쉬운 방법으로 표현해야 한다.
③ 도면의 보존, 검색 이용이 확실히 되도록 내용과 양식을 구비해야 한다.
④ 무역과 기술의 국제 교류가 활발하므로 대상물의 특징을 알 수 없도록 보안성

을 유지해야 한다.

54 다음 용접 보조기호에서 현장 용접기호는?

① ◠   ②
③ ○   ④ ___

> 해설 ③ : 전둘레 용접(일주 용접)
> ④ : 용접부 표면을 평면(동일한 면으로 마감처리)으로 처리

55 단면의 무게 중심을 연결한 선을 표시하는 데 사용하는 선의 종류는?

① 가는 1점 쇄선
② 가는 2점 쇄선
③ 가는 실선
④ 굵은 파선

56 배관도에서 유체의 종류와 문자 기호를 나타내는 것 중 틀린 것은?

① 공기 : A
② 연료 가스 : G
③ 증기 : W
④ 연료유 또는 냉동기유 : O

57 보기 입체도를 제3각법으로 올바르게 투상한 것은?

(보기)

① ②
③ ④

58 리벳의 호칭 표기법을 순서대로 나열한 것은?

① 규격번호, 종류, 호칭지름×길이, 재료
② 종류, 호칭지름×길이, 규격번호, 재료
③ 규격번호, 종류, 재료, 호칭지름×길이
④ 규격번호, 호칭지름×길이, 종류, 재료

59 탄소강 단강품의 재료 표시기호 "SF 490A"에서 "490"이 나타내는 것은?

① 최저 인장강도
② 강재 종류 번호
③ 최대 항복강도
④ 강재 분류 번호

60 다음 중 일반적으로 긴 쪽 방향으로 절단하여 도시할 수 있는 것은?

① 리브   ② 기어의 이
③ 바퀴의 암 ④ 하우징

정답
54. ② 55. ② 56. ③ 57. ④ 58. ① 59. ① 60. ④

CBT 대비 모의고사

01 직류 아크 용접에서 용접봉을 용접기의 음극에, 모재를 양극에 연결하여 사용할 경우의 극성은?
① 정극성　② 역극성
③ 혼합성　④ 아크성

02 피복 아크 용접봉에서 피복제의 역할로 틀린 것은?
① 아크를 안정시킴
② 전기 절연작용을 함
③ 슬래그 제거가 쉬움
④ 냉각속도를 빠르게 함

03 지름이 3.0mm의 용접봉에서 아크의 길이는 몇 mm로 하는 것이 가장 적당한가?
① 3.0　② 6.0
③ 9.0　④ 12.0

04 피복 아크 용접봉은 염기도(basicity)가 높을수록 내균열성은 좋으나 작업성이 저하되는데 다음 중 염기도 크기를 순서대로 올바르게 나열한 것은?
① E4311＜E4301＜E4316
② E4316＜E4301＜E4311
③ E4301＜E4316＜E4311
④ E4316＜E4311＜E4301

05 다음 중 아세틸렌가스의 성질에 대한 설명으로 틀린 것은?
① 비중은 0.906으로 공기보다 가볍다.
② 순수한 아세틸렌가스는 무색, 무취의 기체이다.
③ 물에는 4배, 아세톤에는 6배가 용해된다.
④ 산소와 적당히 혼합하여 연소시키면 높은 열을 낸다.

06 용접에 있어 모든 열적 요인 중 가장 영향을 많이 주는 요소는?
① 용접입열　② 용접재료
③ 주위온도　④ 용접복사열

07 변형 방지용 지그의 종류 중 다음 그림과 같이 사용된 지그는?

① 바이스 지그
② 스트롱 백
③ 탄성 역변형 지그
④ 판넬용 탄성 역변형 지그

08 수하특성에 관한 설명 중 가장 적당한 것은?
① 부하전류가 증가하면 단자전압이 저하하는 특성
② 부하전압이 증가하면 단자전압이 상승하는 특성
③ 아크전류가 증가하여도 단자전압이 변

하지 않는 특성
④ 부하전압이 변화하여도 전압이 변화하지 않는 특성

09 아크 에어 가우징 작업에서 탄소강과 스테인리스강에 가장 우수한 작업효과를 나타내는 전원은?
① 교류(AC)
② 직류정극성(DCSP)
③ 직류역극성(DCRP)
④ 교류, 직류 모두 동일

10 가스 용접봉을 선택할 때 조건으로 틀린 것은?
① 모재와 같은 재질일 것
② 불순물이 포함되어 있지 않을 것
③ 용융온도가 모재보다 낮을 것
④ 기계적 성질에 나쁜 영향을 주지 않을 것

11 다음 그림은 가스절단의 종류 중 어떤 작업을 하는 모양을 나타낸 것인가?

① 산소창 절단
② 포갬 절단
③ 가스 가우징
④ 분말 절단

12 가스 용접에서 팁의 재료로 가장 적당한 것은?
① 고탄소강
② 고속도강
③ 스테인리스강
④ 동합금

13 가스 용접 작업 시 후진법의 설명으로 맞는 것은?
① 용접속도가 빠르다.
② 열 이용률이 나쁘다.
③ 얇은 판의 용접에 적합하다.
④ 용접변형이 크다.

14 가스용기의 취급상 주의사항으로 잘못된 것은?
① 가스용기의 이동 시는 밸브를 잠근다.
② 가스용기를 난폭하게 취급하지 않는다.
③ 가스용기의 저장은 환기가 되는 장소에 둔다.
④ 가연성 가스용기는 눕혀서 보관한다.

15 청색의 겉불꽃에 둘러싸인 무광의 불꽃이므로 육안으로는 불꽃조절이 어렵고, 납땜이나 수중 절단의 예열불꽃으로 사용되는 것은?
① 천연가스 불꽃
② 산소-수소 불꽃
③ 도시가스 불꽃
④ 산소-아세틸렌 불꽃

16 가스 절단에서 절단용 산소에 불순물이 증가되면 발생되는 결과가 아닌 것은?
① 절단면이 거칠어진다.
② 절단속도가 빨라진다.
③ 슬래그 이탈성이 나빠진다.
④ 산소의 소비량이 많아진다.

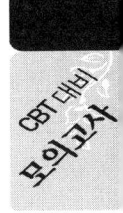

17 용접작업 시 사용하는 보호기구의 종류로만 나열된 것은?
① 앞치마, 핸드실드, 차광유리, 팔덮개
② 용접헬멧, 핸드그라인더, 용접케이블, 앞치마
③ 치핑해머, 용접집게, 전류계, 앞치마
④ 용접기, 용접케이블, 퓨즈, 팔덮개

18 AW300인 교류 아크 용접기로 쉬지 않고 계속적으로 용접작업을 진행할 수 있는 용접전류는 약 몇 암페어[A] 이하인가?(단, 이때 허용사용률은 100%이며, 이 용접기의 정격사용률은 40%이다.)
① 138A 이하   ② 154A 이하
③ 189A 이하   ④ 226A 이하

19 교류 아크 용접기 종류 중 AW-500의 정격 부하 전압은 몇 V인가?
① 28V   ② 32V
③ 36V   ④ 40V

20 피복 아크 용접봉에서 모재로 용융금속이 옮겨가는 상태에서 비교적 큰 용적이 단락되지 않고 옮겨가는 형식은?
① 단락형   ② 스프레이형
③ 글로뷸러형   ④ 슬래그형

21 용접 용어 중 "중단되지 않은 용접의 시발점 및 크레이터를 제외한 부분의 길이"를 뜻하는 것은?
① 용접선   ② 용접 길이
③ 용접축   ④ 다리 길이

22 다음 중 주철의 보수 용접방법이 아닌 것은?
① 스터드법   ② 비녀장법
③ 버터링법   ④ 피닝법

23 각각의 단독 용접공정(each welding process)보다 훨씬 우수한 기능과 특성을 얻을 수 있도록 두 종류 이상의 용접 공정을 복합적으로 활용하여 서로의 장점을 살리고 단점을 보완하여 시너지 효과를 얻기 위한 용접법을 무엇이라 하는가?
① 하이브리드 용접
② 마찰교반 용접
③ 천이액상확산 용접
④ 저온용 무연 솔더링 용접

24 플라즈마 아크 용접에서 아크의 종류가 아닌 것은?
① 관통형 아크
② 반이행형 아크
③ 이행형 아크
④ 비이행형 아크

25 다음 중 CO_2 가스 아크 용접에서 기공발생의 원인과 가장 거리가 먼 것은?
① CO_2 가스 유량이 부족하다.
② 노즐과 모재 간 거리가 지나치게 길다.
③ 바람에 의해 CO_2 가스가 날린다.
④ 엔드 탭(end tab)을 부착하여 고전류를 사용한다.

26 다음 중 이산화탄소 가스 아크 용접의 특징으로 적당하지 않은 것은?
① 모든 재질에 적용이 가능하다.

② 용착금속의 기계적 및 금속학적 성질이 우수하다.
③ 전류밀도가 높아 용입이 깊고, 용접속도를 빠르게 할 수 있다.
④ 피복 아크 용접처럼 피복 아크 용접봉을 갈아 끼우는 시간이 필요 없으므로 용접 작업 시간을 길게 할 수 있다.

27 주로 레일의 접합, 차축, 선박의 프레임 등 비교적 큰 단면을 가진 주조나 단조품의 맞대기 용접과 보수용접에 주로 상용되며, 용접작업이 단순하고, 용접 결과의 재현성이 높지만 용접비용이 비싼 용접법은?
① 가스 용접
② 테르밋 용접
③ 플래시 버트 용접
④ 프로젝션 용접

28 다음 중 핫 스타트(hot start) 장치의 사용 시 장점으로 볼 수 없는 것은?
① 기공(blow hole)을 방지한다.
② 비드 모양을 개선한다.
③ 아크 발생은 어렵지만 용착금속 성질은 양호해진다.
④ 아크 발생 초기의 용입을 양호하게 한다.

29 다음 중 가스 용접 작업을 할 때 주의하여야 할 안전사항으로 틀린 것은?
① 가스 용접을 할 때는 면장갑을 낀다.
② 작업자의 눈을 보호하기 위하여 차광유리가 부착된 보안경을 착용한다.
③ 납이나 아연합금 또는 도금재료를 가스 용접 시 중독될 우려가 있으므로 주의하여야 한다.
④ 가스 용접 작업은 가연성 물질이 없는 안전한 장소를 선택한다.

30 다음 중 TIG 용접에 사용되는 전극봉의 재료로 가장 적합한 금속은?
① 알루미늄 ② 텅스텐
③ 스테인리스 ④ 강철

31 다음 중 일명 유니언 멜트 용접법이라고도 불리며 아크가 용제 속에 잠겨 있어 밖에서는 보이지 않는 용접법은?
① 이산화탄소 아크 용접
② 일렉트로 슬래그 용접
③ 서브머지드 아크 용접
④ 불활성 가스 텅스텐 아크 용접

32 다음 중 펄스 TIG 용접기의 특징에 관한 설명으로 틀린 것은?
① 저주파 펄스용접기와 고주파 펄스용접기가 있다.
② 직류용접기에 펄스 발생 회로를 추가한다.
③ 전극봉의 소모가 많아 수명이 짧다.
④ 20A 이하의 저전류에서 아크의 발생이 안정하다.

33 다음 중 아크 용접 결함의 종류에 대한 발생 원인을 설명한 것으로 틀린 것은?
① 균열 : 모재에 탄소, 망간 등의 합금원소 함량이 많을 때
② 기공 : 용접 분위기 가운데 수소 또는 일산화탄소가 과잉될 때
③ 용입 불량 : 이음 설계에 결함이 있을 때
④ 스패터 : 건조된 용접봉을 사용했을 때

34 다음 중 전기저항 용접의 종류가 아닌 것은?
① TIG 용접
② 점 용접
③ 프로젝션 용접
④ 플래시 용접

35 미그(MIG) 용접 제어장치의 기능으로 아크가 처음 발생되기 전 보호가스를 흐르게 하여 아크를 안정되게 하여 결함발생을 방지하기 위한 것은?
① 스타트 시간
② 가스 지연 유출 시간
③ 버언 백 시간
④ 예비 가스 유출 시간

36 다음 중 안전·보건표지의 색채에 따른 용도에 있어 지시를 나타내는 색채로 옳은 것은?
① 빨간색　　② 녹색
③ 노란색　　④ 파란색

37 용접부의 비파괴 시험 방법의 기본 기호 중 "PT"에 해당하는 것은?
① 방사선 투과시험
② 초음파 탐상시험
③ 자기분말 탐상시험
④ 침투 탐상시험

38 다음 중 보안경을 필요로 하는 작업과 가장 거리가 먼 것은?
① 탁상 그라인더 작업
② 디스크 그라인더 작업
③ 수동가스 절단 작업
④ 금긋기 작업

39 다음 중 순철의 동소체가 아닌 것은?
① α철　　② β철
③ γ철　　④ δ철

40 다음 중 8~12% Sn에 1~2% Zn을 함유한 구리합금을 무엇이라 하는가?
① 포금(gun metal)
② 톰백(tombac)
③ 켈밋 합금(kelmet alloy)
④ 델타 메탈(delta metal)

41 다음 중 강괴를 용강의 탈산정도에 따라 분류할 때 해당되지 않는 것은?
① 킬드강　　② 석출강
③ 림드강　　④ 세미킬드강

42 다음 중 용접재료의 인장시험에서 구할 수 없는 것은?
① 항복점　　② 단면수축률
③ 비틀림강도　　④ 연신율

43 다음 중 침탄법이 질화법보다 좋은 점을 설명한 것으로 옳은 것은?
① 경화에 의한 변형이 없다.
② 경화 후 수정이 가능하다.
③ 후처리로 열처리가 필요 없다.
④ 매우 높은 경도를 가질 수 있다.

44 다음 중 니켈(Ni)의 성질에 관한 설명으로 틀린 것은?
① 내식성이 크다.

② 상온에서 강자성체이다.
③ 면심입방(FCC) 격자의 구조를 갖는다.
④ 아황산가스를 품은 공기에도 부식이 되지 않는다.

45 다음 중 어느 부분이나 균일하고 불연속적이며, 경계된 부분으로 되어 있는 분자와 원자의 집합 상태인 것을 무엇이라 하는가?
① 계(system)
② 상(phase)
③ 상률(phase rule)
④ 농도(concentration)

46 강에 함유된 원소 중 인(P)이 미치는 영향을 올바르게 설명한 것은?
① 연신율과 충격치를 증가시킨다.
② 결정립을 미세화시킨다.
③ 실온에서 충격치를 높게 한다.
④ 강도와 경도를 증가시킨다.

47 다음 중 재료의 내·외부에 열처리 효과의 차이가 생기는 현상으로 강의 담금질성에 의해 영향을 받는 것은?
① 심랭처리   ② 질량효과
③ 금속간 화합물 ④ 소성변형

48 다음 중 7 : 3 황동에 2%의 Fe과 소량의 주석과 알루미늄을 넣은 것을 무엇이라 하는가?
① 듀라나 메탈(durana metal)
② 델타 메탈(delta metal)
③ 알브락(albrac)
④ 라우탈(lautal)

49 다음 중 페라이트계 스테인리스강에 관한 설명으로 틀린 것은?
① 유기산과 질산에는 침식하지 않는다.
② 염산, 황산 등에도 내식성을 잃지 않는다.
③ 오스테나이트계에 비하여 내산성이 낮다.
④ 표면이 잘 연마된 것은 공기나 물 중에 부식되지 않는다.

50 다음 중 용접 공사를 수주한 후 최적의 공정계획을 세우기 위해서 작성하여야 하는 사항과 가장 거리가 먼 것은?
① 가공표   ② 공정표
③ 강재중량표   ④ 인원배치표

51 배관 도면에서 그림과 같은 기호의 의미로 가장 적합한 것은?

① 콕 일반   ② 볼 밸브
③ 체크 밸브   ④ 안전 밸브

52 그림과 같이 대상물의 구멍, 홈 등 한 국부만의 모양을 도시하는 것으로 충분한 경우에는 그 필요 부분만을 나타내는 투상도는?

① 국부 투상도   ② 부분 투상도
③ 보조 투상도   ④ 회전 투상도

53 일반 구조용 압연강재 SS400에서 400이 나타내는 것은?
① 최대 압축 강도

② 최저 압축 강도
③ 최저 인장 강도
④ 최대 인장 강도

54 리벳의 호칭 방법으로 적합한 것은?
① 규격번호, 종류, 호칭지름×길이, 재료
② 종류, 호칭지름×길이, 재료, 규격번호
③ 재료, 종류, 호칭지름×길이, 규격번호
④ 호칭지름×길이, 종류, 재료, 규격번호

55 도면을 축소 또는 확대했을 경우, 그 정도를 알기 위해서 설정하는 것은?
① 중심 마크
② 비교 눈금
③ 도면의 구역
④ 재단 마크

56 물체의 보이지 않는 부분의 형상을 나타내는 선은?
① 파단선
② 지시선
③ 숨은선
④ 외형선

57 그림과 같이 제3각법으로 그린 투상도에 적합한 입체도는?

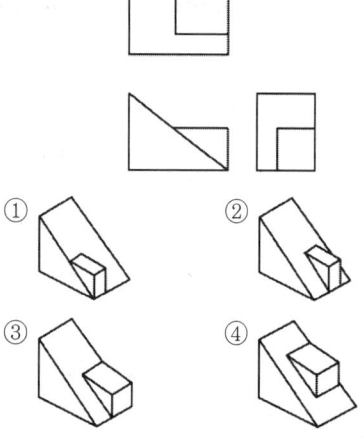

58 동일한 물체를 제3각법으로 정투상한 도면 중 누락이나 틀린 부분이 없는 올바른 투상도는?

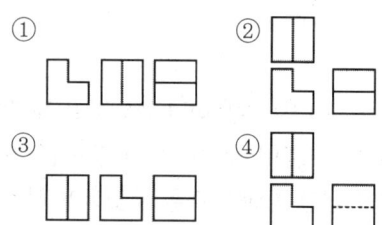

59 아래 그림은 원뿔을 경사지게 자른 경우이다. 잘린 원뿔의 전개 형태로 가장 올바른 것은?

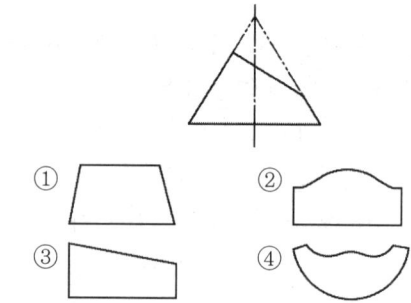

60 도면에서의 지시한 용접법으로 바르게 짝지어진 것은?

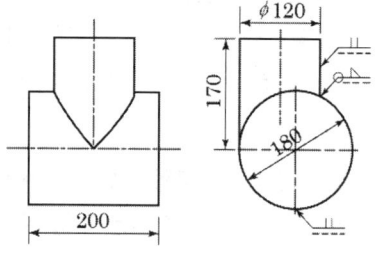

① 평형 맞대기 용접, 필릿 용접
② 겹치기 용접, 플러그 용접
③ 심 용접, 점 용접
④ 이면 용접, V형 맞대기 용접

CBT 대비 모의고사

01 다음 중 기계적 접합법의 종류가 아닌 것은?
① 볼트이음 ② 리벳이음
③ 코터이음 ④ 스터드 용접

02 다음 중 용접용 홀더의 종류에 속하지 않는 것은?
① 125호 ② 160호
③ 400호 ④ 600호

03 전류가 증가하여도 전압이 일정하게 되는 특성으로 이산화탄소 아크 용접장치 등의 아크 발생에 필요한 용접기의 외부 특성은?
① 상승 특성 ② 정전류 특성
③ 정전압 특성 ④ 부저항 특성

04 용접 시공 시 발생하는 용접변형이나 잔류응력 발생을 최소화하기 위하여 용접순서를 정할 때의 유의사항으로 틀린 것은?
① 동일평면 내에 많은 이음이 있을 때 수축은 가능한 한 자유단으로 보낸다.
② 중심에 대하여 대칭으로 용접한다.
③ 수축이 적은 이음은 가능한 한 먼저 용접하고, 수축이 큰 이음은 맨 나중에 한다.
④ 리벳작업과 용접을 같이 할 때에는 용접을 먼저 한다.

05 스터드 용접 장치에서 내열성의 도기로 만들며 아크를 보호하기 위한 것으로 모재와 접촉하는 부분은 홈이 패여 있어 내부에서 발생하는 열과 가스를 방출할 수 있도록 한 것을 무엇이라 하는가?
① 제어장치 ② 스터드
③ 용접토치 ④ 페룰

06 다음 중 가스 실드계의 대표적인 용접봉으로 비드 표면이 거칠고 스패터가 많으며 수직상진, 하진 및 위보기 용접에서 우수한 작업성을 가지고 있는 용접봉은?
① E4301 ② E4311
③ E4313 ④ E4316

07 용착법을 용접 방향, 순서, 다층 용접으로 대별할 경우 다음 중 다층 용접법에 의한 분류법에 속하지 않는 것은?
① 덧살올림법 ② 캐스케이드법
③ 전진블록법 ④ 후진법

08 다음 중 아크 용접 작업 시 용접 작업자가 감전된 것을 발견했을 때의 조치방법으로 적절하지 않은 것은?
① 빠르게 전원 스위치를 차단한다.
② 전원차단 전 우선 작업자를 손으로 이탈시킨다.
③ 즉시 의사에게 연락하여 치료를 받도록 한다.
④ 구조 후 필요에 따라서는 인공호흡 등

응급처지를 실시한다.

09 다음 중 이산화탄소 아크 용접에 대한 설명으로 옳은 것은?
① 전류밀도가 낮다.
② 비철금속 용접에만 적합하다.
③ 전류밀도가 낮아 용입이 얕다.
④ 용착금속의 기계적 성질이 좋다.

10 다음 중 용접모재와 전극 사이의 아크열을 이용하는 방법으로 용접 작업에서의 주된 에너지원에 속하는 용접열원은?
① 가스 에너지
② 전기 에너지
③ 기계적 에너지
④ 충격 에너지

11 피복 아크 용접 시 일반적으로 언더컷을 발생시키는 원인으로 가장 거리가 먼 것은?
① 용접 전류가 너무 높을 때
② 아크 길이가 너무 길 때
③ 부적당한 용접봉을 사용했을 때
④ 홈 각도 및 루트 간격이 좁을 때

12 다음 중 피복 아크 용접에 있어 용접봉에서 모재로 용융금속이 옮겨가는 상태를 분류한 것이 아닌 것은?
① 폭발 이행형
② 스프레이 이행형
③ 글로뷸러 이행형
④ 단락 이행형

13 다음 중 피복 아크 용접에 비교한 가스메탈아크용접(GMAW)법의 특징으로 틀린 것은?
① 용접봉을 교체하는 작업이 불필요하기 때문에 능률적이다.
② 슬래그가 없으므로 슬래그 제거시간이 절약된다.
③ 과도한 스패터로 인해 용접재료의 손실이 있어 용착효율이 약 60% 정도이다.
④ 전류밀도가 높기 때문에 용입이 크다.

14 다음 중 이음 형상에 따른 저항 용접의 분류에 있어 겹치기 저항 용접에 해당하지 않는 것은?
① 점 용접   ② 퍼커션 용접
③ 심 용접   ④ 프로젝션 용접

15 TIG 용접 토치의 분류 중 형태에 따른 종류가 아닌 것은?
① T형 토치
② Y형 토치
③ 직선형 토치
④ 플렉시블형 토치

16 맞대기 용접 이음에서 모재의 인장강도는 $40 kgf/mm^2$이며, 용접 시험편의 인장강도가 $45 kgf/mm^2$일 때 이음효율은 몇 %인가?
① 104.4   ② 112.5
③ 125.0   ④ 150.0

17 금속나트륨, 마그네슘 등과 같은 가연성 금속의 화재는 몇 급 화재로 분류되는가?
① A급 화재   ② B급 화재
③ C급 화재   ④ D급 화재

18 다음 중 표준 홈 용접에 있어 한쪽에서 용접으로 완전 용입을 얻고자 할 때 V형 홈 이음의 판 두께로 가장 적합한 것은?
① 1~10mm ② 5~15mm
③ 20~30mm ④ 35~50mm

19 산업안전보건법상 화학물질 취급장소에서의 유해·위험 경고를 알리고자 할 때 사용하는 안전·보건표지의 색채는?
① 빨간색 ② 녹색
③ 파란색 ④ 흰색

20 용접 결함 중 치수상의 결함에 해당하는 변형, 치수불량, 형상불량에 대한 방지대책과 가장 거리가 먼 것은?
① 역변형법 적용이나 지그를 사용한다.
② 습기, 이물질 제거 등 용접부를 깨끗이 한다.
③ 용접 전이나 시공 중에 올바른 시공법을 적용한다.
④ 용접조건과 자세, 운봉법을 적정하게 한다.

21 다음 중 자동 불활성가스 텅스텐 아크 용접의 종류에 해당하지 않는 것은?
① 단전극 TIG 용접형
② 전극 높이 고정형
③ 아크길이 자동 제어형
④ 와이어 자동 송급형

22 다음 중 서브머지드 아크 용접(Submerged Arc Welding)에서 용제의 역할과 가장 거리가 먼 것은?
① 아크 안정
② 용락 방지
③ 용접부의 보호
④ 용착금속의 재질 개선

23 다음 중 반자동 CO_2 용접에서 용접전류와 전압을 높일 때의 특성을 설명한 것으로 옳은 것은?
① 용접전류가 높아지면 용착률과 용입이 감소한다.
② 아크전압이 높아지면 비드가 좁아진다.
③ 용접전류가 높아지면 와이어의 용융속도가 느려진다.
④ 아크전압이 지나치게 높아지면 기포가 발생한다.

24 다음 중 일반적으로 가스 폭발을 방지하기 위한 예방 대책에 있어 가장 먼저 조치를 취하여야 할 사항은?
① 방화수 준비
② 가스 누설의 방지
③ 착화의 원인 제거
④ 배관의 강도 증가

25 일반적으로 사람의 몸에 얼마 이상의 전류가 흐르면 순간적으로 사망할 위험이 있는가?
① 5mA ② 15mA
③ 25mA ④ 50mA

26 다음 중 연강용 가스 용접봉의 길이 치수로 옳은 것은?
① 500mm ② 700mm
③ 800mm ④ 1000mm

27 아크 절단법 중 텅스텐 전극과 모재 사이에 아크를 발생시켜 모재를 용융하여 절단하는 방법으로 알루미늄, 마그네슘, 구리 및 구리합금, 스테인리스강 등의 금속재료의 절단에만 이용되는 것은?
① 티그 절단
② 미그 절단
③ 플라즈마 절단
④ 금속아크 절단

28 다음 중 용접 작업 전 예열을 하는 목적으로 틀린 것은?
① 용접 작업성의 향상을 위하여
② 용접부의 수축 변형 및 잔류 응력을 경감시키기 위하여
③ 용접금속 및 영향부의 연성 또는 인성을 향상시키기 위하여
④ 고탄소강이나 합금강 열 영향부의 경도를 높게 하기 위하여

29 다음 중 절단에 관한 설명으로 옳은 것은?
① 수중 절단은 침몰선의 해체나 교량의 개조 등에 사용되며 연료 가스로는 헬륨을 가장 많이 사용한다.
② 탄소 전극봉 대신 절단 전용의 피복을 입힌 피복봉을 사용하여 절단하는 방법을 금속 아크 절단이라 한다.
③ 산소 아크 절단은 속이 꽉 찬 피복 용접봉과 모재 사이에 아크를 발생시키는 가스 절단법이다.
④ 아크 에어 가우징은 중공의 탄소 또는 흑연 전극에 압축공기를 병용한 아크 절단법이다.

30 다음 중 수중 절단에 가장 적합한 가스로 짝지어진 것은?
① 산소-수소 가스
② 산소-이산화탄소 가스
③ 산소-암모니아 가스
④ 산소-헬륨 가스

31 다음 중 연강용 가스 용접봉의 종류인 "GB43"에서 "43"이 의미하는 것은?
① 가스 용접봉
② 용착금속의 연신율 구분
③ 용착금속의 최소 인장강도 수준
④ 용착금속의 최대 인장강도 수준

32 다음 중 수동가스 절단기에서 저압식 절단 토치는 아세틸렌가스 압력이 보통 몇 kgf/cm² 이하에서 사용되는가?
① 0.07   ② 0.40
③ 0.70   ④ 1.40

33 정격전류 200A, 정격 사용률 40%인 아크 용접기로 실제 아크 전압 30V, 아크 전류 130A로 용접을 수행한다고 가정할 때 허용사용률은 약 얼마인가?
① 70%   ② 75%
③ 80%   ④ 95%

34 가스 용접에서 산화방지가 필요한 금속의 용접, 즉 스테인리스, 스텔라이트 등의 용접에 사용되며 금속표면에 침탄작용을 일으키기 쉬운 불꽃의 종류로 적당한 것은?
① 산화불꽃   ② 중성불꽃
③ 탄화불꽃   ④ 역화불꽃

35 다음 중 가스 용접에 사용되는 아세틸렌용 용기와 고무호스의 색깔이 올바르게 연결된 것은?
① 용기 : 녹색, 호스 : 흑색
② 용기 : 회색, 호스 : 적색
③ 용기 : 황색, 호스 : 적색
④ 용기 : 백색, 호스 : 청색

36 다음 중 아세틸렌 용기와 호스의 연결부에 불이 붙었을 때 가장 우선적으로 해야 할 조치는?
① 용기의 밸브를 잠근다.
② 용기를 옥외로 운반한다.
③ 용기와 연결된 호스를 분리한다.
④ 용기 내의 잔류가스를 신속하게 방출시킨다.

37 직류 아크 용접기로 두께가 15mm이고, 길이가 5m인 고장력 강판을 용접하는 도중에 아크가 용접봉 방향에서 한쪽으로 쏠리었다. 다음 중 이러한 현상을 방지하는 방법으로 틀린 것은?
① 이음의 처음과 끝에 엔드 탭을 이용할 것
② 용량이 더 큰 직류용접기로 교체할 것
③ 용접부가 긴 경우에는 후퇴 용접법으로 할 것
④ 용접봉 끝을 아크쏠림 반대 방향으로 기울일 것

38 다음 중 강에 함유되어 있는 수소(H_2) 가스의 영향에 대한 설명으로 옳은 것은?
① 강도를 증가시킨다.
② 경도를 증가시킨다.
③ 적열취성의 원인이 된다.
④ 헤어크랙(hair crack)의 원인이 된다.

39 다음 중 교류 아크 용접기의 종류에 있어 AW-130의 정격 사용률(%)로 옳은 것은?
① 20%   ② 30%
③ 40%   ④ 60%

40 피복 아크 용접봉의 피복 배합제 성분 중 고착제에 해당하는 것은?
① 산화티탄   ② 규소철
③ 망간   ④ 규산나트륨

41 다음 중 용접부품에서 일어나기 쉬운 잔류응력을 감소시키기 위한 열처리법은?
① 완전 풀림(full annealing)
② 연화 풀림(softening annealing)
③ 확산 풀림(diffusion annealing)
④ 응력제거 풀림(stress relief annealing)

42 다음 중 탄소강의 표준 조직이 아닌 것은?
① 페라이트   ② 펄라이트
③ 시멘타이트   ④ 마텐자이트

43 다음 중 스테인리스강의 조직에 있어 비자성 조직에 해당하는 것은?
① 페라이트계   ② 마텐자이트계
③ 석출경화제   ④ 오스테나이트계

44 다음 중 황동의 자연균열(season cracking) 방지책과 가장 거리가 먼 것은?
① Zn 도금을 한다.
② 표면에 도료를 칠한다.
③ 암모니아, 탄산가스 분위기에 보관한다.

④ 180~260℃에서 응력제거 풀림을 한다.

45 금속 침투법 중 표면에 아연을 침투시키는 방법으로 표면에 경화층을 얻어 내식성을 좋게 하는 것은?
① 세라다이징(sheradizing)
② 크로마이징(chromizing)
③ 칼로라이징(calorizing)
④ 실리코나이징(siliconizing)

46 다음 중 주강에 관한 설명으로 틀린 것은?
① 주철로서는 강도가 부족되는 부분에 사용된다.
② 철도 차량, 조선, 기계 및 광산 구조용 재료로 사용된다.
③ 주강 제품에는 기포나 기공이 적당히 있어야 한다.
④ 탄소함유량에 따라 저탄소 주강, 중탄소 주강, 고탄소 주강으로 구분한다.

47 다음 중 주철의 용접성에 관한 설명으로 틀린 것은?
① 주철은 연강에 비하여 여리며 급랭에 의한 백선화로 기계가공이 어렵다.
② 주철은 용접 시 수축이 많아 균열이 발생할 우려가 많다.
③ 일산화탄소 가스가 발생하여 용착 금속에 기공이 생기지 않는다.
④ 장시간 가열로 흑연이 조대화된 경우 용착이 불량하거나 모재와의 친화력이 나쁘다.

48 다음 중 용융점이 가장 높은 금속은?
① 철(Fe)   ② 금(Au)
③ 텅스텐(W)   ④ 몰리브덴(Mo)

49 다음 중 피절삭성이 양호하여 고속절삭에 적합한 강으로 일반 탄소강보다 P, S의 함유량을 많게 하거나 Pb, Se, Zr 등을 첨가하여 제조한 강은?
① 쾌삭강   ② 레일강
③ 선재용 탄소강   ④ 스프링강

50 다음 중 Al의 성질에 관한 설명으로 틀린 것은?
① 가볍고 전연성이 우수하다.
② 전기 전도도는 구리보다 낮다.
③ 전기, 열의 양도체이며 내식성이 좋다.
④ 기계적 성질은 순도가 높을수록 강하다.

51 다음 중 원호의 길이를 나타내는 치수기호로 올바른 것은?
① $\mathbf{R}$50   ② □50
③ <u>50</u>   ④ $\overset{\frown}{50}$

52 그림과 같은 제3각 정투상도의 정면도와 평면도에 가장 적합한 우측면도는?

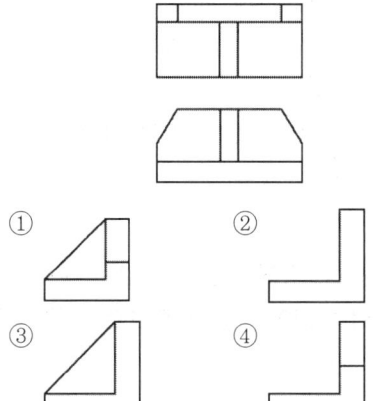

53 그림과 같은 입체도에서 화살표가 정면일 경우 제3각 정투상도로 올바르게 나타낸 것은?

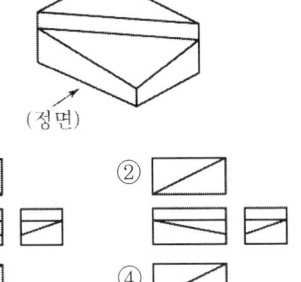

① ② ③ ④

54 특정 부위의 도면이 작아 치수기입 등이 곤란할 경우 그 해당 부분을 확대하여 그린 투상도는?
① 회전 투상도   ② 국부 투상도
③ 부분 투상도   ④ 부분 확대도

55 도면의 양식에서 반드시 마련해야 할 사항이 아닌 것은?
① 윤곽선   ② 중심 마크
③ 표제란   ④ 비교 눈금

56 다음 판금 가공물의 전개도를 그릴 때 각 부분별 전개도법으로 가장 적당한 것은?

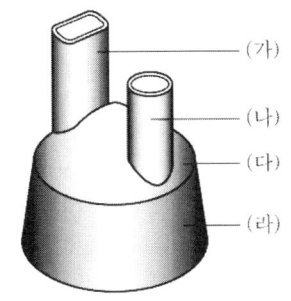

① (가)는 방사선을 이용한 전개도법

② (나)는 삼각형을 이용한 전개도법
③ (다)는 평행선을 이용한 전개도법
④ (라)는 삼각형을 이용한 전개도법

57 기계제도에서 평면인 것을 나타낼 필요가 있을 경우에는 다음 중 어떤 선의 종류로 대각선을 그려서 나타내는가?
① 굵은 실선
② 가는 실선
③ 가는 1점 쇄선
④ 가는 2점 쇄선

58 다음 용접 기호 중 플러그 용접에 해당하는 것은?

59 그림과 같이 철판에 구멍이 뚫려 있는 도면의 설명으로 올바른 것은?

① 구멍지름 16mm, 구멍수량 20개
② 구멍지름 20mm, 구멍수량 16개
③ 구멍지름 16mm, 구멍수량 5개
④ 구멍지름 20mm, 구멍수량 5개

60 배관의 간략도시방법 중 환기계 및 배수계의 끝장치 도시방법의 평면도에서 그림과 같이 도시된 것의 명칭은?

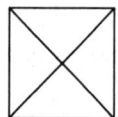

① 배수구
② 환기관
③ 벽붙이 환기 삿갓
④ 고정식 환기 삿갓

CBT 대비 모의고사

01 다음 중 용접 결함의 보수 용접에 관한 사항으로 가장 적절하지 않은 것은?
① 재료의 표면에 있는 얕은 결함은 덧붙임 용접으로 보수한다.
② 언더컷이나 오버랩 등은 그대로 보수 용접을 하거나 정으로 따내기 작업을 한다.
③ 결함이 제거된 모재 두께가 필요한 치수보다 얇게 되었을 때에는 덧붙임 용접으로 보수한다.
④ 덧붙임 용접으로 보수할 수 있는 한도를 초과할 때에는 결함부분을 잘라내어 맞대기 용접으로 보수한다.

02 다음 중 용접 작업에서 전류 밀도가 가장 높은 용접은?
① 피복금속 아크 용접
② 산소-아세틸렌 용접
③ 불활성 가스 금속 아크 용접
④ 불활성 가스 텅스텐 아크 용접

03 다음 중 수평 필릿 용접 시 이론 목두께는 필릿 용접의 크기(다리길이)의 약 몇 % 정도인가?
① 50   ② 70
③ 160 ④ 180

04 다음 중 용제와 와이어가 분리되어 공급되고 아크가 용제 속에서 일어나며 잠호 용접이라 불리는 용접은?
① MIG 용접
② 일렉트로 슬랙 용접
③ 심 용접
④ 서브머지드 아크 용접

05 다음 중 목재, 섬유류, 종이 등에 의한 화재의 급수에 해당하는 것은?
① A급   ② B급
③ C급   ④ D급

06 용접 결함을 구조상 결함과 치수상 결함으로 분류할 때 다음 중 치수상 결함에 해당하는 것은?
① 융합 불량   ② 슬래그 섞임
③ 언더컷   ④ 형상 불량

07 다음 중 TIG 용접에서 나타나는 용접부의 결함으로 볼 수 없는 것은?
① 균열(crack)
② 기공(porosity)
③ 슬래그 혼입(slag inclusion)
④ 비금속 개재물(nonmetallic inclusion)

08 15℃, 1kgf/cm^{2}하에서 사용 전 용해 아세틸렌병의 무게가 50kgf이고, 사용 후 무게가 45kgf일 때 사용한 아세틸렌의 양은 약 몇 L인가?
① 2715   ② 3178

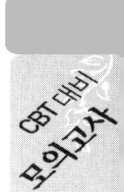

③ 3620 　　　　④ 4525

09 TIG 용접 작업에서 아크 부근의 풍속이 일반적으로 몇 m/s 이상이면 보호가스 작용이 흩어지므로 방풍막을 설치하는가?
① 0.05　　　② 0.1
③ 0.3　　　　④ 0.5

10 서브머지드 아크 용접에서 용제를 사용하는 경우 다음 중 용제의 작용으로 틀린 것은?
① 누전 방지
② 능률적인 용접작업
③ 용입의 용이
④ 열에너지의 발산 방지

11 다음 중 용접부 시험방법에 있어 충격시험의 방식에 해당하는 것은?
① 브리넬식　　② 로크웰식
③ 샤르피식　　④ 비커스식

12 다음 중 전자 빔 용접에 관한 설명으로 틀린 것은?
① 박판 용접을 주로 하며, 용입이 낮아 후판 용접에는 적용이 어렵다.
② 성분 변화에 의하여 용접부의 기계적 성질이나 내식성의 저하를 가져올 수 있다.
③ 가공재나 열처리에 대하여 소재의 성질을 저하시키지 않고 용접할 수 있다.
④ $10^{-4} \sim 10^{-6}$ mmHg 정도의 높은 진공실 속에서 음극으로부터 방출된 전자를 고전압으로 가속시켜 용접을 한다.

13 다음 중 MIG 용접 시 크레이터 처리 기능에 의해 낮아진 전류가 서서히 줄어들면서 아크가 끊어지는 기능으로 이면 용접부가 녹아내리는 것을 방지하는 기능과 가장 관련이 깊은 것은?
① 스타트 시간(start time)
② 번 백 시간(burn back time)
③ 슬로우 다운 시간(slow down time)
④ 크레이터 충전 시간(crate fill time)

14 다음 중 테르밋 용접의 특징에 관한 설명으로 틀린 것은?
① 전기가 필요 없다.
② 용접 작업이 단순하다.
③ 용접 시간이 길고, 용접 후 변형이 크다.
④ 용접기구가 간단하고, 작업장소의 이동이 쉽다.

15 다음 중 연납용 용제가 아닌 것은?
① 붕산(H_3BO_3)
② 염화아연($ZnCl_2$)
③ 염산(HCl)
④ 염화암모늄(NH_4Cl)

16 다음 중 용접 작업 시 감전재해의 예방대책으로 틀린 것은?
① 용접작업 중 용접봉 끝부분이 충전부에 접촉되지 않도록 한다.
② 파손된 용접홀더는 신품으로 교체하여 사용한다.
③ 피복이 손상된 용접 홀더선은 절연 테이프로 수리한 후 사용한다.
④ 본체와 연결부는 비절연 테이프로 감아

서 사용한다.

17 다음 중 CO_2 가스 아크 용접에서 복합 와이어에 관한 설명으로 틀린 것은?
① 비드 외관이 깨끗하고 아름답다.
② 양호한 용착금속을 얻을 수 있다.
③ 아크가 안정되어 스패터가 많이 발생한다.
④ 용제에 탈산제, 아크 안정제 등 합금 원소가 첨가되어 있다.

18 다음 중 아크 용접에서 아크를 중단시켰을 때, 중단된 부분이 납작하게 파여진 모습으로 남는 부분을 무엇이라 하는가?
① 스패터   ② 오버랩
③ 슬래그 섞임   ④ 크레이터

19 다음 중 전기저항 용접에서 모재를 맞대어 놓고 동일 재질의 박판을 대고 가압하여 심(seam)하는 용접방법은?
① 맞대기 심 용접
② 겹치기 심 용접
③ 포일 심 용접
④ 매시 심 용접

20 다음 중 용접작업에 있어 언더컷이 발생하는 원인으로 가장 적절한 경우는?
① 전류가 너무 낮은 경우
② 아크 길이가 너무 짧은 경우
③ 용접 속도가 너무 느린 경우
④ 부적당한 용접봉을 사용한 경우

21 다음 중 용접방법과 시공방법을 개선하여 비용을 절감하는 방법에 대한 설명으로 틀린 것은?
① 적당한 아크길이와 용접 전류를 유지한다.
② 피복 아크 용접을 할 경우 가능한 한 용접봉이 긴 것을 사용한다.
③ 사용 가능한 용접방법 중 용착속도가 최대인 것을 사용한다.
④ 모든 용접에 안전을 고려하여 과도한 덧살 용접을 한다.

22 다음 중 용접이음에 대한 설명으로 틀린 것은?
① 필릿 용접에서는 형상이 일정하고, 미용착부가 없어 응력분포상태가 단순하다.
② 맞대기 용접이음에서 시점과 크레이터 부분에서는 비드가 급랭하여 결함을 가져오기 쉽다.
③ 전면 필릿 용접이란 용접선의 방향이 하중의 방향과 거의 직각인 필릿 용접을 말한다.
④ 겹치기 필릿 용접에서는 루트부에 응력이 집중되기 때문에 보통 맞대기 이음에 비하여 피로강도가 낮다.

23 다음 중 TIG 용접에 있어 직류 정극성에 관한 설명으로 틀린 것은?
① 용입이 깊고, 비드 폭은 좁다.
② 극성의 기호를 DCSP로 나타낸다.
③ 산화피막을 제거하는 청정 작용이 있다.
④ 모재에는 양(+)극을, 홀더(토치)에는 음(−)극을 연결한다.

24 다음 중 산소용기에 표시된 기호 "TP"가

나타내는 뜻으로 옳은 것은?
① 용기의 내용적
② 용기의 내압시험압력
③ 용기의 중량
④ 용기의 최고충전압력

25 다음 중 가스 절단 결과에 영향을 미치는 예열 불꽃의 세기가 강할 때 현상으로 틀린 것은?
① 드래그가 증가한다.
② 절단면이 거칠어진다.
③ 모서리가 용융되어 둥글게 된다.
④ 슬래그 중의 철 성분의 박리가 어려워진다.

26 두께가 3.2mm인 박판을 CO_2 가스 아크 용접법으로 맞대기 용접을 하고자 한다. 용접전류 100A를 사용할 때, 이에 가장 적합한 아크 전압[V]의 조정 범위는?
① 10~13[V]   ② 18~21[V]
③ 23~26[V]   ④ 28~31[V]

27 다음 중 가스 용접에서 역화의 원인과 가장 거리가 먼 것은?
① 팁이 과열되었을 때
② 팁 구멍이 막혔을 때
③ 팁과 모재가 멀리 떨어졌을 때
④ 팁 구멍이 확대 변형되었을 때

28 다음 중 피복 아크 용접봉에서 피복제의 역할이 아닌 것은?
① 아크의 안정
② 용착금속에 산소공급
③ 용착금속의 급랭 방지
④ 용착금속의 탈산 정련작용

29 다음 중 산소-아세틸렌가스 용접의 단점이 아닌 것은?
① 열효율이 낮다.
② 폭발할 위험이 있다.
③ 가열시간이 오래 걸린다.
④ 가열할 때 열량의 조절이 제한적이다.

30 다음 중 가동 철심형 교류 아크 용접기의 특성으로 틀린 것은?
① 광범위한 전류 조정이 쉽다.
② 미세한 전류 조정이 가능하다.
③ 가동 부분의 마멸로 철심의 진동이 생긴다.
④ 가동 철심으로 누설 자속을 가감하여 전류를 조정한다.

31 다음 중 피복제가 습기를 흡습하기 쉽기 때문에 사용하기 전에 300~350℃로 1~2시간 정도 건조해서 하는 용접봉은?
① E4301   ② E4311
③ E4316   ④ E4340

32 다음 중 용접법의 분류에 있어 금속전극을 사용한 아크 용접에서 보호 아크를 사용하는 용접법이 아닌 것은?
① 와이어 아크 용접
② 피복 금속 아크 용접
③ 이산화탄소 아크 용접
④ 서브머지드 아크 용접

33 15℃, 15기압에서 50L 아세틸렌 용기에 아세톤 21L가 포화, 흡수되어 있다. 이 용

기에는 약 몇 L의 아세틸렌을 용해시킬 수 있는가?

① 5875 ② 7375
③ 7875 ④ 8385

34 다음 중 스카핑(scarfing)에 관한 설명으로 옳은 것은?

① 용접 결함부의 제거, 용접 홈의 준비 및 절단, 구멍뚫기 등을 통틀어 말한다.
② 침몰선의 해체나 교량의 개조, 항만과 방파제 공사 등에 주로 사용된다.
③ 용접 부분의 뒷면 또는 U형, H형의 용접 홈을 가공하기 위해 둥근 홈을 파는 데 사용되는 공구이다.
④ 강재 표면의 홈이나 개재물, 탈탄층 등을 제거하기 위하여 가능한 한 얇게 표면을 깎아내는 가공법이다.

35 다음 중 연강용 가스 용접봉의 성분이 모재에 미치는 영향으로 틀린 것은?

① 인(P) : 강에 취성을 주며 가연성을 잃게 한다.
② 규소(Si) : 기공은 막을 수 있으나 강도가 떨어지게 된다.
③ 탄소(C) : 강의 강도를 증가시키지만 연신율, 굽힘성이 감소된다.
④ 유황(S) : 용접부의 저항력은 증가하지만 기공 발생의 원인이 된다.

36 다음 중 용접용 케이블을 접속하는 데 사용되는 것이 아닌 것은?

① 케이블 러그(cable lug)
② 케이블 조인트(cable joint)
③ 용접 고정구(welding fixture)
④ 케이블 커넥터(cable connector)

37 다음 중 아크 용접기에 전격방지기를 설치하는 가장 큰 이유로 옳은 것은?

① 용접기의 효율을 높이기 위하여
② 용접기의 역률을 높이기 위하여
③ 작업자를 감전 재해로부터 보호하기 위하여
④ 용접기의 연속 사용 시 과열을 방지하기 위하여

38 다음 중 KS상 용접봉 홀더의 종류가 200호일 때 정격 용접전류는 몇 A인가?

① 160 ② 200
③ 250 ④ 300

39 판 두께가 20mm인 스테인리스강을 220A 전류와 $2.5kgf/cm^2$의 산소 압력으로 산소 아크 절단하고자 할 때 다음 중 가장 알맞은 절단 속도는?

① 85mm/min ② 120mm/min
③ 150mm/min ④ 200mm/min

40 다음 중 용접 시 용접균열이 발생할 위험성이 가장 높은 재료는?

① 저탄소강 ② 중탄소강
③ 고탄소강 ④ 순철

41 다음 중 불변강(invariable steel)에 속하지 않는 것은?

① 인바(invar)
② 엘린바(elinvar)
③ 플래티나이트(platinite)

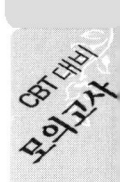

④ 선플래티넘(sun-platinum)

42 다음 중 고강도 황동으로 델타 메탈(delta metal)의 성분을 올바르게 나타낸 것은?
① 6 : 4 황동에 철을 1~2% 첨가
② 7 : 3 황동에 주석을 3% 내의 첨가
③ 6 : 4 황동에 망간을 1~2% 첨가
④ 7 : 3 황동에 니켈을 9% 내의 첨가

43 탄소강에 특정한 기계적 성질을 개선하기 위해 여러 가지 합금원소를 첨가하는데 다음 중 탈산제로의 사용 이외에 황의 나쁜 영향을 제거하는 데도 중요한 역할을 하는 것은?
① 크롬(Cr)   ② 니켈(Ni)
③ 망간(Mn) ④ 바나듐(V)

44 다음 중 60~70% 니켈(Ni) 합금으로 내식성, 내마모성이 우수하여 터빈날개, 펌프 임펠러 등에 사용되는 것은?
① 콘스탄탄(Constantan)
② 모넬메탈(Monel metal)
③ 큐프로니켈(Cupro nickel)
④ 문쯔메탈(Muntz metal)

45 다음 중 철강재료의 기초적인 열처리 4가지에 해당하지 않는 것은?
① annealing   ② normalizing
③ tempering   ④ creeping

46 다음 중 작업자가 연강판을 잘라 슬래그 해머(Hammer)를 만들어 담금질을 하였으나, 경도가 높아지지 않았을 때 가장 큰 이유에 해당하는 것은?
① 단조를 하지 않았기 때문이다.
② 탄소함유량이 적었기 때문이다.
③ 망간의 함유량이 적었기 때문이다.
④ 가열온도가 맞지 않았기 때문이다.

47 다음 중 재료의 온도상승에 따라 강도는 저하되지 않고 내식성을 가지는 PH형 스테인리스강은?
① 석출경화형 스테인리스강
② 오스테나이트계 스테인리스강
③ 마텐자이트계 스테인리스강
④ 페라이트계 스테인리스강

48 다음 중 탄소량의 증가에 따라 감소되는 것은?
① 비열   ② 열전도도
③ 전기저항   ④ 항자력

49 다음 중 공정 주철의 탄소함유량으로 가장 적합한 것은?
① 1.3%C   ② 2.3%C
③ 4.3%C   ④ 6.3%C

50 다음 중 화염경화 처리의 특징과 가장 거리가 먼 것은?
① 설비비가 싸다.
② 담금질 변형이 적다.
③ 가열온도의 조절이 쉽다.
④ 부품의 크기나 형상에 제한이 없다.

51 그림과 같은 입체도에서 화살표 방향으로 본 투상도로 적합한 것은?

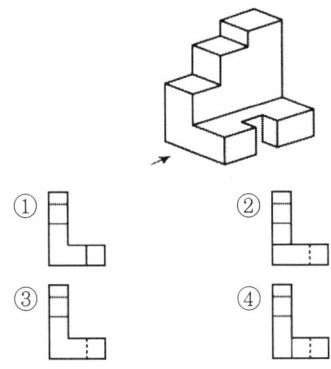

52 그림에서 A부분의 대각선으로 그린 "X" (가는 실선) 부분이 의미하는 것은?

① 사각뿔 ② 평면
③ 원통면 ④ 대칭면

53 위쪽이 보기와 같이 경사지게 절단된 원통의 전개방법으로 가장 적당한 것은?

① 삼각형 전개법
② 방사선 개법
③ 평행선 전개법
④ 사변형 전개법

54 기계제도에서 가상선의 용도에 해당하지 않는 것은?
① 인접부분을 참고로 표시하는 데 사용
② 도시된 단면의 앞쪽에 있는 부분을 표시하는 데 사용
③ 가동하는 부분을 이동한계의 위치로 표시하는 데 사용
④ 부분 단면도를 그릴 경우 절단위치를 표시하는 데 사용

55 그림과 같은 배관 도시기호에서 계기표시가 압력계일 때 원 안에 사용하는 글자 기호는?

① A ② P
③ T ④ F

56 용접부 표면 또는 용접부 형상의 설명과 보조기호 연결이 틀린 것은?
① ─── : 평면
② ⌒ : 볼록형
③ ⌣ : 토우를 매끄럽게 함
④ ▢M : 제거 가능한 이면 판재 사용

57 단면도의 표시에 대한 설명으로 틀린 것은?
① 상하 또는 좌우 대칭인 물체는 외형과 단면을 동시에 나타낼 수 있다.
② 기본 중심선이 아닌 곳을 절단면으로 표시할 수는 없다.
③ 단면도를 나타낼 시 같은 절단면상에 나타나는 같은 부품의 단면에는 같은 해칭(또는 스머징)을 한다.
④ 원칙적으로 축, 볼트, 리브 등은 길이 방향으로 절단하지 아니한다.

58 그림과 같은 제3각 투상도의 입체도로 가장 적합한 것은?

59 기계제도에서 폭이 50mm, 두께가 7mm, 길이가 1000mm인 등변 ㄱ형강의 표시를 바르게 나타낸 것은?

① L 7×50×50−1000
② L×7×50×50−1000
③ L 50×50×7−1000
④ L−50×50×7−1000

60 핸들, 바퀴의 암과 림, 리브, 훅, 축 등은 주로 단면의 모양을 90° 회전하여 단면 전후를 끊어서 그 사이에 그리거나 하는데 이러한 단면도를 무엇이라고 하는가?

① 부분 단면도
② 온 단면도
③ 한쪽 단면도
④ 회전도시 단면도

CBT 대비 모의고사

01 순철의 자기 변태점은?
① A₁ ② A₂
③ A₃ ④ A₄

02 스터드(stud) 용접 시 불활성 가스를 사용해야 하는 금속은?
① Al ② Cu
③ Bs ④ Sc

03 연강용 가스 용접봉 GA46-SR의 기호 설명으로 틀린 것은?
① G는 가스 용접봉을 의미한다.
② A는 용착 금속의 변형률을 의미한다.
③ 46은 용착 금속의 최저 인장 강도가 $46kgf/mm^2$ 이상인 것
④ SR은 응력을 제거하지 않은 것을 의미한다.

04 직류역극성을 사용하는 것은?
① 아크 에어 가우징
② 탄소 아크 절단
③ 금속 아크 절단
④ 산소 아크 절단

05 피복아크용접에서 홀더로 잡을 수 있는 용접봉 지름(mm)이 5.0~8.0일 경우 사용하는 용접봉 홀더의 종류로 옳은 것은?
① 125호 ② 160호
③ 300호 ④ 400호

06 모재의 홈 가공을 V형으로 했을 경우 엔드 탭(end-tap)은 어떤 조건으로 하는 것이 가장 좋은가?
① I형 홈 가공으로 한다.
② V형 홈 가공으로 한다.
③ X형 홈 가공으로 한다.
④ 홈 가공이 필요 없다.

07 관의 끝부분의 표시방법에서 용접식 캡을 나타내는 것은?
① ———|| ② ———⊐
③ ———▷   ④ ———□

08 용접 금속에 수소가 잔류하면 헤어 크랙(hear Crack)의 원인이 된다. 용접 시 수소의 흡수가 가장 많은 강은?
① 저탄소 킬드강   ② 세미킬드강
③ 고탄소 림드강   ④ 림드강

09 로봇용접의 분류 중 동작 기구로부터의 분류 방식이 아닌 것은?
① PTB 좌표 로봇
② 직각 좌표 로봇
③ 극좌표 로봇
④ 관절 로봇

10 면심입방격자의 어떤 성질이 가공성을 좋게 하는가?
① 취성
② 내식성
③ 전연성
④ 전기전도성

11 문쯔메탈(muntz metal)에 대한 설명으로 옳은 것은?
① 90% Cu-10% Zn 합금으로 톰백의 대표적인 것이다.
② 70% Cu-30% Zn 합금으로 가공용 황동의 대표적인 것이다.
③ 70% Cu-30% Zn 황동에 주석(Sn)을 1% 함유한 것이다.
④ 60% Cu-40% Zn 합금으로 황동 중 아연 함유량이 가장 높은 것이다.

12 AW300인 교류 아크 용접기로 쉬지 않고 계속적으로 용접작업을 진행할 수 있는 용접전류는 약 몇 암페어(A) 이하인가? (단, 이때 허용사용률은 100%이며, 이 용접기의 정격사용률은 40%이다.)
① 138A 이하
② 154A 이하
③ 189A 이하
④ 226A 이하

13 교류 아크 용접기 종류 중 AW-500의 정격 부하 전압은 몇 V인가?
① 28V
② 32V
③ 36V
④ 40V

14 용접봉에서 모재로 용융금속이 옮겨가는 이행형식이다. 이에 해당하지 않는 것은?
① 단락형
② 글로불러형
③ 스프레이형
④ 철심형

15 가스 절단에서 절단용 산소에 불순물이 증가되면 발생되는 결과가 아닌 것은?
① 절단면이 거칠어진다.
② 절단속도가 빨라진다.
③ 슬래그 이탈성이 나빠진다.
④ 산소의 소비량이 많아진다.

16 다음 중 초음파 탐상법의 종류에 해당하지 않는 것은?
① 투과법
② 펄스 반사법
③ 관통법
④ 공진법

17 다음 중 8~12% Sn에 1~2% Zn을 함유한 구리합금을 무엇이라 하는가?
① 포금(gun metal)
② 톰백(tombac)
③ 켈밋 합금(kelmet alloy)
④ 델타 메탈(delta metal)

18 알루미늄과 마그네슘의 합금으로 바닷물과 알칼리에 대한 내식성이 강하고 용접성이 매우 우수하여 주로 선박용 부품, 화학장치용 부품 등에 쓰이는 것은?
① 실루민
② 하이드로날륨
③ 알루미늄 청동
④ 애드미럴티 황동

19 플래시 용접(flash welding)법의 특징으로 틀린 것은?
① 가열 범위가 좁고 열영향부가 작으며 용접속도가 빠르다.
② 용접면에 산화물의 개입이 적다.
③ 종류가 다른 재료의 용접이 가능하다.

④ 용접면의 끝맺음 가공이 정확하여야 한다.

20 균열에 대한 감수성이 좋아서 두꺼운 판, 구조물의 첫 층 용접 혹은 구속도가 큰 구조물과 고장력강 및 탄소나 황의 함유량이 많은 강의 용접에 가장 적합한 용접봉은?
① 일미나이트계(E4301)
② 고셀룰로오스계(E4311)
③ 고산화티탄계(E4313)
④ 저수소계(E4316)

21 구리합금 중에서 가장 높은 강도와 경도를 가진 청동은?
① 규소 청동   ② 니켈 청동
③ 베릴륨 청동 ④ 망간 청동

22 서브머지드 아크용접에서 동일한 전류 전압의 조건에서 사용되는 와이어 지름의 영향 설명 중 옳은 것은?
① 와이어의 지름이 크면 용입이 깊다.
② 와이어의 지름이 작으면 용입이 깊다.
③ 와이어의 지름과 상관이 없이 같다.
④ 와이어의 지름이 커지면 비드 폭이 좁아진다.

23 직류 아크용접기와 비교하여 교류 아크용접기에 대한 설명으로 가장 올바른 것은?
① 무부하 전압이 높고 감전의 위험이 많다.
② 구조가 복잡하고 극성변화가 가능하다.
③ 자기쏠림 방지가 불가능하다.
④ 아크 안정성이 우수하다.

24 가스 절단 장치에 관한 설명으로 틀린 것은 어느 것인가?
① 프랑스식 절단 토치의 팁은 동심형이다.
② 중압식 절단 토치는 아세틸렌가스 압력이 보통 $0.07 kgf/cm^2$ 이하에서 사용된다.
③ 독일식 절단 토치의 팁은 이심형이다.
④ 산소나 아세틸렌 용기 내의 압력이 고압이므로 그 조정을 위해 압력 조정기가 필요하다.

25 구리 용접에서 TIG 용접법에 대한 설명 중 틀린 것은?
① 판 두께 6mm 이하에 많이 사용한다.
② 전극으로는 토륨이 들어 있는 텅스텐봉을 사용한다.
③ 전극은 직류정극성(DCSP)을 사용한다.
④ 예열 온도는 100~200℃ 정도로 한다.

26 열과 전기의 전도율이 가장 좋은 금속은?
① Cu   ② Al
③ Ag   ④ Au

27 나사의 감김 방향의 지시 방법 중 틀린 것은?
① 오른나사는 일반적으로 감김 방향을 지시하지 않는다.
② 왼나사는 나사의 호칭 방법에 약호 "LH"를 추가하여 표시한다.
③ 동일 부품에 오른나사와 왼나사가 있을 때는 왼나사에만 약호 "LH"를 추가한다.
④ 오른나사는 필요하면 나사의 호칭 방법에 약호 "RH"를 추가하여 표시할 수 있다.

28 열처리의 종류 중 항온열처리 방법이 아닌 것은?
① 마퀜칭 ② 어닐링
③ 마템퍼링 ④ 오스템퍼링

29 다음 중 침탄법이 질화법보다 좋은 점을 설명한 것으로 옳은 것은?
① 경화에 의한 변형이 없다.
② 경화 후 수정이 가능하다.
③ 후처리로 열처리가 필요 없다.
④ 매우 높은 경도를 가질 수 있다.

30 구상흑연주철에서 구상화를 촉진하는 원소가 아닌 것은?
① 마그네슘 ② 세륨
③ 칼슘 ④ 아연

31 보기 도면은 제3각법으로 정투상한 정면도와 평면도이다. 우측면도로 가장 적합한 것은?

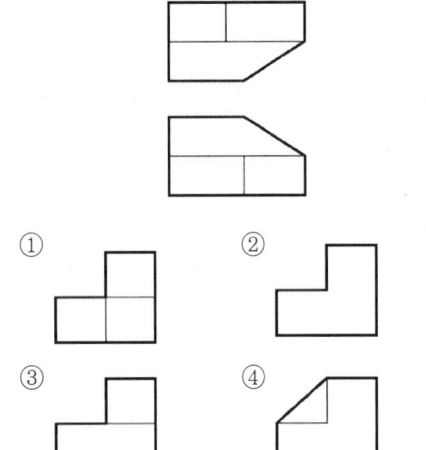

32 용접 후 변형을 교정하는 방법이 아닌 것은?
① 박판에 대한 점 수축법
② 형재(形材)에 대한 직선 수축법
③ 가스 가우징법
④ 롤러에 거는 방법

33 아크용접에서 피닝을 하는 목적으로 가장 알맞은 것은?
① 용접부의 잔류응력을 완화시킨다.
② 모재의 재질을 검사하는 수단이다.
③ 응력을 강하게 하고 변형을 유발시킨다.
④ 모재표면의 이물질을 제거한다.

34 다음 중 어느 부분이나 균일하고 불연속적이며, 경계된 부분으로 되어 있는 분자와 원자의 집합 상태인 것을 무엇이라 하는가?
① 계(system)
② 상(phase)
③ 상률(phase rule)
④ 농도(concentration)

35 용착법을 용접 방향, 순서, 다층 용접으로 대별할 경우 다음 중 다층 용접법에 의한 분류법에 속하지 않는 것은?
① 덧살올림법 ② 캐스케이드법
③ 전진블록법 ④ 후진법

36 피복 아크 용접용 기구가 아닌 것은?
① 용접 홀더 ② 토치 라이터
③ 케이블 커넥터 ④ 접지 클램프

37 다음 중 아크 용접 결함의 종류에 대한 발생 원인을 설명한 것으로 틀린 것은?
① 균열 : 모재에 탄소, 망간 등의 합금원

소 함량이 많을 때
② 기공 : 용접 분위기 가운데 수소 또는 일산화탄소가 과잉될 때
③ 용입 불량 : 이음 설계에 결함이 있을 때
④ 스패터 : 건조된 용접봉을 사용했을 때

38 용접부의 연성결함을 조사하기 위하여 사용되는 시험법은?
① 브리넬 시험 ② 비커스 시험
③ 굽힘 시험 ④ 충격 시험

39 용접은 여러 가지 용도로 다양하게 이용이 되고 있다. 다음 중 용접의 용도만으로 묶어진 것은?
① 교량, 항공기, 컨테이너, 농기구
② 철탑, 배관, 조선, 시멘트관 접합
③ 농기구, 교량, 자동차, 시멘트관 접합
④ 철탄, 건물, 철도차량, 시멘트관 접합

40 용접 결함과 그 원인을 조사한 것 중 틀린 것은?
① 오버랩-운봉법 불량
② 균열-모재의 유황 함유량 과다
③ 슬래그 섞임-용접 이음 설계의 부적당
④ 언더컷-용접 전류가 너무 낮을 때

41 표면층을 가공경화에 의해 경도를 높이는 표면 경화법은?
① 금속 침투법 ② 숏 피닝
③ 하드 페이싱 ④ 질화법

42 다음 중 안전·보건표지의 색채에 따른 용도에 있어 지시를 나타내는 색채로 옳은 것은?

① 빨간색 ② 녹색
③ 노란색 ④ 파란색

43 다음 중 부하전류가 변하여도 단자 전압은 거의 변화하지 않는 용접기의 특성은?
① 수하 특성 ② 하향 특성
③ 정전압 특성 ④ 정전류 특성

44 주철의 성장을 방지하는 방법이 아닌 것은?
① 흑연의 미세화로 조직을 치밀하게 한다.
② 편상흑연을 구상흑연화시킨다.
③ 반복 가열 냉각에 의한 균열 처리를 한다.
④ 탄소 및 규소의 양을 적게 한다.

45 보기와 같은 도면이 나타내는 단면은 어느 단면도에 해당하는가?

① 한쪽 단면도
② 회전 도시 단면도
③ 예각 단면도
④ 온 단면도(전단면도)

46 잔류 응력을 완화시켜주는 방법이 아닌 것은?
① 응력 제거 어닐링
② 저온 응력 완화법
③ 기계적 응력 완화법
④ 케이블 커넥터법

47 그림과 같은 배관 도면에서 도시기호 S는 어떤 유채를 나타내는 것인가?

① 공기　② 가스
③ 유류　④ 증기

48 플라즈마 아크 용접에서 아크의 종류가 아닌 것은?
① 관통형 아크　② 반이행형 아크
③ 이행형 아크　④ 비이행형 아크

49 아세틸렌용 호수(도관)의 색깔로 올바른 것은?
① 백색　② 노란색
③ 녹색　④ 빨간색

50 TIG 용접에 사용하는 텅스텐 전극봉에는 몇 %의 토륨이 함유되어 있는가?
① 4~5%　② 1~2%
③ 0.3~0.8%　④ 6~7%

51 다음 중 비중이 가장 높은 금속은?
① 크롬　② 바나듐
③ 망간　④ 구리

52 그림의 도면에서 X의 거리는?

① 510mm　② 570mm
③ 600mm　④ 630mm

53 용접 이음 설계 시 충격하중을 받는 연강의 안전율은?
① 12　② 8
③ 5　④ 3

54 그림과 같은 KS 용접기호의 해석으로 올바른 것은?

① 지름이 2mm이고 피치가 75mm인 플러그 용접이다.
② 폭이 2mm이고 길이가 75mm인 심 용접이다.
③ 용접 수는 2개이고, 피치가 75mm인 슬롯 용접이다.
④ 용접 수는 2개이고, 피치가 75mm인 스폿(점) 용접이다.

55 플라즈마 아크의 종류가 아닌 것은?
① 이행형 아크　② 비이행형 아크
③ 중간형 아크　④ 탠덤형 아크

56 각각의 단독 용접공정(each welding process)보다 훨씬 우수한 기능과 특성을 얻을 수 있도록 두 종류 이상의 용접 공정을 복합적으로 활용하여 서로의 장점을 살리고 단점을 보완하여 시너지 효과를 얻기 위한 용접법을 무엇이라 하는가?
① 하이브리드 용접
② 마찰교반 용접
③ 천이액상확산 용접
④ 저온용 무연 솔더링 용접

57 불활성 가스가 아닌 것은?
① C_2H_2 ② Ar
③ Ne ④ He

58 배관설비 도면에서 보기와 같은 관이음의 도시기호가 의미하는 것은?

① 신축관 이음
② 하프 커플링
③ 슬루스 밸브
④ 플렉시블 커플링

59 불활성 가스 아크 용접에서 티그(TIG)용접의 전극봉은?
① 니켈 ② 탄소강
③ 텅스텐 ④ 저합금강

60 맞대기용접 이음에서 모재의 인장강도는 40kgf/mm²이며, 용접 시험편의 인장강도가 45kgf/mm²일 때 이음효율은 몇 %인가?
① 88.9 ② 104.4
③ 112.5 ④ 125.0

CBT 대비 모의고사

01 피복 아크 용접봉의 용융 속도는 어느 식으로 결정되는가?
① 아크 전류×용접봉 쪽 전압 강하
② 아크 전류×모재 쪽 전압 강하
③ 아크 전압×용접봉 쪽 전압 강하
④ 아크 전압×모재 쪽 전압 강하

02 납땜할 때 염산이 피부에 튀었을 경우의 조치로 옳은 것은?
① 빨리 물로 세척한다.
② 외상이 나타나지 않는 한 그대로 둔다.
③ 손으로 문질러 둔다.
④ 머큐로크롬을 바른다.

03 용접부의 시험법 중 기계적 시험법에 해당하는 것은?
① 부식 시험
② 육안조직 시험
③ 현미경 조직 시험
④ 피로시험

04 다음 중 두께 20mm인 강판을 가스 절단하였을 때 드래그(drag)의 길이가 5mm이었다면 드래그 양은 몇 %인가?
① 4.0%   ② 20%
③ 25%   ④ 100%

05 다음 냉동장치의 배관 도면에서 팽창 밸브는?

① ⓐ   ② ⓑ
③ ⓒ   ④ ⓓ

06 직류 아크 용접의 정극성을 바르게 설명한 것은?
① 용접봉(−), 모재(+)
② 용접봉(+), 모재(−)
③ 용접봉(−), 모재(−)
④ 용접봉(+), 모재(+)

07 다음 중 일반적으로 순금속이 합금에 비해 가지고 있는 우수한 성질로 가장 적절한 것은?
① 주조성이 우수하다.
② 전기전도도가 우수하다.
③ 압축강도가 우수하다.
④ 경도 및 강도가 우수하다.

08 공석강의 탄소(C) 함량은 얼마인가?
① 0.02%   ② 0.77%
③ 2.11%   ④ 6.68%

09 산소-아세틸렌의 불꽃 구성에서 완전 연소가 될 때 다음 중 속불꽃의 온도는?
① 1500℃
② 3200~3500℃
③ 3500~4000℃
④ 5000℃

10 기호를 기입한 위치에서 먼 면에 카운터 싱크가 있으며, 공장에서 드릴 가공 및 현장에서 끼워 맞춤을 나타내는 리벳의 기호 표시는?

①   ②

③   ④

11 용접 구조용 압연강재의 재료의 표시기호 "SM 490B"에서 490이 나타내는 것은?
① 최저인장강도
② 강재 종류 번호
③ 최대 항복강도
④ 압연강 분류 번호

12 그림과 같은 도면의 해독으로 잘못된 것은?

① 구멍 사이의 피치는 50mm
② 구멍의 지름은 10mm
③ 전체 길이는 600mm
④ 구멍의 수는 11개

13 도면의 표제란과 부품란 중 일반적으로 부품란에 기재되는 사항인 것은?
① 도면 ② 척도
③ 무게 ④ 제도일자

14 보기 입체도의 화살표 방향 투상도로 가장 적합한 것은?

①   ②

③   ④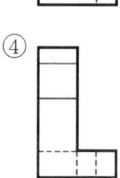

15 용접기의 아크 발생을 8분간 하고 2분간 쉬었다면, 사용률은 몇 %인가?
① 25 ② 40
③ 65 ④ 80

16 아크 용접에서 아크 쏠림 방지 대책으로 맞는 것은?
① 용접봉 끝을 아크 쏠림 방향으로 기울인다.
② 접지점을 용접부에 가까이 한다.
③ 아크 길이를 길게 한다.
④ 직류 대신 교류를 사용한다.

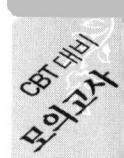

17 알루미늄 합금 용접 시 청정 작용이 잘 되는 것은?
① Ar가스 사용, DCSP
② He가스 사용, DCSP
③ Ar가스 사용, ACHF
④ He가스 사용, ACHF

18 치수에 사용하는 기호와 그 설명이 잘못 연결된 것은?
① 정사각형의 변 - □
② 구의 반지름 - R
③ 지름 - ϕ
④ 45° 모떼기 - C

19 다음 중 오스테나이트계 스테인리스강 용접 시 유의해야 할 사항이 아닌 것은?
① 층간 온도를 350℃ 이상으로 한다.
② 짧은 아크 길이를 유지한다.
③ 낮은 전류로 용접하여 용접 입열을 억제한다.
④ 예열을 하지 말아야 한다.

20 가는 2점 쇄선을 사용하는 가상선의 용도가 아닌 것은?
① 단면도의 절단된 부분을 나타내는 것
② 가공 전·후의 형상을 나타내는 것
③ 인접부분을 참고로 나타내는 것
④ 가동 부분을 이동 중의 특정한 위치 또는 이동한계의 위치로 표시하는 것

21 금속나트륨, 마그네슘 등과 같은 가연성 금속의 화재는 몇 급 화재로 분류되는가?
① A급 화재   ② B급 화재
③ C급 화재   ④ D급 화재

22 일반구조용 강재의 용접 응력 제거를 위해 노내 및 국부 풀림의 유지 온도로 적당한 것은?
① 825±25℃   ② 625±25℃
③ 525±25℃   ④ 325±25℃

23 용접부 비파괴 시험 기호 중 자분탐상 시험 기호는?
① VT   ② RT
③ JT   ④ MT

24 철강 재료에 포함된 인(P)의 영향에 대한 설명이다. 이 중 잘못된 것은?
① 결정립을 조대화시킨다.
② 연신율을 감소시킨다.
③ 강도, 경도를 증가시킨다.
④ 고온 취성의 원인이 된다.

25 다음 중 열간 압연 강판 및 강대에 해당하는 재료 기호는?
① SPCC   ② SPHC
③ STS   ④ SPB

26 지름이 10cm인 단면에 8000kgf의 힘이 작용할 때 발생하는 응력은 약 몇 kgf/cm² 인가?
① 89   ② 102
③ 121   ④ 158

27 다음 중 이산화탄소 아크 용접에 대한 설명으로 옳은 것은?
① 전류밀도가 낮다.
② 비철금속 용접에만 적합하다.

③ 전류밀도가 낮아 용입이 얕다.
④ 용착금속의 기계적 성질이 좋다.

28 다음 투상도법 중 제1각법과 제3각법이 속하는 투상도법은?
① 정투상법
② 등각 투상법
③ 사투상법
④ 부등각 투상법

29 제도 용지의 크기는 한국산업규격에 따라 사용하고 있다. 일반적으로 큰 도면을 접을 경우 다음 중 어느 크기로 접어야 하는가?
① A2
② A3
③ A4
④ A5

30 표준 불꽃에서 프랑스식 가스 용접 팁의 용량은?
① 1시간에 소비하는 아세틸렌가스의 양
② 1분에 소비하는 아세틸렌가스의 양
③ 1시간에 소비하는 산소 가스의 양
④ 1분에 소비하는 산소 가스의 양

31 내용적 40리터의 산소병에 110kgf/cm^{2}의 압력이 게이지에 표시되었다면 산소병에 들어 있는 산소량은 몇 리터인가?
① 2,400
② 3,200
③ 4,400
④ 5,800

32 아크 용접봉의 피복제 중에서 아크 안정 성분은?
① 산화티탄
② 붕사
③ 페로망간
④ 니켈

33 다음 중 호의 길이 42mm를 나타낸 것은?

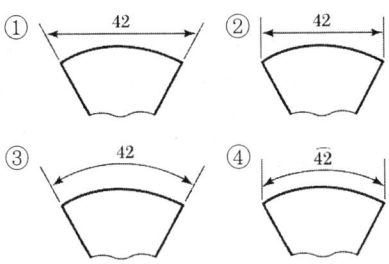

34 산소-프로판 가스 용접 작업에서 산소와 프로판 가스의 최적 혼합비는?
① 프로판 1 : 산소 2.5
② 프로판 1 : 산소 4.5
③ 프로판 2.5 : 산소 1
④ 프로판 4.5 : 산소 1

35 전격의 방지 대책으로 적합하지 않은 것은?
① 용접기의 내부는 수시로 열어서 점검하거나 청소한다.
② 홀더나 용접봉은 절대로 맨손으로 취급하지 않는다.
③ 절연 홀더의 절연부분이 파손되면 즉시 보수하거나 교체한다.
④ 땀, 물 등에 의해 습기 찬 작업복, 장갑, 구두 등은 착용하지 않는다.

36 다음이 설명하고 있는 현상은?

> 알루미늄 용접에서는 사용 전류에 한계가 있어 용접 전류가 어느 정도 이상이 되면 청정 작용이 일어나지 않아 산화가 심하게 생기며 아크 길이가 불안정하게 변동되어 비드 표면이 거칠게 주름이 생기는 현상

① 번 백(burn back)
② 퍼커링(puckering)
③ 버터링(buttering)
④ 멜트 백킹(melt backing)

37 피복 아크 용접 시 용접선상에서 용접봉을 이동시키는 조작을 말하며 아크의 발생, 중단, 재아크, 위빙 등이 포함된 작업을 무엇이라 하는가?
① 용입   ② 운봉
③ 키홀   ④ 용융지

38 홈 가공에 관한 설명 중 옳지 않은 것은?
① 능률적인 면에서 용입이 허용되는 한 홈 각도는 작게 하고 용착 금속량도 적게 하는 것이 좋다.
② 용접 균열이라는 관점에서 루트 간격은 클수록 좋다.
③ 자동 용접의 홈 정도는 손 용접보다 정밀한 가공이 필요하다.
④ 피복 아크 용접에서의 홈 각도는 54~70° 정도가 적합하다.

39 용접 전 꼭 확인해야 할 사항이 아닌 것은?
① 예열·후열의 필요성 여부를 검토한다.
② 용접 전류, 용접 순서, 용접 조건을 미리 정해둔다.
③ 양호한 용접성을 얻기 위해서 용접부에 물을 분무한다.
④ 이음부에 페인트, 기름, 녹 등의 불순물을 제거한다.

40 7 : 3 황동에 1(%) 주석을 넣은 것은?
① 애드미럴티 황동
② 네이벌 황동
③ 알브락
④ 델타메탈

41 플라즈마 아크 용접장치에서 아크 플라즈마의 냉각가스로 쓰이는 것은?
① 아르곤+수소의 혼합 가스
② 아르곤+산소의 혼합 가스
③ 아르곤+질소의 혼합 가스
④ 아르곤+공기의 혼합 가스

42 이산화탄소 아크 용접의 보호가스 설비에서 저전류 영역의 가스유량은 약 몇 L/min 정도가 가장 적당한가?
① 1~5   ② 6~9
③ 10~15   ④ 20~25

43 피복 아크 용접에 의한 맞대기 용접에서 개선 홈과 판 두께에 관한 설명으로 틀린 것은?
① I형 : 판 두께 6mm 이하 양쪽용접에 적용
② V형 : 판 두께 20mm 이하 한쪽용접에 적용
③ U형 : 판 두께 40~60mm 양쪽용접에 적용
④ X형 : 판 두께 15~40mm 양쪽용접에 적용

44 심(seam) 용접법에서 용접전류의 통전방법이 아닌 것은?
① 직·병렬 통전법
② 단속 통전법
③ 연속 통전법
④ 맥동 통전법

45 다음 중 아르곤 용기를 나타내는 색깔은?
① 황색   ② 녹색

③ 회색 ④ 흰색

46 18-4-1형 고속도강의 성분이 그 순서대로 옳은 것은?
① W, Cr, Ni
② W, Cr, Cu
③ W, V, Co
④ W, Cr, V

47 아세틸렌은 각종 액체에 잘 용해되는데 벤젠에서는 몇 배의 아세틸렌가스를 용해하는가?
① 4
② 14
③ 6
④ 25

48 용착 금속 중의 수소량이 다른 용접봉에 비해 1/10 정도로 적어 사용 전에 약 300~350℃에서 1~2시간 건조시켜 사용하는 용접봉은?
① E4301
② E4303
③ E4313
④ E4316

49 철에 Al, Ni, Co를 첨가한 합금으로 잔류 자속밀도가 크고 보자력이 우수한 자성 재료는?
① 퍼멀로이
② 센더스트
③ 알니코 자석
④ 페라이트 자석

50 혼합가스 연소에서 불꽃 온도가 가장 높은 것은?
① 산소-수소 불꽃
② 산소-프로판 불꽃
③ 산소-아세틸렌 불꽃
④ 산소-부탄 불꽃

51 가스 용접의 특징으로 틀린 것은?
① 응용 범위가 넓으며 운반이 편리하다.
② 전원 설비가 없는 곳에서도 쉽게 설치할 수 있다.
③ 아크 용접에 비해서 유해 광선의 발생이 적다.
④ 열집중성이 좋아 효율적인 용접이 가능하여 신뢰성이 높다.

52 철강 인장시험 결과 시험편이 파괴되기 직전 표점거리 62mm, 원표점거리 50mm일 때 연신율은?
① 12%
② 24%
③ 31%
④ 36%

53 보기와 같은 제3각 정투상도에서 누락된 우측면도로 가장 적합한 것은?

54 보기와 같은 KS 용접 기호의 해독으로 틀린 것은?

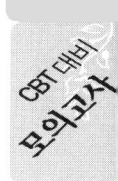

① 화살표 반대쪽 스폿 용접
② 스폿부의 지름 6mm
③ 용접부의 개수(용접 수) 5개

④ 스폿 용접한 간격은 100mm

55 그림과 같은 도면에서 A부의 길이는 얼마인가?

① 3000mm   ② 3015mm
③ 3090mm   ④ 3185mm

56 용접 진행 방향과 용착 방향이 서로 반대가 되는 방법으로 잔류 응력은 다소 적게 발생하나 작업의 능률이 떨어지는 용착법은?
① 전진법   ② 후진법
③ 대칭법   ④ 스킵법

57 물과 얼음, 수증기가 평형을 이루는 3중점 상태에서의 자유도는?
① 0   ② 1
③ 2   ④ 3

58 다음 중 다층 용접 시 적용하는 용착법이 아닌 것은?
① 빌드업법   ② 캐스케이드법
③ 스킵법   ④ 전진블록법

59 아크 용접 작업 중 감전이 되었을 때 전류가 몇 mA 이상이 인체에 흐르면 심장마비를 일으켜 순간적으로 사망할 위험이 있는가?
① 5   ② 10
③ 15   ④ 50

60 다음 중 급열, 급랭에 의한 열응력이나 변형, 균열을 방지하기 위해 용접 전에 실시하는 작업은?
① 예열   ② 청소
③ 가공   ④ 후열

CBT 대비 모의고사

01 금속과 금속을 충분히 접근시키면 그들 사이에 원자간의 인력이 작용하여 서로 결합한다. 이 결합을 이루기 위해서는 원자들을 몇 cm 정도까지 접근시켜야 하는가?
① $1Å = 10^{-7}cm$　② $1Å = 10^{-8}cm$
③ $1Å = 10^{-6}cm$　④ $1Å = 10^{-9}cm$

02 서브머지드 아크 용접에서 다전극 방식에 의한 용접 장치의 분류 중 두 개의 와이어를 독립된 전원(교류 또는 직류)에 접속하여 용접선에 따라 전극의 간격을 10~30 mm 정도로 하여 2개의 전극 와이어를 동시에 녹게 함으로써 한꺼번에 많은 양의 용착 금속을 얻을 수 있는 용접법은?
① 탠덤식　② 횡 병렬식
③ 횡 직렬식　④ 유니언식

03 직류 아크용접기의 종류별 특징 중 올바르게 설명된 것은?
① 전동 발전형 용접기는 완전한 직류를 얻을 수 없다.
② 전동 발전형 용접기는 구동부와 발전기부로 되어 있고, 보수와 점검이 어렵다.
③ 정류기형 용접기는 보수와 점검이 어렵다.
④ 정류기형 용접기는 교류를 정류하므로 완전한 직류를 얻을 수 있다.

04 용접 설계상 주의사항으로 틀린 것은?
① 부재 및 이음은 될 수 있는 대로 조립 작업, 용접 및 검사를 하기 쉽도록 한다.
② 부재 및 이음은 단면적의 급격한 변화를 피하고 응력 집중을 받지 않도록 한다.
③ 용접 이음은 가능한 한 많게 하고 용접선을 집중시키며, 용착량도 많게 한다.
④ 용접은 될 수 있는 한 아래보기 자세로 하도록 한다.

05 용접부의 시험 및 검사의 분류에서 수소 시험은 무슨 시험에 속하는가?
① 기계적 시험　② 낙하 시험
③ 화학적 시험　④ 압력 시험

06 응급 처치의 3대 요소가 아닌 것은?
① 상처 보호　② 쇼크 방지
③ 기도 유지　④ 응급 후송

07 다음 중 굵은 실선 또는 가는 실선의 용도가 아닌 것은?
① 외형선　② 파단선
③ 절단선　④ 치수선

08 가는 2점 쇄선을 사용하는 가상선의 용도가 아닌 것은?
① 단면도의 절단된 부분을 나타내는 것
② 가공 전·후의 형상을 나타내는 것
③ 인접부분을 참고로 나타내는 것

④ 가동 부분을 이동 중의 특정한 위치 또는 이동한계의 위치로 표시하는 것

09 대상물의 일부를 파단한 경계 또는 일부를 떼어낸 경계를 표시하는 데 사용하는 선은?
① 가상선 ② 파단선
③ 절단선 ④ 외형선

10 산업안전보건법 시행규칙상 안전·보건 표지의 색채 중 금지를 나타내는 색채는?
① 빨강 ② 녹색
③ 파랑 ④ 흰색

11 다음 중 γ선원으로 사용되지 않는 원소는?
① 이리듐 192 ② 코발트 60
③ 세슘 134 ④ 몰리브덴 30

12 용접부의 표면이 좋고 나쁨을 검사하는 것으로 가장 많이 사용하고 있으며 간편하고, 경제적인 검사방법은?
① 자분 검사 ② 외관 검사
③ 초음파 검사 ④ 침투 검사

13 기계제도에서 사용하는 파단선의 설명으로 올바른 것은?
① 가는 1점 쇄선이다.
② 불규칙한 파형의 가는 실선이다.
③ 굵기는 외형선과 같다.
④ 아주 굵은 실선으로 그린다.

14 일반적으로 치수선을 표시할 때 치수선 양 끝에 치수가 끝나는 부분임을 나타내는 형상으로 사용하는 것이 아닌 것은?

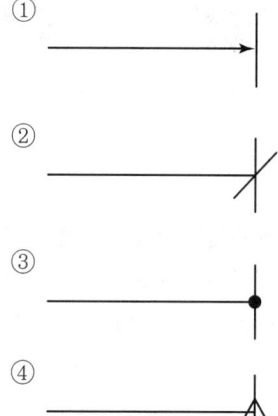

15 X선 투과시험법으로 검출이 가장 곤란한 결함은 무엇인가?
① 기공(blow hole)
② 슬래그(slag) 혼입
③ 미소 균열(micro crack)
④ 용입 불량

16 용접부의 시험과 검사에서 부식시험은 어느 시험법에 속하는가?
① 방사선 시험법 ② 기계적 시험법
③ 물리적 시험법 ④ 화학적 시험법

17 전기적 점화원의 종류가 아닌 것은?
① 유도열 ② 정전기
③ 저항열 ④ 마모열

18 보기의 그림은 투상법의 기호이다. 몇 각법을 나타내는 기호인가?

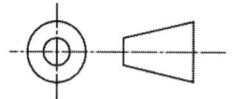

① 제1각법 ② 제2각법

③ 제3각법 ④ 제4각법

19 다음 투상도법 중 제1각법과 제3각법이 속하는 투상도법은?
① 정투상법 ② 등각투상법
③ 사투상법 ④ 부등각투상법

20 제3각법에 대한 설명 중 틀린 것은?
① 평면도는 배면도의 위에 배치된다.
② 저면도는 정면도의 아래에 배치된다.
③ 정면도 위쪽에 평면도가 배치된다.
④ 우측면도는 정면도의 우측에 배치된다.

21 제3각법에 의한 정투상도에서 배면도의 위치는?
① 정면도의 위
② 좌측면도의 좌측
③ 정면도의 아래
④ 우측면도의 우측

22 제3각법과 제1각법의 도면 배치상의 차이 설명으로 옳은 것은?
① 평면도의 위치는 동일하나 좌·우측면도의 위치는 서로 반대이다.
② 정면도의 위치는 동일하나 저면도와 평면도의 위치는 서로 반대이다.
③ 평면도의 위치는 동일하나 좌·우측면도 및 저면도와 정면도의 위치는 서로 반대이다.
④ 좌·우측면도의 위치는 서로 반대이나 다른 도면의 배치는 변함없다.

23 보기와 같은 입체도에서 화살표 방향이 정면일 때 정면도로 가장 적합한 것은?

①   ②

③   ④

24 안전을 위하여 장갑을 사용할 수 있는 작업은?
① 드릴링 작업 ② 선반 작업
③ 용접 작업 ④ 밀링 작업

25 공장 내에 안전 표지판을 설치하는 가장 주된 이유는?
① 능동적인 작업을 위하여
② 통행을 통제하기 위하여
③ 사고 방지 및 안전을 위하여
④ 공장 내의 환경 정리를 위하여

26 화재 및 폭발의 방지 조치사항으로 틀린 것은?
① 용접 작업 부근에 점화원을 두지 않는다.
② 인화성 액체의 반응 또는 취급은 폭발한계범위 이내의 농도로 한다.
③ 아세틸렌이나 LP가스 용접 시에는 가연성 가스가 누설되지 않도록 한다.
④ 대기 중에 가연성 가스를 누설 또는 방출시키지 않는다.

27 화재 및 폭발의 방지책에 관한 사항으로 틀린 것은?
① 인화성 액체의 반응 또는 취급은 폭발 범위 이외의 농도로 한다.
② 필요한 곳에 화재를 진화하기 위한 방화설비를 설치한다.
③ 정전에 대비하여 예비전원을 설치한다.
④ 배관 또는 기기에서 가연성 가스는 대기 중에 방출시킨다.

28 전류를 통하여 자화가 될 수 있는 금속재료 즉 철, 니켈과 같이 자기변태를 나타내는 금속 또는 그 합금으로 제조된 구조물이나 기계부품의 표면부에 존재하는 결함을 검출하는 비파괴시험법은?
① 맴돌이 전류시험 ② 자분 탐상시험
③ γ선 투과시험 ④ 초음파 탐상시험

29 초음파 탐상법의 특징 설명으로 틀린 것은?
① 초음파의 투과 능력이 작아 얇은 판의 검사에 적합하다.
② 결함의 위치와 크기를 비교적 정확히 알 수 있다.
③ 검사 시험체의 한 면에서도 검사가 가능하다.
④ 감도가 높으므로 미세한 결함을 검출할 수 있다.

30 용접 이음을 설계할 때의 주의 사항으로서 틀린 것은?
① 용접 구조물의 제 특성 문제를 고려한다.
② 강도가 강한 필릿 용접을 많이 하도록 한다.
③ 용접성을 고려한 사용 재료의 선정 및 열영향 문제를 고려한다.
④ 구조상의 노치부를 피한다.

31 용접부 부근의 모재는 용접할 때 아크열에 의해 조직이 변하여 재질이 달라진다. 열영향부의 기계적 성질과 조직변화의 직접적인 요인으로 관계가 없는 것은?
① 용접기의 용량
② 모재의 화학성분
③ 냉각 속도
④ 예열과 후열

32 보기와 같은 입체도에서 화살표 방향이 정면일 경우 좌측면도로 가장 적합한 것은?

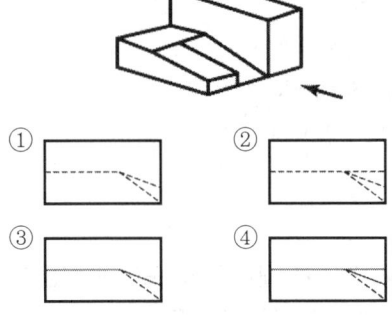

33 용접 전 꼭 확인해야 할 사항이 틀린 것은?
① 예열·후열의 필요성을 검토한다.
② 용접 전류, 용접 순서, 용접 조건을 미리 선정한다.
③ 양호한 용접성을 얻기 위해서 용접부에 물로 분무한다.
④ 이음부에 페인트, 기름, 녹 등의 불순물이 없는지 확인 후 제거한다.

34 용접 자세를 나타내는 기호가 틀리게 짝지어진 것은?

① 위보기자세 : O
② 수직자세 : V
③ 아래보기자세 : U
④ 수평자세 : H

35 이음 홈 형상 중에서 동일한 판 두께에 대하여 가장 변형이 적게 설계된 형상은?
① I형
② V형
③ U형
④ X형

36 정류기형 직류 아크용접기의 종류가 아닌 것은?
① 리액턴스 정류기(reactance rectifier)
② 셀렌 정류기(selenium rectifier)
③ 실리콘 정류기(silicon rectifier)
④ 게르마늄 정류기(germanium rectifier)

37 용접용 가스의 구비 조건에 대한 설명으로 틀린 것은?
① 연소 온도가 높을 것
② 연소 속도가 느릴 것
③ 용융금속과 화학반응을 일으키지 않을 것
④ 발열량이 클 것

38 알루미늄-규소계 합금은?
① 세슘(Cs)
② 란탄(La)
③ 안티몬(Sb)
④ 실루민(Silumin)

39 산소-프로판 가스 용접 작업에서 산소와 프로판 가스의 최적 혼합비는?
① 프로판 1 : 산소 2.5
② 프로판 1 : 산소 4.5
③ 프로판 2.5 : 산소 1
④ 프로판 4.5 : 산소 1

40 스터드(stud) 용접 시 불활성가스를 사용해야 하는 금속은?
① Al
② Cu
③ Bs
④ Sc

41 원자와 분자의 유도방사현상을 이용한 빛에너지를 이용하여 모재의 열 변형이 거의 없고 이종금속의 용접이 가능하며 미세하고 정밀한 용접을 비접촉식 용접방식으로 할 수 있는 용접법은?
① 전자빔 용접법
② 플라즈마 용접법
③ 레이저 용접법
④ 초음파 용접법

42 모재의 홈 가공을 V형으로 했을 경우 엔드탭(end-tap)은 어떤 조건으로 하는 것이 가장 좋은가?
① I형 홈 가공으로 한다.
② V형 홈 가공으로 한다.
③ X형 홈 가공으로 한다.
④ 홈 가공이 필요 없다.

43 KS에서 규정한 방사선 투과시험 필름 판독에서 제3종 결함은?
① 둥근 블로홀 및 이와 유사한 결함
② 슬래그 섞임 및 이와 유사한 결함
③ 갈라짐 및 이와 유사한 결함
④ 노치 및 이와 유사한 결함

44 화재 발생 시 사용하는 소화기에 대한 설명으로 틀린 것은?
① 전기로 인한 화재(C급)는 포말 소화기를 사용한다.
② 분말 소화기는 기름 화재(B급)에 적합하다.
③ CO_2 가스 소화기는 소규모의 인화성 액체화재나 전기설비 화재의 초기 진화에 좋다.
④ 보통 화재(A급)에는 포말, 분말, CO_2 소화기를 사용한다.

45 B급 화재는 어느 경우의 화재인가?
① 일반 화재 ② 유류 화재
③ 전기 화재 ④ 금속 화재

46 작업장에 따라 작업 특성에 맞는 적당한 조명을 하여야 한다. 보통 작업 시 조도기준으로 적합한 것은?
① 750Lux 이상 ② 75Lux 이상
③ 150Lux 이상 ④ 300Lux 이상

47 탄소강의 기본 열처리 방법 중 소재를 일정온도에서 가열 후 공랭시켜 표준화하는 것은?
① 불림 ② 뜨임
③ 담금질 ④ 침탄

48 그림과 같이 제3각법으로 정투상한 도면의 입체도로 가장 적합한 것은?

49 재해와 숙련도 관계에서 사고가 많이 발생하는 경향이 있는 것으로 가장 알맞은 것은?
① 경험이 1년 미만인 근로자
② 경험이 3년인 근로자
③ 경험이 5년인 근로자
④ 경험이 10년인 근로자

50 통행과 운반관련 안전조치로 가장 거리가 먼 것은?
① 뛰지 말 것이며 한눈을 팔거나 주머니에 손을 넣고 걷지 말 것
② 기계와 다른 시설물 사이의 통행로 폭은 30cm 이상으로 할 것
③ 운반차는 규정 속도를 지키고 운반 시 시야를 가리지 않게 할 것
④ 통행로와 운반차, 기타 시설물에는 안전표지색을 이용한 안전표지를 할 것

51 연소의 난이성에 대한 설명이 틀린 것은?
① 화학적 친화력이 큰 물질일수록 연소가 잘 된다.
② 발열량이 큰 것일수록 산화반응이 일어나기 쉽다.

③ 예열하면 착화 온도가 낮아져서 착화하기 쉽다.
④ 산소와의 접촉 면적이 좁을수록 온도가 떨어지지 않아 연소가 잘 된다.

52 방사선 투과 검사의 특징에 대한 설명으로 틀린 것은?
① 모든 용접 재질에 적용할 수 있다.
② 모재가 두꺼워지면 검사가 곤란하다.
③ 내부 결함 검출이 용이하다.
④ 검사의 신뢰성이 높다.

53 용접물이 청수, 해수, 유기산, 무기산 및 알칼리 등에 접촉되어 받는 부식 상태에 대해 시험하는 부식시험에 속하지 않는 것은?
① 습 부식시험   ② 건 부식시험
③ 응력 부식시험 ④ 시간 부식시험

54 다음 중 용접부의 비파괴 시험에 속하는 것은?
① 인장시험   ② 화학분석시험
③ 침투시험   ④ 용접균열시험

55 현미경 시험용 부식제 중 알루미늄 및 그 합금용에 사용되는 것은?
① 초산 알코올액 ② 수산화칼륨액
③ 연화철액   ④ 피크린산

56 용접부의 완성 검사에 사용되는 비파괴 시험이 아닌 것은?
① 방사선 투과 시험
② 형광 침투 시험
③ 자기 탐상법
④ 현미경 조작 시험

57 맞대기 용접 홈 모양 중에서 가장 얇은 박판에 사용하는 홈 모양은?
① I형 홈   ② V형 홈
③ H형 홈   ④ J형 홈

58 판 두께가 보통 6mm 이하인 경우에 사용되고 루트간격을 좁게 하면 용착금속의 양도 적어져서 경제적인 면에서는 우수하나 두께가 두꺼워지면 완전용입이 어려운 용접 이음은?
① I형   ② V형
③ U형   ④ X형

59 다음 그림에서 루트 간격을 표시하는 것은?

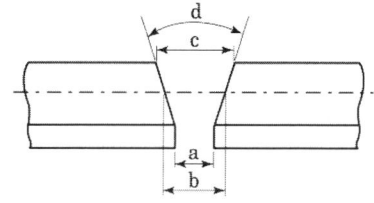

① a   ② b
③ c   ④ d

60 파장이 같은 빛을 렌즈로 집광하여 높은 열을 얻고, 이것을 열원으로 하여 용접하는 방법은?
① 레이저 빔 용접
② 테르밋 용접
③ 일렉트로 슬래그 용접
④ 플라즈마 아크 용접

CBT 대비 모의고사

용접기능사 제7회

01 연소가 잘 되는 조건 중 틀린 것은?
① 공기와의 접촉 면적이 클 것
② 가연성 가스 발생이 클 것
③ 축적된 열량이 클 것
④ 물체의 내화성이 클 것

02 그림과 같은 입체도에서 화살표 방향을 정면으로 하여 제3각법 투상도로 가장 적합한 것은?

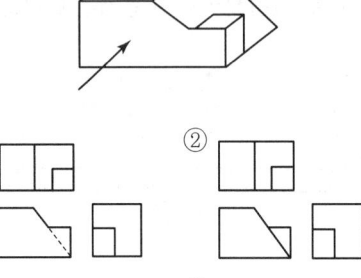

03 화상의 응급 처치 및 주의 사항으로 옳지 않은 것은?
① 화상자의 의복은 벗기지 않는다.
② 화상부를 온수에 담가 화기를 뺀다.
③ 물집을 터트리지 않는다.
④ 환자가 갈증을 느낄 때에는 소다를 탄 냉수를 조금씩 마시게 한다.

04 연소 온도에 가장 큰 영향을 미치는 것은?
① 공기비
② 연료의 발열량
③ 연료의 통풍력
④ 연료의 착화 온도

05 텅스텐, 몰리브덴 같은 대기에서 반응하기 쉬운 금속도 용이하게 용접할 수 있으며 고진공 속에서 음극으로부터 방출되는 전자를 고속으로 가속시켜 충돌에너지를 이용하는 용접방법은?
① 레이저 용접
② 전자 빔 용접
③ 테르밋 용접
④ 일렉트로 슬래그 용접

06 다음 중 알코올이 연소하는 것을 가장 올바르게 설명한 것은?
① 가연성 증기가 발생하여 점화원에 의해 연소한다.
② 액체가 분해되어 점화원에 의해 연소한다.
③ 산소만 있으면 그대로 연소한다.
④ 액체가 그대로 연소한다.

07 가연물의 자연발화를 방지하는 방법을 설명한 것 중 틀린 것은?
① 공기의 유통이 잘 되게 할 것
② 가연물의 열 축적이 용이하지 않도록

할 것
③ 공기와의 접촉면을 크게 할 것
④ 저장실의 온도를 낮게 유지할 것

08 사람이 몸에 얼마 이상의 전류가 흐르면 심장마비를 일으켜 사망할 위험이 있는가?
① 50mA 이상 ② 30mA 이상
③ 20mA 이상 ④ 10mA 이상

09 불티가 바람에 날리거나 혹은 튀어서 발화점에서 떨어진 곳에 있는 대상물에 착화하여 연소되는 현상을 무슨 연소라고 하는가?
① 접염 연소 ② 대류 연소
③ 복사 연소 ④ 비화 연소

10 전자빔 용접의 특징으로 틀린 것은?
① 정밀 용접이 가능하다.
② 용입이 깊어 다층용접도 단층용접으로 완성할 수 있다.
③ 유해가스에 의한 오염이 적고 높은 순도의 용접이 가능하다.
④ 용접부의 열 영향부가 크고 설비비가 적게 든다.

11 용접에서 X형 맞대기 이음을 나타내는 것은?

①   ②

③   ④

12 내식성을 필요로 하며 고도의 기밀, 유밀을 필요로 하는 내압 용기 제작에 가장 적당한 용접법은?
① 아크 스터드 용접
② 일렉트로 슬래그 용접
③ 원자 수소 아크 용접
④ 아크 점용접

13 초음파 용접에 대한 설명으로 잘못된 것은?
① 주어지는 압력이 작으므로 용접물의 변형이 작다.
② 표면 처리가 간단하고 압연한 그대로의 재료도 용접이 가능하다.
③ 판의 두께에 따른 용접 강도의 변화가 없다.
④ 극히 얇은 판도 쉽게 용접이 된다.

14 가연성 가스가 가져야 할 성질 중 맞지 않는 것은?
① 불꽃의 온도가 높을 것
② 용융 금속과 화학 반응을 일으키지 않을 것
③ 연소 속도가 느릴 것
④ 발열량이 클 것

15 폭발 위험성이 가장 큰 산소와 아세틸렌의 혼합비(%)는?
① 40 : 60 ② 15 : 85
③ 60 : 40 ④ 85 : 15

16 용접용 가스의 구비 조건에 대한 설명으로 옳지 않은 것은?
① 연소 온도가 높을 것
② 연소 속도가 느릴 것

③ 용융금속과 화학반응을 일으키지 않을 것
④ 발열량이 클 것

17 산소의 성질에 관한 설명으로 틀린 것은?
① 다른 물질의 연소를 돕는 조연성 기체이다.
② 아세틸렌과 혼합 연소시켜 용접, 가스절단에 사용한다.
③ 산소 자체가 연소하는 성질이 있다.
④ 무색, 무취, 무미의 기체이다.

18 그림과 같이 제3각법으로 나타낸 정투상도에 대한 입체도로 적합한 것은?

①   ②

③   ④

19 산소는 대기 중의 공기 속에 약 몇 % 함유되어 있는가?
① 11%   ② 21%
③ 31%   ④ 41%

20 피복 아크 용접에서 전기가 없는 곳에서 사용할 수 있는 용접기는?
① 정류기형 직류 아크용접기
② 엔진구동형 용접기
③ AC-DC 아크용접기
④ 가포화 리액터형 교류 아크용접기

21 이음 홈의 형상 중 두꺼운 판의 양면 용접을 할 수 없는 경우에 가공하는 방법으로 한쪽 용접에 의해 충분한 용입을 얻을 수 있지만 홈 가공이 다소 어려운 것이 단점인 홈 형상으로 가장 적합한 것은?
① I형   ② V형
③ U형   ④ J형

22 다음 중 용접 이음의 종류가 아닌 것은?
① 겹치기 용접   ② 모서리 용접
③ 라운드 용접   ④ T형 필릿 용접

23 홈 가공에 관한 설명 중 옳지 않은 것은?
① 능률적인 면에서 용입이 허용되는 한 홈 각도는 작게 하고 용착 금속량도 적게 하는 것이 좋다.
② 용접 균열이라는 관점에서 루트 간격은 클수록 좋다.
③ 자동 용접의 홈 정도는 손 용접보다 정밀한 가공이 필요하다.
④ 피복 아크 용접에서의 홈 각도는 54~70° 정도가 적합하다.

24 수평 필릿 용접 시 목의 두께는 각장(다리길이)의 약 몇 % 정도가 적당한가?
① 50   ② 160
③ 70   ④ 180

25 하중의 방향에 따른 필릿 용접 이음의 구분이 아닌 것은?

① 전면 필릿 용접 ② 측면 필릿 용접
③ 경사 필릿 용접 ④ 슬롯 필릿 용접

26 KS 용접 신호 ▷로 도시되는 용접부 명칭은?
① 플러그 용접   ② 수직 용접
③ 필릿 용접   ④ 스폿 용접

27 다음 중 직류 아크용접기는?
① 탭전환형   ② 정류기형
③ 가동 코일형   ④ 가동 철심형

28 직류 발전형 아크용접기의 특징을 올바르게 나타낸 것은?
① 완전한 직류 전원을 얻는다.
② 직류를 얻는 데 소용이 없다.
③ 고장이 비교적 적다.
④ 보수와 점검이 용이하다.

29 용접은 여러 가지 용도로 다양하게 이용이 되고 있다. 다음 중 용접의 용도만으로 묶어진 것은?
① 교량, 항공기, 컨테이너, 농기구
② 철탑, 배관, 조선, 시멘트관 접합
③ 농기구, 교량, 자동차, 시멘트관 접합
④ 철탑, 건물, 철도차량, 시멘트관 접합

30 금속 아크 용접법의 개발자는?
① 톰슨   ② 푸세
③ 슬라비아노프   ④ 베르나도스

31 발전(모터, 엔진)형 직류 용접기와 비교하여 정류기형 직류 용접기를 설명한 것 중 잘못된 것은?

① 소음이 나지 않는다.
② 취급이 간단하고 가격이 싸다.
③ 정류기 파손에 주의한다.
④ 완전한 직류를 얻는다.

32 아래 KS 용접 기호를 올바르게 해독한 것은?

① 용접 피치는 20mm
② 전체 용접 길이는 600mm
③ 화살표 쪽의 목두께는 5mm
④ 지그재그 용접, 화살표 반대쪽의 용접부 길이는 15mm

33 직류 아크용접기에 대한 설명으로 맞는 것은?
① 발전형과 정류기형이 있다.
② 구조가 간단하고 보수도 용이하다.
③ 누설 자속에 의하여 전류를 조정한다.
④ 용접 변압기의 리액턴스에 의하여 수하 특성을 얻는다.

34 산소의 성질을 설명한 것으로 틀린 것은?
① 산소는 공기와 물의 주성분이다.
② 성질은 무색, 무취, 무미의 기체이다.
③ 1L의 중량은 0℃, 1기압에서 1.429g 이다.
④ 산소의 비중은 0.806이다.

35 절단용 산소 중에 불순물이 증가되면 나타나는 결과가 아닌 것은?
① 절단 속도가 늦어진다.
② 산소의 소비량이 적어진다.

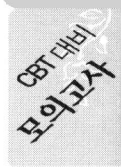

③ 절단 개시 시간이 길어진다.
④ 절단 홈의 폭이 넓어진다.

36 보호가스의 공급 없이 와이어 자체에서 발생한 가스에 의해 아크 분위기를 보호하는 용접 방법은?
① 일렉트로 슬래그 용접
② 플라즈마 용접
③ 논 가스 아크 용접
④ 테르밋 용접

37 논 가스 아크 용접(Non gas welding)의 장점에 대한 설명으로 틀린 것은?
① 아크의 빛과 열이 강렬하다.
② 용접 장치가 간단하며 운반이 편리하다.
③ 바람이 있는 옥외에서도 작업이 가능하다.
④ 피복 가스 용접봉의 저수소계와 같이 수소의 발생이 적다.

38 연소의 3요소에 해당하지 않는 것은?
① 가연물
② 무촉매
③ 산소공급원
④ 점화에너지 열원

39 다음 중 확산 연소를 옳게 설명한 것은?
① 수소, 메탄, 프로판 등과 같은 가연성 가스가 버너 등에서 공기 중으로 유출해서 연소하는 경우이다.
② 알코올, 에테르 등 인화성 액체의 연소에서처럼 액체의 증발에 의해서 생긴 증기가 착화하여 화염을 발하는 경우이다.
③ 목재, 석탄, 종이 등의 고체 가연물 또는 지방유와 같이 고비점(高沸點)의 액체 가연물이 연소하는 경우이다.
④ 화약처럼 그 물질 자체의 분자 속에 산소를 함유하고 있어 연소 시 공기 중의 산소를 필요로 하지 않고 물질 자체의 산소를 소비해서 연소하는 경우이다.

40 다음 중 연소를 가장 바르게 설명한 것은?
① 물질이 열을 내며 탄화한다.
② 물질이 탄산가스와 반응한다.
③ 물질이 산소와 반응하여 환원한다.
④ 물질이 산소와 반응하여 열과 빛을 발생한다.

41 가연물을 가열할 때 반사열만을 가지고 연소가 시작되는 최저 온도는?
① 인화점   ② 발화점
③ 연소점   ④ 융점

42 그림과 같은 입체도의 화살표 방향을 정면도로 할 때 우측면도로 가장 적합한 것은?

43 연소한계의 설명을 가장 올바르게 정의한 것은?

① 착화온도의 상한과 하한
② 물질이 탈 수 있는 최저온도
③ 완전연소가 될 때의 산소공급 한계
④ 연소에 필요한 가연성 기체와 공기 또는 산소와의 혼합 가스 농도 범위

44 안전모의 착용에 대한 설명으로 틀린 것은?
① 턱조리개는 반드시 조이도록 할 것
② 작업에 적합한 안전모를 사용할 것
③ 안전모는 작업자 공용으로 사용할 것
④ 머리 상부와 안전모 내부의 상단과의 간격을 25mm 이상 유지하도록 조절한 것

45 일반적으로 가스 폭발을 방지하기 위한 예방대책 중 제일 먼저 조치를 취하여야 할 것은?
① 방화수 준비
② 가스 누설의 방지
③ 착화의 원인 제거
④ 배관의 강도 증가

46 다음 중 플라스틱(plastic) 용접 방법만으로 조합된 것은?
① 마찰 용접, 아크 용접
② 고주파 용접, 열풍 용접
③ 플라즈마 용접, 열기구 용접
④ 업셋 용접, 초음파 용접

47 용접부의 형상에 따른 필릿 용접의 종류가 아닌 것은?
① 연속 필릿
② 단속 필릿
③ 경사 필릿
④ 단속 지그재그 필릿

48 용접 결함 중 균열의 보수 방법으로 가장 옳은 방법은?
① 작은 지름의 용접봉으로 재용접한다.
② 굵은 지름의 용접봉으로 재용접한다.
③ 전류를 많게 하여 재용접한다.
④ 정지 구멍을 뚫어 균열 부분은 홈을 판 후 재용접한다.

49 필릿 용접에서 그림과 같은 용접 변형의 명칭은?

① 세로 수축   ② 가로 수축
③ 세로 굽힘 변형 ④ 가로 굽힘 변형

50 다음 중 특히 두꺼운 판을 맞대기 용접에 의해 충분한 용입을 얻으려고 할 때 가장 적합한 홈의 형상은?
① H형   ② V형
③ U형   ④ I형

51 가스 용접 작업에 관한 안전사항으로서 틀린 것은?
① 산소 및 아세틸렌병 등 빈병을 섞어서 보관한다.
② 호스의 누설 시험 시에는 비눗물을 사용한다.
③ 용접 시 토치의 끝을 긁어서 오물을 털지 않는다.
④ 아세틸렌병 가까이에서는 흡연하지 않는다.

52 보기는 제3각법의 정투상도로 나타낸 정면도 우측면도이다. 평면도로 가장 적합한 것은?

53 용강을 주형에 주입하여 만들고, 용융점이 높고 수축률이 크며, 주조 후에는 완전 풀림을 실시해야 하는 것은?
① 구리　　② 주철
③ 연강　　④ 주강

54 프로판가스 저장실의 통풍용 환기 구멍이 아래쪽에 위치하는 가장 큰 이유는?
① 가스를 조절하기 쉬우므로
② 공기보다 무거우므로
③ 구멍뚫기가 쉬우므로
④ 물이 잘 빠지게 하기 위하여

55 가연성 가스로 스파크 등에 의한 화재에 대하여 가장 주의해야 할 가스는?
① LPG　　② CO_2
③ He　　　④ O_2

56 귀마개를 착용하고 작업하면 안 되는 작업자는?
① 조선소의 용접 및 취부작업자
② 자동차 조립공장의 조립작업자
③ 판금작업장의 타출 판금작업자
④ 강재 하역장의 크레인 신호자

57 산소 용기 취급에 대한 설명이 잘못된 것은?
① 산소병 밸브, 조정기 등은 기름천으로 잘 닦는다.
② 산소병 운반 시에는 충격을 주어서는 안 된다.
③ 산소 밸브의 개폐는 천천히 해야 한다.
④ 가스 누설의 점검을 수시로 한다.

58 다음 여러 작업에 대한 행동 중에서 가장 안전한 것은?
① 용접 장갑을 끼고 중량물을 운반하였다.
② 면장갑을 끼고 그라인더 가공을 하였다.
③ 아크 발생 중 전류를 올렸다.
④ 맨손으로 해머 작업을 하였다.

59 필릿 용접에서는 용접선의 방향과 응력의 방향이 이루는 각도에 따라 분류한다. 그림과 같은 필릿 용접은?

① 측면 필릿 용접　② 경사 필릿 용접
③ 전면 필릿 용접　④ T형 필릿 용접

60 혼합가스 연소에서 불꽃온도가 가장 높은 것은?
① 산소 : 수소 불꽃
② 산소 : 프로판 불꽃
③ 산소 : 아세틸렌 불꽃
④ 산소 : 부탄 불꽃

CBT 대비 모의고사

01 철강의 분류는 무엇으로 하는가?
① 성질　　② 탄소량
③ 조직　　④ 제작 방법

02 킬드강을 제조할 때 사용하는 탈산제는?
① C, Fe-Mn　　② C, Al
③ Fe-Mn, S　　④ Fe-Si, Al

03 정련된 용강을 노 내에서 Fe-Mn, Fe-Si, Al 등으로 완전 탈산시킨 강은?
① 킬드강　　② 세미킬드강
③ 림드강　　④ 캡드강

04 필릿 용접에서 이론 목 길이 a와 용접 다리 길이 z의 관계를 옳게 나타낸 것은?
① $a ≒ 0.3z$　　② $a ≒ 0.5z$
③ $a ≒ 0.7z$　　④ $a ≒ 0.9z$

05 보기 입체도의 제3각법 정투상도로 가장 적합한 것은?

(정면)

① 　　②

③　　④

06 맞대기 용접 이음에서 최대인장하중이 800kgf이고, 판 두께가 5mm, 용접선의 길이가 20cm일 때 용착 금속의 인장강도는 몇 kgf/mm^2 인가?
① 0.8　　② 8
③ 80　　④ 800

07 2개의 모재에 압력을 가해 접촉시킨 다음 접촉면에 상대운동을 시켜 접촉면에서 발생하는 열을 이용하여 이음 압접하는 용접법을 무엇이라 하는가?
① 초음파 용접　　② 냉간압접
③ 마찰 용접　　④ 아크 용접

08 로봇 용접의 장점에 관한 다음 설명 중 맞지 않는 것은?
① 작업의 표준화를 이룰 수 있다.
② 복잡한 형상의 구조물에 적용하기 쉽다.
③ 반복 작업이 가능하다.
④ 열악한 환경에서도 작업이 가능하다.

09 용접을 로봇(robot)화할 때, 그 특징의 설명으로 잘못된 것은?
① 용접 결과가 일정하다.

② 제품의 정밀도가 향상된다.
③ 단순작업에서 벗어날 수 있다.
④ 생산성이 저하된다.

10 보기와 같은 입체도를 화살표 방향에서 본 투상도로 올바르게 도시된 것은?

11 가스용접에 사용되는 기체의 폭발한계가 가장 큰 것은?
① 수소 ② 메탄
③ 프로판 ④ 아세틸렌

12 가스절단에서 프로판 가스와 비교한 아세틸렌가스의 장점에 해당하는 것은?
① 후판 절단의 경우 절단속도가 빠르다.
② 박판 절단의 경우 절단속도가 빠르다.
③ 중첩 절단을 할 때에는 절단속도가 빠르다.
④ 절단면이 거칠지 않고 곱다.

13 저항용접의 종류가 아닌 것은?
① 스폿 용접
② 심 용접
③ 업셋 맞대기 용접
④ 초음파 용접

14 용접작업을 할 때 발생할 화재 및 폭발 방지에 대한 조치 사항을 설명한 것으로 틀린 것은?
① 화재를 진화하기 위하여 방화 설비를 설치할 것
② 용접 작업 부근에 점화원을 두지 않도록 할 것
③ 배관 및 기기에서 가스 누출이 되지 않도록 할 것
④ 가연성 가스는 항상 옆으로 뉘어서 보관할 것

15 제3각법으로 정투상한 그림과 같은 정면도와 우측면도에 가장 적합한 평면도는?

(정면도)

16 주조, 단조, 압연, 용접 및 열처리에 의하여 생긴 열응력과 기계 가공에 의해 생긴 내부 응력을 제거하기 위한 풀림 온도는 다음 중 몇 ℃인가?
① 150~600 ② 700~800
③ 900~1,000 ④ 1,100~1,200

17 아크 용접 작업에 대한 설명 중 옳은 것은?
① 아크 빛은 용접 재해 요소가 되지 않는다.
② 교류용접기를 사용할 때에는 반드시 비

피복 용접봉을 사용한다.
③ 가죽 장갑은 감전의 위험이 크므로 면 장갑을 착용한다.
④ 아크 발생 도중에는 용접 전류를 조정하지 않는다.

18 높은 곳에서 용접작업 시 지켜야 할 사항이 아닌 것은?
① 용접작업과 도장작업을 같이 해도 관계없다.
② 족장이나 발판이 견고하게 조립되어 있는지 확인한다.
③ 주변에 낙하물건 및 작업 위치 아래에 인화성 물질이 없는지 확인한다.
④ 고소작업장에서 용접작업 시 안전벨트 착용 후 안전 로프를 핸드 레일에 고정시킨다.

19 용접 작업 중 전격 방지 대책으로 틀린 것은?
① 용접기의 내부에 함부로 손을 대지 않는다.
② 홀더의 절연 부분이 파손되면 보수하거나 교체한다.
③ 홀더나 용접봉은 반드시 맨손으로 취급한다.
④ 용접 작업이 끝났을 때는 반드시 스위치를 차단한다.

20 용접 작업 시 주의 사항으로 거리가 가장 먼 것은?
① 좁은 장소 및 탱크 내에서의 용접은 충분히 환기한 후에 작업한다.
② 훼손된 케이블은 용접 작업 종료 후에 절연 테이프로 보수한다.
③ 전격 방지가 설치된 용접기를 사용하여 작업한다.
④ 안전모, 안전화 등 보호 장구를 착용한 후 작업한다.

21 전기저항용접의 특징에 대한 설명으로 올바르지 않은 것은?
① 산화 및 변질 부분이 적다.
② 다른 금속간의 접합이 쉽다.
③ 용제나 용접봉이 필요 없다.
④ 접합 강도가 비교적 크다.

22 저항용접의 3요소가 아닌 것은?
① 가압력   ② 통전 시간
③ 통전 전압 ④ 전류의 세기

23 용접 시험편에서 P=최대 하중, D=재료의 지름, A=재료의 최초 단면적일 때, 인장 강도를 구하는 식으로 옳은 것은?
① $\dfrac{P}{\pi D}$ ② $\dfrac{P}{A}$
③ $\dfrac{P}{A^2}$ ④ $\dfrac{A}{P}$

24 맞대기 이음에서 판 두께 10mm, 용접선의 길이 200mm, 하중 9,000kgf에 대한 인장응력(σ)은?
① $4.5 kgf/mm^2$ ② $3.5 kgf/mm^2$
③ $2.5 kgf/mm^2$ ④ $1.5 kgf/mm^2$

25 연강의 인장시험에서 하중 100kgf, 시험편의 최초 단면적 20mm²일 때 응력은 다음 중 어느 것인가?
① $5 kgf/mm^2$ ② $10 kgf/mm^2$

③ $15 kgf/mm^2$ ④ $20 kgf/mm^2$

26 보기 입체도의 화살표 방향 투상도로 가장 적합한 것은?

27 맞대기 용접 이음에서 최대 인장 하중이 80kgf이고, 판 두께가 5mm, 용접선의 길이가 20mm일 때 용착금속의 인장 강도는 얼마인가?

① $0.8 kgf/mm^2$
② $8 kgf/mm^2$
③ $8 \times 10^4 kgf/mm^2$
④ $8 \times 10^5 kgf/mm^2$

28 연강재의 용접 이음부에 충격 하중이 작용할 때 안전율은 다음 중 얼마가 적당한가?
① 3   ② 5
③ 8   ④ 12

29 플러그 용접에서 전단강도는 일반적으로 구멍의 면적당 용착금속 인장강도의 몇 % 정도로 하는가?
① 20~30   ② 40~50
③ 60~70   ④ 80~90

30 용착 금속의 인장강도가 $45 kgf/mm^2$이고 안전율이 9일 때 용접 이음의 허용 응력은 몇 kgf/mm^2인가?
① 5   ② 36
③ 53   ④ 405

31 점 용접의 3대 요소에 해당하지 않는 것은?
① 용접 전류   ② 전기 가압력
③ 용접 전압   ④ 통전 시간

32 보기 입체도의 화살표 방향 투상도로 가장 적합한 것은?

①   ②

③   ④

33 탄소강의 충격치가 0에 가깝게 되어 저온취성의 현상이 나타나는 온도는 몇 ℃인가?
① -100   ② -70
③ -30   ④ 0

34 소재를 일정온도(A_3)로 가열한 후 공랭시켜 표준화하는 열처리 방법은?
① 불림   ② 풀림
③ 담금질   ④ 뜨임

35 기밀, 수밀을 필요로 하는 탱크의 용접이나 배관용 탄소강관의 관 제작 이음 용접에 가장 적합한 접합법은?
① 심 용접 ② 스폿 용접
③ 업셋 용접 ④ 플래시 용접

36 용해 아세틸렌 취급 시 주의사항 중 틀린 것은?
① 저장 장소는 통풍이 양호해야 한다.
② 용기는 충격을 가하지 말고 눕혀서 보관한다.
③ 저장실의 전기 스위치, 전등 등은 방폭 구조여야 한다.
④ 가스 누설 검사는 비눗물을 사용하여 검사하여야 한다.

37 아세틸렌(C_2H_2) 가스의 폭발성에 해당되지 않는 것은?
① 406~408℃가 되면 자연발화한다.
② 마찰, 진동, 충격 등의 외력이 작용하면 폭발 위험이 있다.
③ 은, 수은 등과 접촉하면 이들과 화합하여 120℃ 부근에서 폭발성이 있는 화합물을 생성한다.
④ 아세틸렌 85%, 산소 15% 부근에서 가장 폭발 위험이 크다.

38 직류 용접기와 비교하여 교류용접기의 특징을 잘못 서술한 것은?
① 아크가 불안정하다.
② 고장이 적고, 값이 싸다.
③ 취급이 손쉽다.
④ 감전의 위험이 적다.

39 델타메탈(delta metal)에 속하는 것은?
① 7 : 3 황동에 Fe 1~2%를 첨가한 것
② 7 : 3 황동에 Sn 1~2%를 첨가한 것
③ 6 : 4 황동에 Sn 1~2%를 첨가한 것
④ 6 : 4 황동에 Fe 1~2%를 첨가한 것

40 직류 아크용접기와 비교한 교류 아크용접기의 특징을 올바르게 나타낸 것은?
① 아크의 안정성이 약간 떨어진다.
② 값이 비싸고 취급이 어렵다.
③ 고장이 많아 보수가 어렵다.
④ 무부하 전압이 낮아 전격의 위험이 적다.

41 심 용접에서 사용하는 통전 방법이 아닌 것은?
① 포일 통전법 ② 단속 통전법
③ 연속 통전법 ④ 맥동 통전법

42 용착법의 설명으로 틀린 것은?
① 한 부분에 대해 몇 층을 용접하다가 다음 부분의 층으로 연속시켜 용접하는 것이 스킵법이다.
② 잔류응력이 다소 적게 발생하고 용접진행방향과 용착방향이 서로 반대가 되는 방법이 후진법이다.
③ 각 층마다 전체의 길이를 용접하면서 다층용접을 하는 방식이 덧살 올림법이다.
④ 한 개의 용접봉으로 살을 붙일 만한 길이로 구분해서 홈을 한 부분씩 여러 층으로 쌓아 올린 다음 다른 부분으로 진행하는 용접방법이 전진 블록법이다.

43 프로젝션 용접의 용접 요구조건에 대한 설명으로 틀린 것은?
① 전류가 통한 후에 가압력에 견딜 수 있을 것
② 상대 판에 충분히 가열될 때까지 녹지 않을 것
③ 성형 시 일부에 전단 부분이 생기지 않을 것
④ 성형에 의한 변형이 없고 용접 후 양면의 밀착이 양호할 것

44 용접에서 안전 작업 복장을 설명한 것 중 틀린 것은?
① 작업 특성에 맞아야 한다.
② 기름이 묻거나 더러워지면 세탁하여 착용한다.
③ 무더운 계절에는 반바지를 착용한다.
④ 고온 작업 시에는 작업복을 벗지 않는다.

45 피복 배합제의 성질 중 아크를 안정시켜주는 것은?
① 탄산나트륨(Na_2CO_3)
② 붕산(H_3BO_3)
③ 마그네슘(Mg)
④ 구리(Cu)

46 아크 용접 시 광선에 의하여 초기에 인체에 일어나기 쉬운 가장 타당한 재해는?
① 광선 관계로 수정체에 자극을 주어 근시가 된다.
② 자외선 때문에 각막과 망막에 자극을 주어 결막염을 일으킨다.
③ 강렬한 광선 때문에 시신경이 피로해져 맹인이 된다.
④ 강렬한 가시광선 때문에 수정체에 영향을 주어 난시가 된다.

47 용접 작업에서 안전에 대해 설명한 것 중 틀린 것은?
① 높은 곳에서 용접 작업할 경우 추락, 낙하 등의 위험이 있으므로 항상 안전벨트와 안전모를 착용한다.
② 용접 작업 중에 여러 가지 유해 가스가 발생하기 때문에 통풍 또는 환기 장치가 필요하다.
③ 가연성의 분진, 화약류 등 위험물이 있는 곳에서는 용접을 해서는 안 된다.
④ 가스 용접은 강한 빛이 나오지 않기 때문에 보안경을 착용하지 않아도 된다.

48 전기용접 작업 시 감전으로 인한 재해의 원인에 대한 설명으로 틀린 것은?
① 1차측과 2차측의 케이블의 피복 손상부에 접촉되었을 경우
② 피용접물에 붙어 있는 용접봉을 떼려다 몸에 접촉되었을 경우
③ 용접기기의 보수 중에 입출력 단자가 절연된 곳에 접촉되었을 경우
④ 용접작업 중 홀더에 용접봉을 물릴 때나, 홀더가 신체에 접촉되었을 경우

49 용해 아세틸렌 용기 취급 시 주의사항이다. 잘못된 것은?
① 동결 부분은 50℃ 이상의 온수로 녹여야 한다.
② 저장 장소는 통풍이 양호해야 한다.
③ 운반 시 용기의 온도는 40℃ 이하로 유지하며 반드시 캡을 씌워야 한다.

④ 용기는 전락, 전도, 충격을 가하지 말고 신중히 취급해야 한다.

50 연소 범위가 가장 큰 가스는?
① 수소　　② 메탄
③ 프로판　　④ 아세틸렌

51 용접 작업 시 안전수칙에 관한 내용으로 틀린 것은?
① 용접헬멧, 용접보호구, 용접장갑은 반드시 착용해야 한다.
② 땀에 젖은 작업복을 착용하고 용접해도 무방하다.
③ 미리 소화기를 준비하여 작업 중에는 만일의 사고에 대비한다.
④ 환기가 잘 되게 한다.

52 제품의 한쪽 또는 양쪽에 돌기를 만들어 이 부분에 용접 전류를 집중시켜 압접하는 방법은?
① 프로젝션 용접　　② 점용접
③ 전자빔 용접　　④ 심용접

53 맞대기용접 이음에서 모재의 인장강도는 45kgf/mm² 이며, 용접 시험편의 인장강도가 47kgf/mm² 일 때 이음효율은 약 몇 %인가?
① 104　　② 96
③ 60　　④ 69

54 모재의 열팽창계수에 따른 용접성에 대한 설명으로 옳은 것은?
① 열팽창계수가 작을수록 용접하기 쉽다.
② 열팽창계수가 높을수록 용접하기 쉽다.
③ 열팽창계수와는 관련이 없다.
④ 열팽창계수가 높을수록 용접 후 급랭해도 무방하다.

55 금속의 공통적 특성이 아닌 것은?
① 상온에서 고체이며 결정체이다.(단, Hg은 제외)
② 열과 전기의 양도체이다.
③ 비중이 크고 금속적 광택을 갖는다.
④ 소성 변형이 없어 가공하기 쉽다.

56 다음에서 공통적으로 설명하고 있는 원소는?
• 면심입방격자이다.
• 백색의 가벼운 금속으로 비중이 약 2.7이다.
• 염산 중에는 매우 빨리 침식되나 진한 질산에는 잘 견딘다.
① Al　　② Cu
③ Mg　　④ Zn

57 대칭형 물체의 1/4을 잘라내어 물체의 바깥과 안쪽을 동시에 나타내는 단면 방법은?
① 온단면도
② 한쪽 단면도
③ 회전 도시 단면도
④ 계단 단면도

58 용접부의 시험법 중 기계적인 시험법이 아닌 것은?
① 인장시험　　② 경도시험
③ 굽힘시험　　④ 현미경시험

59 황동의 합금명에서 6 : 4 황동을 바르게 나타낸 것은?

① 레드 브라스(Red Brass)
② 문쯔메탈(Muntz Metal)
③ 로우 브라스(Low Brass)
④ 톰백(Tombac)

60 시험편에 V형 또는 U형 등의 노치(notch)를 만들고 충격적인 하중을 주어서 파단시키는 시험법은?

① 인장시험   ② 굽힘시험
③ 충격시험   ④ 경도시험

모의고사 해설 및 정답

제1회

01	02	03	04	05	06	07	08	09	10
①	④	④	①	③	③	②	①	③	③
11	12	13	14	15	16	17	18	19	20
③	④	①	④	②	②	①	③	④	③
21	22	23	24	25	26	27	28	29	30
②	④	①	①	④	②	②	③	①	②
31	32	33	34	35	36	37	38	39	40
③	③	④	①	③	④	④	④	②	①
41	42	43	44	45	46	47	48	49	50
②	③	②	②	①	④	②	④	②	①
51	52	53	54	55	56	57	58	59	60
③	①	③	①	②	③	③	②	④	①

01 직류정극성(DCSP)과 직류역극성(DCRP)의 비교

직류정극성(DCSP)	직류역극성(DCRP)
모재(+극), 용접봉(-극)	모재(-극), 용접봉(+극)
모재의 용입이 깊다	모재의 용입이 얕다.
용접봉의 녹음이 느리다	용접봉의 녹음이 빠르다.
비드 폭이 좁다	비드 폭이 넓다.
일반적으로 많이 사용된다.	박판, 주철, 비철금속의 용접에 사용된다.
열분배 : 모재(+) : 70%, 용접봉(-) 30%	열분배 : 모재(-) : 30%, 용접봉(+) 70%

02 피복제의 역할
① 아크를 안정시킨다.
② 중성 또는 환원성 분위기를 만들어 대기 중의 산화, 질화의 해를 방지하며 용착금속을 보호한다.
③ 용융금속의 용적을 미세화하여 용착 효율을 높인다.
④ 용착금속의 냉각속도를 느리게 하여 급랭을 방지한다.
⑤ 용착금속에 탈산정련작용을 하며, 용융점이 낮은 적당한 점성의 가벼운 슬래그를 만든다.
⑥ 슬래그를 제거하기 쉽게 하고 파형이 고운 비드를 만든다.
⑦ 모재 표면의 산화물을 제거하고 양호한 용접부를 만든다.
⑧ 스패터의 발생을 적게 한다.
⑨ 용착금속에 필요한 합금원소를 첨가하고 전기절연작용을 한다.

03 용접 시 아크의 길이는 용접봉 심선의 지름과 같은 길이로 유지하거나 그보다 작은 길이를 유지하는 것이 가장 바람직하다.

05 아세틸렌 용해도는 물에는 1배, 석유에 2배, 벤젠에 4배, 알코올에 6배, 아세톤에 25배 용해된다.

06 용접입열
용접입열이란 용접 시 외부에서 주어지는 열량을 말하며 일반적으로 모재에 약 75~85%의 열량이 흡수된다.

07 스트롱 백
용접 시에 아크열에 의해 모재에 변형이 생기는 것을 방지하기 위해 고정시켜주는 장치이다.

08 수하특성
아크길이를 일정하게 유지하기 어려운 수동용접에 필요한 특성으로 안정적인 아크 유지를 위해 필요한 용접기 특성이다.

09 아크 에어 가우징이란 탄소아크절단에 압축공기를 병용하여 전극 홀더의 구멍에서 탄소 전극봉에 나란히 분출하는 고속의 공기를 분출시켜 좁고 긴 홈을 파는 작업으로 용접내부결함 제거, 용접홈의 준비 등에 쓰인다.

10 가스용접봉은 모재와 같은 용융온도를 가지며 충분한 강도를 줄 수 있어야 한다.

11 토치를 통해 절단산소를 불어주며 홈을 파는 작업을 하는 것으로 가스 가우징이다.

12 팁의 재료로는 열전도율이 좋은 동합금을 사용하는데 동의 함량이 62%를 넘어서는 안 된다.

13 전진법과 후진법의 비교(산소-아세틸렌 용접)

항목	전진법	후진법
열이용률	나쁘다	양호하다
용접속도	늦다.	빠르다.
비드모양	미려하다.	거칠다.
홈 각도	크다(80° 정도)	작다(60° 정도)
용접변형	심하다.	적다.
용접가능 판 두께	얇다(5mm까지)	두껍다.
산화의 정도	심하다.	약하다.
용착 금속의 조직	거칠어진다.	미세해진다.
용착금속의 냉각도	빠르다.(급랭)	느리다.(서냉)

14 가연성가스(용해아세틸렌)용기는 내부에 다공성물질을 포함하고 있으므로 용기를 뉘어서 보관할 시에는 다공성물질로 인해 용기입구가 막힐 수 있다. 따라서 반드시 세워서 보관한다.

15 산소-수소 불꽃은 폭발의 위험이 상대적으로 적어서 수중절단용 가스로 주로 사용된다.

16 산소가스에 불순물 포함 시 나타나는 영향
① 절단면이 거칠어진다.
② 절단속도가 늦어진다.
③ 산소 소비량이 많아진다.
④ 절단 개시 시간이 길어진다.
⑤ 슬래그의 이탈성이 나빠진다.
⑥ 절단 홈의 폭이 넓어진다.

17 핸드그라인더, 치핑해머, 용접집게, 전류계, 용접케이블, 퓨즈는 용접 시 사용되는 보조공구이며 용접기는 장비에 속한다.

18 허용사용률을 구하는 공식은 (정격2차전류)^2 / (실제사용전류)^2 × 사용률(%)이다. 그러므로 이 공식에 대입하여 100% 이상인 최초의 값을 구하면 된다. 문항별 전류를 대입하여 허용사용률을 구해 보면 ①항의 허용사용률은 189%, ②항은 152%, ③항은 100.7%, ④항은 70.5%이므로 정답은 ③이다.

19 AW-200 → 28V, AW-300 → 32V, AW-400 → 36V, AW-500 → 40V

20 용접봉의 이행형식은 단락형, 스프레이형, 글로뷸러형으로 구분
① 단락형 : 표면장력의 작용으로 모재로 이행하는 형태로 맨 용접봉이나 저수소계 용접봉 사용 시
② 스프레이형 : 미세한 입자의 용적이 스프레이와 같이 날려서 모재로 이행되는 형식으로 피복아크 용접봉에서 나타난다.

22 피닝법
모재의 잔류응력을 완화하기 위한 방법으로 구면의 해머로 용접부를 두드려준다.

23 • 마찰교반 용접 : 마찰교반용접은 1991년 영국 TWI(용접 연구소)에서 개발된 것으로 마찰툴을 대고 회전시킬 때 생기는 열이 재료를 반고체상태로 녹이면 마찰툴의 회전으로 재료들이 섞이면서 용접이 완성됨
• 천이액상확산 용접 : 접합하고자 하는 두 모재 사이에 모재의 특성을 고려한 삽입재를 넣고 압력을 가한 상태에서 열을 가하여 삽입재를 녹여서 접합하는 방법
• 저온용 무연 솔더링 용접 : 솔더링은 납땜의 일종으로 무연 솔더링이란 땜납재의 성분 중 납을 사용하지 않는 납땜을 의미한다.

24 • 이행형 아크 : 플라즈마 아크 방식이라고도 하며 파일럿 아크가 지속적으로 발생한다.
• 비이행형 아크 : 플라즈마 제트 방식이라고도 한다.
• 반이행형 아크 : 중간형 아크 방식이라고 하며 이행형과 비이행형을 병용한 방법이다.

25 엔드 탭
용접의 시작점과 끝나는 지점에 부착하는 모재와 동일한 재질의 물체로 시작점과 끝나는 지점의 결함 발생을 방지하기 사용되며 용접 후에는 제거한다.

26 이산화탄소 가스 아크 용접은 연강에 주로 사용되며 비철금속 용접에는 부적당하다.

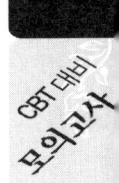

27 • 가스용접 : 산소와 가연성가스를 이용한 용접법으로 얇은 연강판이나 동합금 등의 용접에 주로 사용된다.
• 플래시 버트 용접 : 저항용접의 일종으로 용접할 2개의 금속단면을 가볍게 접촉시켜 대전류를 통하여 용접하는 방법으로 예열 - 플래시 - 업셋의 3단계를 거쳐 용접이 완성된다.
• 프로젝션 용접 : 저항용접의 일종으로 용접할 모재의 한쪽 또는 양쪽에 돌기를 만들고 이 부분에 전류를 집중시켜 용접하는 방법으로 압접에 속한다.

28 핫 스타트 장치
아크 발생 초기에 대전류를 흘려 보내 아크 발생을 용이하게 하고 초기에 발생하는 결함을 줄일 수 있는 장점이 있다.

29 면장갑은 화기에 의해 연소될 위험이 있으므로 용접용 가죽 장갑을 사용한다.

30 순수한 텅스텐 또는 텅스텐에 토륨, 란탄 등을 첨가해서 사용한다.

31 • 이산화탄소 아크 용접 : 탄산가스를 보호가스로 사용하고 릴을 통해 자동으로 공급되는 와이어와 모재 사이에 아크를 발생시켜 그 열로 용접하는 용극식 용접법이다.
• 일렉트로 슬래그 용접 : 모재 양쪽에 수냉 동판을 대어 놓고 용융 슬래그 속에서 와이어를 연속적으로 공급하며 자동으로 용접하는 단층 수직 상진용접으로 판 두께에 거의 제한이 없다.
• 불활성가스 텅스텐 아크 용접 : 불활성가스인 아르곤을 보호가스로 사용하고 텅스텐 전극봉과 모재 사이에 아크를 발생시킨 후 용가재를 첨가하며 용접하는 비용극식 용접법이다.

32 펄스 TIG 아크 용접은 안정된 아크와 안정된 용융지를 형성하며 전극봉의 소모가 다른 용접법에 비해 적다.

33 스패터
전류가 높거나 건조하지 않은 용접봉 사용 시 또는 아크길이가 길 때 발생한다.

34 전기저항용접에는 ②, ③, ④ 외에 심 용접, 플래시 버트 용접, 퍼커션 용접이 있으며 TIG 용접은 융접법이다.

35 • 스타트 시간 : 아크가 발생되는 순간 용접전류와 전압을 크게 하여 아크 발생과 모재의 융합을 돕는 핫 스타트(hot start) 기능과 와이어 송급속도를 조절해 와이어가 튀는 것을 방지하는 슬로우다운(slow down) 기능이 있다.
• 가스 지연 유출 시간 : 용접이 끝난 후에도 5초 이상 가스가 흘러나와 크레이터 부위의 산화를 방지하는 기능이다.
• 번 백 시간(burn back time) : 크레이터 처리 기능에 의해 낮아진 전류가 서서히 줄어들면서 아크가 끊어지는 기능으로 이면 용접부가 과용융되는 것을 방지한다.

36 • 빨강색 : 방화, 금지, 정지, 고도의 위험
• 녹색 : 안전, 피난, 위생 및 구호, 진행
• 노랑색 : 주의(충돌, 추락, 걸려서 넘어지는 광고)

37 • 방사선 투과 시험 : RT
• 초음파 탐상 시험 : UT
• 자기분말 탐상 시험 : MT

38 탁상그라인더, 디스크 그라인더, 수동가스 절단 작업은 가공 시 발생하는 칩이나 스패터로부터 눈을 보호하기 위해 반드시 보안경을 착용하며 금긋기 작업에는 필요치 않다.

39 순철의 동소체는 α-철(체심입방격자), γ-철(면심입방격자), δ-철(체심입방격자)로 구성된다.

40 • 톰백 : 구리에 8~20%의 아연을 첨가한 황동으로 모조금 등으로 사용된다.
• 캘밋 합금 : 구리에 납을 30~40% 함유한 청동의 한 종류이다.
• 델타메탈 : 6 : 4 황동에 철을 1~2% 함유한 황동으로 강도가 크고 내식성이 우수하다.

41 강괴의 종류로는 킬드강(완전히 탈산시킨 강), 림드강(탈산의 정도가 충분치 않은 강), 세미킬드강(탈산의 정도가 중간인 강)으로 구분된다.

42 비틀림 강도
물체의 축 주위로 회전시키려는 힘이 작용할 때 생성되는 비틀림 파괴에 대한 저항값이다.

43 • 침탄법 : 표면경화 처리법 중 화학적 처리법으로 재료 표면에 탄소를 침투시켜 표면을 경화시키는 열처리방법이다.
• 질화법 : 표면경화 처리법 중 화학적 처리법으로 재료 표면에 질소를 침투시켜 표면을 경화시키는 열처리방법이다.

침 탄 법	질 화 법
경도는 질화법보다 낮다.	경도는 침탄층보다 높다.
침탄 후 열처리가 필요하다.	질화 후 열처리는 필요없다.
침탄 후에도 수정이 가능하다.	질화 후에는 수정이 불가능하다.
같은 깊이에서도 침탄처리 시간이 짧다.	질화층을 깊게 하려면 장시간 걸린다.
경화로 인한 변형이 생긴다.	경화로 인한 변형이 적다.

44 니켈(Ni)은 은백색의 금속으로 내산성이 강하고 전연성이 있으나 아황산가스를 품은 공기 중에서는 심하게 부식된다.

45 • 계(system) : 집단의 물체를 외계와 차단하여 그 물질 이외의 것은 어떠한 물질적 교섭이 없는 상태
• 상률(phase rule) : 계(system) 중의 상(phase)이 평형을 유지하기 위한 자유도를 규정한 법칙
• 농도 : 1개의 계(system)에서 성분물질의 서로간의 관계량 또는 그 비율

46 인(P)은 청열취성의 원인이 되며 연신율, 충격값을 감소시키고 강도, 경도를 증가시킨다.

47 • 심랭처리 : 담금질한 강의 경도를 증대시키고 시효변형을 방지하기 위하여 0℃ 이하의 저온에서 처리하는 열처리법이다.
• 금속간화합물 : 금속을 다른 금속과 함께 용해하여 합금을 만들 때, 그 금속이 가진 원자가에 대응하는 성분비로는 되지 않으나 어떤 간단한 정수비로 결합한 화합물이다.
• 소성변형 : 고체재료에 힘을 가하면 변형이 되는 성질을 이용해서 누르거나 두드려서 모양을 바꾸는 일

48 • 알브랙 : 황동에 알루미늄을 1.5~2% 첨가한 황동의 한 종류이다.
• 라우탈 : 알루미늄에 구리와 규소를 첨가한 알루미늄 합금의 한 종류이다.
• 델타메탈 : 6 : 4 황동에 1%의 Fe를 첨가한 구리 합금이다.

49 페라이트계 스테인리스강은 유기산, 질산에는 침식되지 않으나 다른 산류에는 침식된다.

56 선의 종류 및 용도
가. 외형선 : 굵은 실선으로 표시되며 물체의 보이는 부분을 표시할 때 사용됨
나. 지시선 : 가는 실선으로 표시되며 기호 등을 표시하기 위해 끌어내는 데 사용됨
다. 숨은선 : 가는 파선 또는 굵은 파선으로 표시되며 물체의 보이지 않는 부분을 표시할 때 사용됨
라. 파단선 : 불규칙한 파형의 가는 실선 또는 지그재그선으로 표시되며 대상물의 일부를 파단한 경계 또는 일부를 떼어낸 경계를 표시하는 데 사용됨
마. 치수선 : 가는 실선으로 표시되며 치수 기입을 위해 사용됨
바. 치수보조선 : 가는 실선으로 표시되며 치수를 기입하기 위해 도형으로부터 끌어내는데 사용됨
사. 중심선 : 가는 일점 쇄선으로 표시되며 도형의 중심을 표시하는데 사용됨
아. 피치선 : 가는 일점 쇄선으로 표시되며 되풀이 되는 도형의 피치를 취하는 기준을 표시하는 데 사용됨
자. 가상선 : 가는 2점 쇄선으로 표시되며 인접부분의 참고, 공구, 지그 등의 위치를 참고하는 등에 사용됨

제2회

01	02	03	04	05	06	07	08	09	10
④	④	③	③	④	②	④	④	②	②
11	12	13	14	15	16	17	18	19	20
④	①	③	②	②	②	④	③	①	②
21	22	23	24	25	26	27	28	29	30
①	②	②	④	②	④	①	④	②	①
31	32	33	34	35	36	37	38	39	40
③	①	③	④	③	③	②	②	④	④
41	42	43	44	45	46	47	48	49	50
④	④	④	④	④	④	④	③	④	④
51	52	53	54	55	56	57	58	59	60
④	①	②	④	④	④	②	①	①	④

01 금속을 접합하는 방법은 기계적 접합법과 야금적 접합법으로 분류되며 야금적 접합법에는 용접이 속하며 기계적 접합법에는 나사이음, 리벳이음, 확관, 심 등이 있다.

02 용접용 홀더는 125호부터 최대 500호까지이다.

03 • 상승특성 : 전류의 증가와 더불어 전압도 약간 상승하는 특성으로 정전압특성과 함께 자동 및 반자동용접에 필요한 특성이다.
• 정전류특성 : 전압의 변화에 관계없이 전류가 거의 변하지 않는 특성, 즉 아크 길이의 변화에 관계없이 전류는 거의 일정하게 흐르는 특성으로 아크의 안정을 위해 필요한 특성이다.
• 부저항 특성 : 일반적으로 옴의 법칙과 반대되는 특성으로 전류가 증가하면 저항이 감소하고 그에 따라 전압도 감소하는 특성이다.

04 수축이 큰 이음을 먼저 용접하고 수축이 적은 이음을 후에 실시해야 응력이나 변형을 경감시킬 수 있다.

05 스터드(stud)란 스터드 용접에서 모재에 접촉되어 용접되는 것으로서 볼트나 환봉 등을 의미한다.

06 • E4301(일미나이트계) : 작업성과 용접성이 우수하고 값이 싸서 조선, 철도 차량 및 일반구조물 등에 널리 사용됨.
• E4313(고산화티탄계) : 가벼운 구조물 용접에 적합하고 아크는 안정되며 스패터 적고 슬래그 박리성도 좋으면서 비드 표면이 매우 곱다.
• E4316(저수소계) : 작업성은 매우 불량하나 기계적 성질(내균열성, 강도 등)이 매우 우수하여 중구조물, 압력용기 등의 용접에 사용된다.

07 다층 쌓기의 종류
• 빌드업법 : 각 층마다 전체길이를 쌓아올리는 방법으로 가장 일반적이다.
• 캐스케이드법 : 한 부분의 몇 층을 용접하다가 이것을 다음 부분의 층으로 연속시켜 전체가 계단 형태로 단계를 이루도록 용착시켜 나가는 방법
• 전진블록법 : 한 개의 용접봉으로 살을 붙일 만한 길이로 구분해서, 홈을 한 부분씩 여러 층으로 쌓아올린 다음, 다른 부분으로 진행하는 방법이다.

덧살 올림법

캐스케이드법

전진 블록법

08 작업자가 감전 시 전원차단 전에는 전기가 흐르므로 작업자나 구조자의 안전을 감안해서 최우선적으로 전원을 차단한다.

09 이산화탄소 아크 용접의 특징
전류밀도가 대단히 좋으므로 용입이 깊고 용접속도가 빠르나 용접할 수 있는 재질이 철계 금속으로 한정되어 있어 비철금속 용접에는 부적합하다.

11 홈 각도 및 루트 간격이 부족할 경우 충분한 용착이 이루어지지 않으므로 용입부족 현상이 발생한다.

12 용적이행의 종류
• 단락형 : 용적이 용융지에 접촉하여 단락되고 표면장력의 작용으로 모재에 옮겨가면서 용착되는 형태로 비피복 용접봉 사용 시 나타난다.
• 스프레이형 : 피복제의 일부가 가스화하여 가스를 뿜어냄으로써 미세한 용적이 스프레이와 같이

날려 모재로 이행하는 형식으로 일미나이트를 비롯한 피복용접 시 나타난다.
- 글로뷸러형 : 비교적 큰 용적이 단락되지 않고 옮겨가는 형식이며, 서브머지드 아크 용접과 같이 대전류 사용 시에 나타나며 일명 핀치효과형이라 한다.

13 GMAW(MIG) 용접은 아크용접에 비해 스패터 발생이 적으며, 용착률 또한 98% 이상으로 아크 용접에 비해 우수하다.

14 저항용접은 이음형식에 따라 겹치기 저항용접과 맞대기 저항용접으로 구분한다. 맞대기 저항 용접으로는 퍼커션 용접, 업셋 용접, 플래시 버트 용접이 있다.

16 이음 효율(%)=용접시험편 인장강도/모재의 인장강도×100(%)이므로
45/40×100(%)=112.5%

17 A급 화재(일반화재), B급 화재(유류화재), C급 화재(전기화재), D급 화재(금속화재), E급 화재(가스화재)

18 용접홈의 형태별 모재 두께
- I형 홈 : 판두께 6mm 이하에 사용
- V형 홈 : 판두께 20mm 이하
- X형 홈 : 판두께 15~40mm 정도에 사용

19 - 녹색 : 안전, 피난, 위생, 진행
- 파란색 : 지시, 주의(보호구 착용 등 안전위생을 위한 지시)
- 흰색 : 통로, 정돈

20 습기나 이물질 제거 등은 기공을 방지하기 위한 사전조치이다.

22 서브머지드 아크 용접에서 용락을 방지하기 위해서는 0.8mm 이하의 루트간격을 유지하거나 뒷댐판을 사용한다.

23 CO_2 아크용접에서 전류가 높아지면 와이어의 송급속도가 빨라지며 용착률과 용입이 증가하고 전압이 높아지면 비드가 넓어지고 납작해진다.

24 가스누설시험으로는 비눗물을 사용한다.

25 - 1~8mA : 반응을 느끼나 위험하지는 않다.
- 8~15mA : 고통을 수반한 쇼크를 받는다. 단, 근육운동은 자유롭다.
- 15~20mA : 고통을 느끼고 가까운 근육이 저려서 움직이지 않는다.
- 20~50mA : 고통을 느끼고 강한 근육 수축이 일어나며 호흡이 곤란하다.

27 - 금속아크 절단 : 탄소 전극봉 대신 절단 전용의 특수 피복을 입힌 피복봉을 사용하여 절단하는 방법
- 플라즈마 절단 : 고온, 고속의 플라즈마를 이용한 절단법으로 금속재료는 물론 비금속재료의 절단에도 사용한다.
- 미그절단(MIG 절단) : 불활성가스를 사용하여 금속 와이어에 대전류를 흐르게 하여 절단하는 방법으로 알루미늄과 같은 산화에 강한 금속의 절단에 사용된다.

29 - 수중절단가스로는 폭발의 위험성이 상대적으로 적은 수소가스를 사용한다.
- 산소아크 절단은 속이 빈 중공(中空)의 용접봉을 사용한다.
- 아크에어 가우징은 중공(中空)의 전극봉이 아닌 속이 채워진 전극봉을 사용한다.

32 수동가스절단기로는 저압식과 중압식이 있으며 중압식은 $0.07kgf/cm^2$~$0.4kgf/cm^2$(0.007MPa~0.04MPa) 정도의 기압으로 사용한다.

33 허용사용률
(정격2차전류)^2/(실제사용전류)^2×사용률(%)이므로 $(200)^2/(130)^2 \times 40 = 94.6\%$이다.

34 불꽃의 종류는 3가지이며 중성불꽃은 연강판, 강판, 주강에 산화불꽃은 황동, 청동의 용접에 사용된다.

37 자기불림(아크쏠림)
용접 중에 아크가 한쪽으로 쏠리는 현상을 말하는

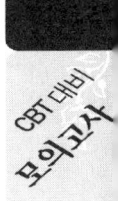

것으로 방지책으로는
가. 직류용접기 대신 교류용접기를 사용할 것
나. 용접부가 긴 경우에는 후퇴법으로 용접할 것
다. 접지점을 용접부로부터 될 수 있는 한 멀리할 것
라. 짧은 아크를 사용할 것
마. 용접부 시작과 끝점에 엔드 탭을 부착할 것 등이다.

38 질소 함유 시 강도와 경도가 증가하며, 적열취성의 원인이 되는 원소는 황(S)이다.

39 AW-400 이하인 용접기는 정격사용률이 40%이며 AW-500인 용접기는 60%이다.

40 고착제
규산나트륨, 소맥분, 해초, 아교 등

41 • 완전풀림 : 강의 연화를 목적으로 함
• 연화풀림 : 가공경화된 재료를 균일하게 하고 소성가공을 쉽게 하기 위해서 함
• 확산풀림 : 황화물 편석방지 안정화

42 • 탄소강의 표준조직 : 페라이트, 펄라이트, 오스테나이트, 시멘타이트, 레데뷰라이트
• 강의 담금질 조직 : 마텐자이트, 트루스타이트, 소르바이트, 오스테나이트

43 오스테나이트계 스테인리스강으로 18(Cr) -8(Ni)형이 대표적이다.

44 자연균열
황동의 자연균열이란 공기 중의 암모니아, 기타의 염류에 의해 입간부식을 일으켜 상온가공에 의한 내부응력 때문에 생긴다.

45 금속침투법의 종류
• 크로마이징 : Cr을 침투
• 셰라다이징 : Zn을 침투
• 칼로라이징 : Al을 침투
• 실리코나이징 : Si를 침투
• 브로마이징 : B를 침투시킨다.

46 주강 내에 기포나 기공은 균열의 원인이 된다.

48 • 철(Fe) : 1539℃
• 금(Au) : 1903℃
• 텅스텐(W) : 3410℃
• 몰리브덴(Mo) : 2610℃

50 순수한 알루미늄은 전연성이 풍부하나 강도나 경도가 약하므로, 강도, 경도를 증가시키기 위해서는 합금을 하여 사용한다.

51 • R50 : 반지름이 50mm임
• □50 : 정사각형의 한 변의 길이가 50mm임을 표시
• 50 : 실제보다 크거나 작게 그려지거나, 그림을 고치지 않고 치수를 기입해서 수정할 경우에 쓰임

56 • ①, ② : 평행선 전개법
• ③, ④ : 삼각형 전개법 또는 방사선 전개법(원뿔 전개법)

58 • ② : 필릿 용접
• ④ : V형 맞대기 용접

제3회

01	02	03	04	05	06	07	08	09	10
①	③	②	④	①	④	③	④	④	①
11	12	13	14	15	16	17	18	19	20
③	①	②	③	①	④	③	④	③	④
21	22	23	24	25	26	27	28	29	30
④	①	③	②	②	④	②	④	②	①
31	32	33	34	35	36	37	38	39	40
③	①	③	④	③	③	③	②	④	③
41	42	43	44	45	46	47	48	49	50
④	①	③	②	④	②	①	③	④	③
51	52	53	54	55	56	57	58	59	60
③	②	③	④	②	④	②	①	③	④

01 표면의 얕은 결함은 결함을 제거한 후 덧붙임 용접으로 보수한다.

02 불활성가스 금속 아크용접의 전류 밀도는 피복아크 용접의 6배, TIG용접의 약 2배이고, 잠호용접과 비슷하다.

03 필릿용접의 단면을 이등변삼각형으로 생각하면 빗변의 길이를 목두께라 한다. 그러므로 이등변삼각형의 가로나 세로의 길이를 다리길이(각장)라고 하면 목두께의 길이는 다리길이의 약 70%가 된다.

04 서브머지드 용접은 용접 중에 용제 속에서 아크가 발생되므로 아크가 보이지 않아서 잠호용접 불가시 아크 용접이라 한다.

05 A급 화재(일반화재), B급 화재(유류화재), C급 화재(전기화재), D급 화재(금속화재), E급 화재(가스화재)

06 • 성질상 결함 : 기계적 성질(강도·경도 변화, 연성 부족 등), 화학적 성질(화학성분 부적당 등)
• 치수상 결함 : 변형, 용접부 크기의 변화, 용접부 형상의 변화
• 구조상 결함 : 기공, 슬래그 섞임, 용입 불량, 언더컷, 오버랩, 균열, 융합 불량

07 TIG 용접에서는 피복봉을 사용하지 않기 때문에 슬래그 혼입은 일어나지 않는다.

08 아세틸렌가스의 양(L)=905×(사용 전 용기의 무게 - 사용 후 용기의 무게)

10 서브머지드아크용접 용제의 구비 조건
가. 아크 발생을 안정시켜 안정된 용접을 할 수 있을 것
나. 적당한 용융온도 특성 및 점성을 가져 양호한 비드를 얻을 수 있을 것
다. 용착금속에 적당한 함금원소를 첨가할 것
라. 탈산, 탈황 등의 정련 작용으로 양호한 용착금속을 얻을 수 있을 것
마. 적당한 입도를 가져 아크의 보호성이 좋을 것
바. 용접 후 슬래그의 이탈성이 좋을 것

11 • 충격시험 : 샤르피식과 아이조드식 두 종류가 있다.
• 경도시험 : 브리넬시험, 로크웰시험, 비커스시험, 쇼어시험

12 전자빔용접은 박판부터 후판까지 폭 넓게 사용되며 정밀한 용접이 가능하다.

13 • 스타트 시간 : 아크가 발생되는 순간 용접전류와 전압을 크게 하여 아크 발생과 모재의 융합을 돕는 핫 스타트(hot start) 기능과 와이어 송급속도를 조절해 와이어가 튀는 것을 방지하는 슬로우다운(slow down) 기능이 있다.
• 가스 지연유출 시간 : 용접이 끝난 후에도 5초 이상 가스가 흘러나와 크레이터 부위의 산화를 방지하는 기능이다.
• 크레이터 충전시간 : 크레이터 처리를 위해 용접이 끝나는 지점에서 토치 스위치를 다시 누르면 용접 전류와 전압이 낮아져 쉽게 크레이터가 채워져 결함을 방지하는 기능이다.

14 • 테르밋용접 : 전기나 가스와 같은 외부열원을 사용하는 것이 아닌 테르밋 반응이라는 성질을 이용해 생성되는 열을 가지고 금속을 용접하는 방법
• 테르밋용접의 특징
가. 전기가 필요없다.
나. 용접작업이 단순하고 용접결과가 매우 좋다.
다. 기구가 간단하며 설비비가 싸고 작업장소의 이동이 쉽다.
라. 용접시간이 짧고 용접 후 변형이 적다.
마. 용접비용이 싸다.

15 경납용 용제
붕사, 붕산, 붕산염, 불화물 등

16 용접기 본체와 연결부 역시 전기가 흐르므로 절연제를 이용해서 절연시켜준다.

17 복합와이어 방식은 와이어에 용제가 포함되어 있으므로 스패터가 발생하지 않아 솔리드 방식에 비해 스패터 발생이 거의 없다.

19 심 용접의 종류
가. 맞대기 심 용접 : 주로 파이프를 만드는 방법으로 관 끝을 맞대어 가압하고 2개의 전극 롤러로 맞댄 면을 통전하여 접합하는 방법이다.

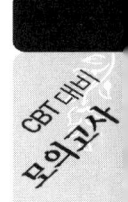

나. 메시 심 용접 : 접합부를 모재 두께 정도로 겹친 후에 겹쳐진 폭 전체를 가압하여 접합하는 방법이다.
다. 포일 심 용접 : 이음부에 동일 재질의 박판을 덧대고 가압하여 접합하는 방법으로 덧대진 얇은 판(박판)을 포일이라 한다.

20 언더컷 발생 이유
전류가 너무 높을 때, 아크 길이가 너무 길 때, 부적당한 용접봉 사용 시, 용접속도가 적당하지 않을 때, 용접봉 선택 불량 등이다.

22 필릿용접은 맞대기용접에 비해 형상이 복잡하고 응력의 분포방향이 다양하므로 사전에 세심한 접근이 필요하다.

23 TIG 용접에서 청정작용은 직류역극성이나 교류에서 발생하는 것으로 주로 산화피막이 있는 재료의 용접 시 필요하다.

24
- W : 용기의 중량
- V : 용기의 내용적
- FP : 최고충전압력
- TP : 내압시험압력

25 절단 시 불꽃 세기의 영향

예열 불꽃이 강할 때	예열 불꽃이 약할 때
절단면이 거칠어진다.	절단속도가 늦어지고 절단이 중단되기 쉽다.
슬래그 중의 철 성분의 박리가 어려워진다.	드래그가 증가한다.
모서리가 용융되어 둥글게 된다.	역화를 일으키기 쉽다.

26 이산화탄소아크 용접 시 전압
전압(V)=0.04×전류+15.5±1.5이다.

27 역화란 팁 끝이 모재에 닿아 순간적으로 팁 끝이 막히거나 팁의 과열, 사용가스의 압력이 부적당할 때 '펑' 하는 폭발음과 함께 불꽃이 꺼졌다가 다시 나타나는 현상이다.

28 피복제의 역할

가. 아크를 안정시킨다.
나. 중성 또는 환원성 분위기를 조성해 산화, 질화 등의 해를 방지한다.
다. 용융금속의 용적을 미세화하고 용착효율을 높인다.
라. 용착금속의 냉각속도를 느리게 하여 급랭을 방지한다.
마. 탈산정련 작용을 하며 융점이 낮은 적당한 점성의 가벼운 슬래그를 만든다.
바. 슬래그 제거를 쉽게 하고 파형이 고운 비드를 만든다.
사. 모재 표면의 산화물을 제거하고 양호한 용접부를 만든다.
아. 스패터의 발생을 적게 한다.
자. 용착금속에 필요한 합금원소를 첨가시킨다.
차. 전기 절연작용을 한다.

29 산소-아세틸렌 가스용접의 장점
가. 전기가 없는 곳에서 사용 가능하다.
나. 열량조절이 자유롭다.
다. 감전의 위험이 없다.

30 가동철심형 교류아크용접기의 특징
가. 가동철심으로 누설자속을 가감하여 전류를 조정한다.
나. 광범위한 전류 조정이 어렵다.
다. 미세한 전류 조정이 가능하다.
라. 중간 이상 철심이 빠지면 누설 자속의 영향으로 아크가 불안정하게 되기 쉽다.
마. 철심의 진동으로 인한 소음발생이 있다.

31 용접봉의 건조온도 및 시간
가. E4316(저수소계) : 300~350℃ 1~2시간
나. E4316을 제외한 나머지 아크 용접봉 : 70~100℃로 30~60분

32
- 보호아크 용접법 : 피복아크용접, 스터드 용접, 서브머지드 용접, 가스 텅스텐 아크 용접, 가스 메탈 아크 용접
- 맨 아크 용접법 : 와이어 아크 용접

33 아세틸렌은 15℃ 1기압에서 아세톤에 약 25배가 용해되므로, 15(기압)×25(배)×21(리터)=7875

리터의 아세틸렌가스가 용해되어 있다.

35 황 : 절삭성은 증가시키지만 취성(적열취성)의 원인이 된다.

36 용접 고정구는 지그(Jig)로서 주로 용접물(모재)을 고정시키는 데 사용된다.

37 교류아크용접기의 무부하전압은 70V 이상이므로 전격의 위험이 매우 높다. 전격방지기란 용접을 하지 않고 있을 때 무부하전압을 20~30V로 유지해서 작업자를 감전의 위험으로부터 보호하기 위한 장치이다.

38 교류아크용접에서 용접봉 홀더에 따른 사용 가능한 전류값은 숫자에 따른다. 예를 들어 200호이면 200A까지 사용이 가능하다.

40 탄소의 함유량이 높은 금속일수록 균열 발생위험이 높아지므로 적당한 예열 및 후열처리와 가능한 한 낮은 전류로 용접한다.

41 불변강의 종류
  인바, 엘린바, 슈퍼인바, 플래티나이트

42 델타메탈
  6 : 4 황동에 Fe를 1~2% 첨가한 것으로 고강도 황동에 속한다.

43 망간(Mn)은 황(S)과 화학적으로 결합하면 MnS라는 화합물을 형성해서 황으로 인해 발생하는 취성을 방지할 수 있다.

44 • 콘스탄탄 : 40~50%의 니켈합금으로 통신기, 전열선 등에 사용된다.
  • 커프로메탈(백동) : 10~30%의 니켈합금으로 화폐, 열 교환기 등에 사용된다.
  • 문쯔메탈 : 아연이 40% 내외인 6 : 4 황동으로 인장강도가 커서 열 교환기, 열간단조에 사용된다.

45 일반열처리의 종류
  가. 담금질(quenching) : 강의 강도, 경도를 증대시키고자 할 때
  나. 풀림(annealing) : 강의 내부응력을 제거하고자 할 때
  다. 불림(normalizing) : 강을 표준상태로 하고자 할 때
  라. 뜨임(tempering) : 강에 인성을 부여하고자 할 때

46 슬래그 해머와 같은 공구의 재질은 고탄소강으로 제작하는데 연강은 저탄소강에 속하므로 원하는 정도의 경도를 얻기에는 탄소의 함유량이 부족하다.

48 탄소함유량이 증가하면 강도, 경도는 증가하나, 연신율, 전지전도도, 열전도도, 용융점 등은 저하한다.

49 탄소함유량에 따른 주철의 분류
  가. 아공정 주철 : 2.0~4.3%의 탄소를 함유
  나. 공정주철 : 4.3%의 탄소를 함유
  다. 과공정주철 : 4.3~6.67%의 탄소를 함유

50 표면경화열처리의 종류
  가. 물리적인 방법 : 숏 피닝, 화염경화법, 고주파경화법, 하드페이싱
  나. 화학적인 방법 : 침탄법, 질화법, 금속침투법, 청화법

54 ④는 절단선을 설명하는 것으로 가는 일점쇄선을 사용하며 끝부분 및 방향이 변하는 부분은 굵게 한다.

55 T : 온도지시계, F : 유량지시계,

56 ④ : 영구적인 덮개판을 사용

60 • 부분단면도 : 일부분을 잘라내고 필요한 내부 모양을 그리기 위한 단면도
  • 온단면도(전단면도) : 절단하고자 하는 물체를 1/2로 잘라서 절단면을 빼놓지 않고 표시한 단면도
  • 한쪽 단면도(반 단면도) : 주로 대칭인 물체의 중심선을 기준으로 내부 모양과 외부 모양을 동시에 표시하는 단면도

제4회

01	02	03	04	05	06	07	08	09	10
②	①	④	①	④	②	③	①	①	③
11	12	13	14	15	16	17	18	19	20
④	③	④	④	②	④	①	②	④	④
21	22	23	24	25	26	27	28	29	30
③	②	①	②	①	④	②	②	②	④
31	32	33	34	35	36	37	38	39	40
①	③	①	②	④	②	④	②	②	②
41	42	43	44	45	46	47	48	49	50
②	④	③	③	②	④	④	①	④	②
51	52	53	54	55	56	57	58	59	60
④	②	①	④	④	①	①	③	④	③

01 ① A_1 : 철의 공석변태
② A_2 : 철의 자기변태
③ A_3, A_4 : 철의 동소변태

02 Al 표면의 산화막 제거를 위해 불활성 가스를 사용한다.

03 SR은 응력을 제거한 것, NSR은 응력을 제거하지 않은 것이다.

04 아크 에어 가우징은 직류역극성의 정전류특성의 용접기가 사용된다.

05 • 125호 : 1.6~3.2mm
• 160호 : 3.2~4.0mm
• 200호 : 3.2~5.0mm
• 250호 : 4.0~6.0mm
• 300호 : 4.0~6.0mm
• 400호 : 5.0~8.0mm
• 500호 : 6.4~10.0mm

06 엔드 탭은 기본적으로 모재와 동일한 형상의 홈 형태를 유지한다.

07 ① 막힌 플랜지
② 나사 박음식 캡 및 플러그

09 로봇의 분류
일반적인 로봇, 제어적인 로봇, 동작기구 형태의 로봇

① 일반적인 로봇 : 조종 로봇, 시퀀스 로봇, 플레이백 로봇, 수치 제어 로봇, 지능 로봇, 감각제어 로봇, 적응제어 로봇, 학습제어 로봇
② 제어적인 로봇 ; 서보 제어 로봇, 논 서보 제어 로봇, CP 제어 로봇, PTP 제어 로봇
③ 동작기구 형태의 로봇 : 직각 좌표 로봇, 극좌표 로봇, 원통 좌표 로봇, 다관절 로봇

11 • 톰백 : 구리+아연(8~20%)의 합금으로 모조금으로 사용한다.
• commercial bronze : 구리(90%)+아연(10%)의 합금
• 애드미럴티 황동 : 7 : 3 황동에 주석을 1% 첨가한 황동

12 허용사용률을 구하는 공식은 (정격2차전류)^2/(실제사용전류)^2×사용률(%)이다. 그러므로 이 공식에 대입하여 100% 이상인 최초의 값을 구하면 된다. 문항별 전류를 대입하여 허용사용률을 구해보면 ①항은 138A의 전류 사용 시 허용사용률은 189%, ②항은 152%, ③항은 100.7%, ④항은 70.5%이므로 정답은 ③이다.

14 ① 단락형 : 저수소계 용접봉
② 글로뷸러형 : 대전류 사용 시 나타나는 이행형식 (잠호용접)
③ 스프레이형 : 4316을 제외한 일반용접봉

15 산소에 불순물이 증가하면 절단면이 거칠고, 절단 속도가 늦어지며, 산소의 소비량이 많아지고, 절단 개시 시간이 길어지며, 슬래그의 이탈성이 나쁘고, 절단 홈의 폭이 넓어진다.

16 초음파 탐상법의 종류
• 투과법 : 시험체 속에 초음파의 연속파를 투과하여 뒷면에서 이를 수신하여 결함 여부 검사
• 펄스 반사법 : 초음파의 펄스를 시험체의 한쪽 면으로부터 송신하여 그 결함에서 반사되는 반사파의 형태로 결함 여부 판정
• 공진법 : 시험체의 한쪽 면에서 초음파의 연속파를 입사시키면 시험체 두께가 이 파 파장의 1/2 정수배에 해당할 때 공진이 일어나는데, 공진상태에서 결함의 유무나 재질, 두께 등을 측정하는 방법

17 ② 톰백 : 구리에 8~20%의 아연을 첨가한 황동으로 모조금 등으로 사용된다.
③ 켈밋 합금 : 구리에 납을 30~40% 함유한 청동의 한 종류이다.
④ 델타메탈 : 6 : 4 황동에 철을 1~2% 함유한 황동으로 강도가 크고 내식성이 우수하다.

18 • 실루민 : 주조용 알루미늄으로 Al+Si계이며 알팩스라고도 한다.
• 알루미늄 청동 : 구리에 알루미늄을 첨가한 Cu-Al계 합금으로 조성은 보통 Al 5~12% 정도이며 용도로는 모조금, 열 교환기 등에 사용된다.
• 애드미럴티황동 : 7 : 3 황동에 약 1%의 주석을 첨가한 황동

19 플래시 용접
저항용접의 한 종류로 용접할 2개의 단면을 가볍게 접촉시켜 대전류를 흘려 용접면을 고르게 가열한 후 압력을 주어 용접하는 방법이므로 용접면이 정밀하지 않아도 좋은 결과를 얻을 수 있다.(플래시 용접의 3단계 : 예열 → 플래시 → 업셋)

20 저수소계는 수소의 함량이 타 용접봉의 1/10이므로 내균열성이 매우 우수하다.

21 베릴륨 청동의 인장강도는 133kg/mm^{2}로 청동합금 중 가장 높다.

23 직류 및 교류용접기의 비교

비교 항목	직류용접기	교류용접기
아크의 안정성	우수	약간 떨어짐
비피복봉 사용	가능	불가능
극성 변화	가능	불가능
자기쏠림 방지	불가능	가능 (거의 없음)
무부하 전압	낮다. (40~60V)	높다. (70~85V)
전격의 위험	낮다.	높다.
역률	양호	불량

24 중압식 절단 토치는 아세틸렌가스 압력이 0.07kgf/cm^2 ~1.3kgf/cm^{2}이다.

25 TIG 용접 시 구리의 예열온도는 500℃ 정도, MIG 용접의 경우는 300~600℃이다.

26 금속의 열전도율
Ag > Cu > Au > Al > Mg > Zn > Ni > Fe

27 동일 부품에 오른 나사와 왼나사가 있을 때는 각각 쌍방에 표시한다.

28 어닐링(annealing)은 풀림으로 일반 열처리법의 한 가지로 내부응력을 제거하는 데 목적이 있다.

30 구상화 촉진제는 세륨, 마그네슘, 규소, 칼슘 등이다.

32 가스 가우징은 용접부 내의 결함을 제거하기 위한 절단가공법의 일종이다.

33 피닝
끝이 구면인 특수한 피닝 해머로써 용접부를 연속적으로 때려 용접 표면상에 소성 변형을 주는 방법으로 인장응력을 완화하는 방법이다.

34 ① 계(system) : 집단의 물체를 외계와 차단하여 그 물질 이외의 것은 어떠한 물질적 교섭이 없는 상태
③ 상률(phase rule) : 계(system) 중의 상(phase)이 평형을 유지하기 위한 자유도를 규정한 법칙
④ 농도 : 1개의 계(system)에서 성분물질의 서로 간의 관계량 또는 그 비율

36 토치 라이터는 가스용접에서 불꽃을 점화할 때 사용하는 기구이다.

37 스패터
전류가 높거나 건조하지 않은 용접봉 사용 시 또는 아크길이가 길 때 발생한다.

38 • 브리넬 시험, 비커스 시험 : 경도를 알아보기 위한 검사법
• 충격 시험 : 인성 및 취성을 알아보기 위한 검사법으로 샤르피 충격시험, 아이조드 충격시험이 있다.

39 용접은 금속의 이음에 주로 사용된다.

40 ① 언더컷 : 용접 전류가 너무 높을 때
② 오버랩 : 용접 전류가 너무 낮을 때

41 금속 침투법, 하드 페이싱, 질화법은 화학적인 방법이고, 숏 피닝은 강철볼로 표면을 고속으로 타격해서 가공경화에 의해 경화층을 얻는 방법이다.

42 ① 빨강색 : 방화, 금지, 정지, 고도의 위험
② 녹색 : 안전, 피난, 위생 및 구호, 진행
③ 노랑색 : 주의(충돌, 추락, 걸려서 넘어지는 광고)

43 • 수하 특성 : 부하전류(아크전류)가 증가하면 단자전압이 저하하는 특성으로 아크의 안정을 위해 필요하다.
• 정전류 특성 : 아크길이의 변화로 인한 전압의 변동과 관계없이 전류는 거의 변화하지 않는 특성으로 수하특성과 함께 수동용접기에 필요한 특성이다.

44 주철의 성장을 방지하는 방법에는 흑연의 미세화, Fe_3C의 흑연화 방지, 편상흑연의 구상화, 규소의 양을 저하시키는 것 등이다.

45 바퀴의 암, 림, 리브, 후크 등의 단면의 모양을 90° 회전시켜서 나타낸 단면도를 회전단면도라 한다.

46 잔류 응력 완화 방법으로는 풀림법, 저온 응력 완화법, 기계적 응력 완화법, 피닝법이 있다.

47 공기 : A, 가스 : G, 유류 : O

49 ① 아세틸렌 호스 : 적색
② 산소 : 녹색

50 TIG 용접에서 직류정극성 사용 시 토륨이 1~2% 함유된 전극봉을 사용한다.

51 크롬 : 7.19,   바나듐 : 6.1,
망간 : 7.43,   구리 : 8.96

52 구멍 사이의 간격은 30mm이고 구멍의 개수가 20개이므로 30×19는 570mm이며, 전체의 길이는 570+70이므로 630mm이다.

53 하중에 따른 안전율

하중의 종류	정하중	동하중		충격하중
		단진응력	교번응력	
안전율	3	5	8	12

54 "3"은 스폿 용접의 용접부 지름을 나타낸다.

55 • 이행형 아크 : 텅스텐 전극 수냉 구속 노즐 사이에 작동 가스를 보내고 고주파 발생장치에 의해 텅스텐 전극과 컨스트릭팅 노즐에 이온화된 전류 통로가 만들어져 파일럿 아크가 지속적으로 흐르고, 이 아크열에 의해 플라즈마가 발생하는 방식으로 플라즈마 아크방식이라고도 한다.
• 비이행형 아크 : 아크 전극이 토치 내에 있어서 텅스텐 전극과 컨스트릭팅 노즐 사이에서 아크가 발생되어 오리피스를 통해 나오는 가열된 고온의 플라즈마를 이용하는 방식으로 모재에 전극을 연결하지 않으므로 부전도체 물질의 용접도 가능하며 플라즈마 제트 방식이라고도 한다.
• 중간형 아크 : 이행형 아크 방식과 비이행형 아크 방식을 병용한 방식이다.

56 ① 마찰교반 용접 : 1991년 영국 TWI(용접 연구소)에서 개발된 것으로 마찰툴을 대고 회전시킬 때 생기는 열이 재료를 반고체 상태로 녹이면 마찰툴의 회전으로 재료들이 섞이면서 용접이 완성된다.
② 천이액상확산 용접 : 접합하고자 하는 두 모재 사이에 모재의 특성을 고려한 삽입재를 넣고 압력을 가한 상태에서 열을 가하여 삽입재를 녹여서 접합하는 방법
③ 저온용 무연 솔더링 용접 : 솔더링은 납땜의 일종으로 무연 솔더링이란 땜납재의 성분 중 납을 사용하지 않는 납땜을 의미한다.

57 불활성 가스로는 Ar(아르곤), He(헬륨), Ne(네온)이 있으며 이 중 주로 Ar을 활용한 불활성 가스 용접으로는 TIG, MIG 용접이 있다.

58 신축관 이음이란 관내에 뜨거운 유체나 공기가 흐를 때 내·외부의 심한 온도 차이로 인해 관이 파손되는 것을 방지하기 위해 시공하는 관이음 방법을 말한다.

59 TIG 용접 시 사용하는 전극봉의 주재료는 텅스텐이다.

60 이음 효율
= 용접 시험편의 인장강도/모재의 인장강도 × 100(%)
= $\frac{45}{40} \times 100 = 112.5$

제5회

01	02	03	04	05	06	07	08	09	10
①	①	④	③	④	①	②	②	②	②
11	12	13	14	15	16	17	18	19	20
①	③	③	②	①	④	③	②	①	①
21	22	23	24	25	26	27	28	29	30
④	②	④	④	②	④	②	④	①	④
31	32	33	34	35	36	37	38	39	40
③	①	④	②	①	②	②	②	③	①
41	42	43	44	45	46	47	48	49	50
①	③	②	①	③	④	①	④	③	③
51	52	53	54	55	56	57	58	59	60
④	②	②	①	②	②	①	③	④	①

01 피복 아크 용접봉의 용융 속도는 아크 전류와 관계가 있으며 아크 전압과는 관계가 없다.

02 화상의 염려가 있으므로 재빠르게 물로 세척한 후 의사의 진찰을 받는다.

03 ① 기계적 시험법 : 인장시험, 굽힘시험, 경도시험, 충격시험, 피로시험
② 화학적 시험법 : 화학 분석 시험, 부식 시험, 함유 수소 시험
③ 야금학적 시험법 : 육안조직 시험, 현미경조직 시험, 파면 시험, 설퍼 프린트 시험

04 드래그(%) = 드래그 길이(mm)/판 두께(mm) × 100
= (5/20) × 100 = 25%

06 DCSP는 모재(+극), 용접봉(-극)이며, 역극성은 반대이고 교류는 극성 구분이 없다.

07 ① 순금속의 특징 : 전기전도도 및 열전도율이 높고 용융점이 높으며 전연성이 우수하다.
② 합금의 특징 : 강도, 경도 증가, 내마모성, 내식성 증가, 주조성 증가, 내열성 증가, 열처리 양호하나 반면에 전기전도도 감소, 용융점 감소, 가단성이 감소한다.

08 ① 0.038~0.77% : 아공석강
② 0.77% : 공석강
③ 0.77~1.7% : 과공석강

09 ① 불꽃심 : 1,500℃
② 속불꽃 : 3,200~3,500℃

10 ① 현장드릴, 현장 끼워 맞춤으로 먼 면에 카운터싱크 있음
③ 현장드릴, 현장 끼워 맞춤으로 양 면에 카운터싱크 있음
④ 공장드릴, 현장 끼워 맞춤으로 양 면에 카운터싱크 있음

11 최저인장강도가 490N/mm² 임을 나타낸다.

12 첫째 구멍과 마지막 구멍 사이의 거리는 500mm이다. 왜냐하면 구멍의 개수가 11개이므로 10곳의 간격이 존재한다. 따라서 전체길이는 500+50(양 끝단의 합)으로 550mm이다.

13 ① 표제란에 기재하는 사항 : 도면 번호, 도명, 척도, 투상법, 제도한 곳, 도면작성 연월일, 제도자 이름 등
② 부품란에 기재하는 사항 : 품번, 품명, 재질, 수량, 무게, 공정, 비고란 등

15 사용률
= 아크 발생시간/총 작업시간(아크 발생시간+휴식시간)
= (480/600) × 100
= 80

16 ① 아크 쏠림 방지책은 직류 대신 교류를 사용할 것
② 접지점을 용접부로부터 멀리할 것
③ 짧은 아크를 사용할 것
④ 엔드탭을 사용할 것
⑤ 용접봉 끝을 아크 반대 방향으로 향할 것 등이다.

17 아르곤가스를 사용하여 고주파교류(ACHF) 용접을 실시할 경우 청정작용이 매우 우수하다.(DCSP : 직류정극성)

18 R : 원의 반지름, sR : 구의 반지름

19 층간 온도가 320℃ 이상을 넘어서는 안 된다.

20 단면도의 절단된 부분을 나타내는 선을 해칭선이라 하며 가는 실선으로 표시한다.

21 화재의 분류
① A급 화재(일반화재) : 연소 후 재를 남기는 화재 (종이, 목재 등)
② B급 화재(유류화재) : 액상 또는 기체상의 연료성 화재(휘발유, 벤젠 등)
③ C급 화재(전기화재) : 전기 에너지가 발화원이 되는 화재
④ D급 화재(금속화재) : 금속 칼륨, 금속 나트륨, 유황 등의 화재
⑤ E급 화재(가스 화재) : 가연성 가스에 의해 발화원이 되는 화재

22 판 두께가 25mm인 일반구조용 강재의 경우 625±25℃로 1시간 정도 풀림한다.

23 ① VT : 육안검사
② RT : 방사선검사
④ MT : 자분탐상검사

24 인(P)은 저온 취성의 원인이 되고, 황(S)은 고온 취성의 원인이 된다.

25 • SPCC : 냉간압연강판
• STS : 합금공구강

26 σ(응력)=W(하중)/A(단면적)이다. 여기서 지름이 10cm인 원의 단면적은 πr^2에 의해 3.14×5×5=78.5이므로, 8000/78.5는 101.9kgf/cm^{2}이다.

27 이산화탄소 아크 용접의 특징
전류밀도가 대단히 좋으므로 용입이 깊고 용접속도가 빠르나 용접할 수 있는 재질이 철계 금속으로 한정되어 있어 비철금속 용접에는 부적합하다.

28 정투상도법은 물체의 위치에 따라 1각법과 3각법으로 구분한다.

29 도면을 접어서 보관할 경우에는 항상 A4 크기로 접어서 보관한다.

30 프랑스식은 아세틸렌 소비량을, 독일식은 용접 가능한 판 두께를 표시한다.

31 대기 중 산소량=내용적×게이지 압력
=40×110
=4,400

32 아크 안정제로는 산화티탄, 규산나트륨, 석회석, 규산칼륨 등이 주로 사용된다.

33 ② : 현의 길이, ③ : 각도(°), ④ : 호의 길이

34 산소-프로판 최적 혼합비 4.5 : 1이다.

35 용접기 내부는 전기가 흐르므로 취급 시 매우 주의하여야 한다.

36 • 번백 시간(burn back time) : 크레이터 처리 기능에 의해 낮아진 전류가 서서히 줄면서 아크가 끊어지는 기능으로 이면 용접부가 녹아내리는 것을 방지한다.
• 용락 받침(melt backing) : 용접 시 용융금속의 용락을 방지하기 위해 뒷댐판을 사용하는 것으로 금속 뒷댐판, 불활성 가스 뒷댐판, 용제 뒷댐판 등이 있다.
• 버터링(buttering) : 맞대기 용접 시 모재의 열영

향을 방지하기 위해 홈 면과 모재를 다른 종류의 금속으로 덧살 용접하는 것을 말한다.

37 • 용입 : 용접에 의해 모재가 녹은 깊이
• 키홀 : 이면 용접 시 뒤쪽에 비드를 형성하기 위한 위빙(운봉) 시 생기는 열쇠구멍과 같은 홀
• 용융지 : 모재와 용접봉이 녹아서 생기는 쇳물 부분

38 용락 방지와 용접 균열을 적게 발생시키기 위해서는 루트 간격을 작게 한다.

39 용접부에 물을 분무할 경우 습기에 의해 기공이 발생할 수 있다.

40 ① 7 : 3 황동에 주석 1%→애드미럴티 황동
② 6 : 4 황동에 주석 1%→네이벌 황동

41 플라즈마 아크 용접 시 아르곤+수소 또는 아르곤+헬륨을 사용한다.

42 • 저전류 영역 : 10~15리터/min
• 고전류 영역 : 15~20리터/min

43 U형 홈
U형 홈 용접은 판 두께에 거의 제한이 없다.

45 • 산소용기 : 녹색
• 아세틸렌 : 황색
• 아르곤 : 회색
• 수소 : 흰색

46 고속도강의 표준형은 W(18)-Cr(4)-V(1)이다.

47 아세틸렌 용해도는 물에는 1배, 석유에 2배, 벤젠에 4배, 알코올에 6배, 아세톤에 25배 용해된다.

48 E4316은 저수소계 용접봉으로 수소량이 타 용접봉에 비해 적은 관계로 내균열성이 우수하다.

49 • 퍼멀로이 : 니켈+철의 합금으로 고투자율 합금이다.

• 센더스트 : 철+규소+알루미늄 합금으로 고투자율 합금이다.
• 페라이트 자석 : 망간, 코발트, 니켈 등의 산화물과 철의 혼합으로 제작되는 영구자석으로 일상에 널리 사용된다.

50 • 산소-수소 : 2982℃
• 산소-프로판 : 2926℃
• 산소-아세틸렌 : 3230℃
• 산소-부탄 : 2926℃

51 가스 용접은 열 집중성이 아크 용접에 비해 나쁘므로 변형이 심하며 잔류응력 또한 많아지므로 아크 용접에 비해 효율이 떨어진다.

52 연신율
늘어난 길이/원래의 길이이므로 12/50×100(%)은 24%이다.

54 화살표 쪽 스폿용접으로서 스폿부의 지름은 6mm이고, 용접 개수는 5개이며, 용접 간격은 100mm이다.

55 구멍 사이의 간격이 75mm이고, 구멍의 개수가 40개이므로 "B"부의 치수는 75×39=2925mm이다. 그러므로 2925+45+45=3015mm이다.

56 용착법의 종류
① 전진법 : → : 한 끝에서 다른 끝을 향해 연속적으로 진행하는 용착법
② 후진법 : ④ ③ ② ① : 용접진행 방향과 용착 방향이 서로 반대가 되는 용착법으로 잔류응력 감소효과가 있으나 작업 능률이 다소 떨어진다.
③ 대칭법 : ③ ② ① ④ : 용접부의 중앙으로부터 양끝을 향해 대칭적으로 용접해 나가는 방법으로 이음의 수축에 의한 변형이 서로 대칭이 되게 할 경우에 사용된다.
④ 비석법(스킵법) : ① ③ ② ④ : 용접 길이를 짧게 나누어 간격을 두면서 용접하는 방법으로 변형이나 잔류응력 발생을 적게 하는 용착법이다.

57 자유도(F)=n+2-P(여기서 n : 성분수, P : 상의 수)이다. 물, 얼음, 수증기는 모두 성분(n)은 같으면서 상(P)은 3상이므로 F=1+2-3은 0이다. 즉 자유도는 0이다.

58 다층 쌓기의 종류
- 빌드업법 : 각 층마다 전체길이를 쌓아 올리는 방법으로 가장 일반적이다.
- 캐스케이드법 : 한 부분의 몇 층을 용접하다가 이 것을 다음 부분의 층으로 연속시켜 전체가 계단형태로 단계를 이루도록 용착시켜 나가는 방법
- 전진블록법 : 한 개의 용접봉으로 살을 붙일 만한 길이로 구분해서, 홈을 한 부분씩 여러 층으로 쌓아 올린 다음, 다른 부분으로 진행하는 방법이다.

(a) 덧살 올림법

(b) 캐스케이드법

(c) 전진 블록법(용접중심선 단면도)

59 ① 1~8mA : 반응을 느끼나 위험하지는 않다.
② 8~15mA : 고통을 수반한 쇼크를 받는다. 단, 근육운동은 자유롭다.
③ 15~20mA : 고통을 느끼고 가까운 근육이 저려서 움직이지 않는다.
④ 20~50mA : 고통을 느끼고 강한 근육 수축이 일어나며 호흡이 곤란하다.
⑤ 50~100mA : 순간적으로 사망할 위험이 있다.

제6회

01	02	03	04	05	06	07	08	09	10
②	①	③	③	④	③	②	①	②	①
11	12	13	14	15	16	17	18	19	20
④	②	②	④	②	④	②	④	③	①
21	22	23	24	25	26	27	28	29	30
④	②	②	③	②	②	④	②	①	②
31	32	33	34	35	36	37	38	39	40
①	③	③	③	④	①	②	②	②	①
41	42	43	44	45	46	47	48	49	50
③	②	③	①	③	④	②	④	②	①
51	52	53	54	55	56	57	58	59	60
④	②	④	③	②	④	①	①	②	①

01 Å(옹스트롬)=10^{-8}cm=1억분의 1cm

02 탠덤식으로 비드 폭이 좁고 용입이 깊으며 단전극에 비해 용접속도가 2배 빠르다.

03

발전형(엔진형, 모터형)	정류기형
완전한 직류를 얻는다.	완전한 직류를 얻지 못한다.
회전부가 있어 고장이 잦고 소음이 크다.	소음이 없고 취급이 간단하며 가격이 싸다
구동부, 발전부가 있어 비싸다.	온도에 따른 정류기의 파손에 주의해야 한다.
보수와 점검이 어렵고 비싸다.	보수와 점검이 간단하다.
옥외나 전원이 없는 곳에서 사용이 가능하다.(엔진형)	

04 용착량 과다, 용접선 집중, 용접이음량 과다 등은 잔류응력을 증가시키는 원인이 된다.

05 수소 시험은 부식시험, 화학분석 등과 함께 화학적 시험 방법의 한 종류이다.

07 절단선은 가는 일점 쇄선을 사용한다.

08 ①는 해칭선으로 가는 실선을 사용한다.

09 ① 가상선 : 인접부분을 참고로 표시하는 데 사용

② 절단선 : 단면도에서 절단위치를 대응하는 그림을 표시하는 데 사용
③ 외형선 : 대상물의 보이는 부분을 나타내는 데 사용

10 ① 빨강 : 방화, 금지, 정지
② 녹색 : 안전, 피난, 위생
③ 파랑 : 지시, 주의
④ 흰색 : 통로, 정돈

11 γ-선원은 X-선으로는 검사하기가 어려운 두꺼운 판의 검사에 적합하다.

12 외관시험으로는 비드모양, 언더컷, 오버랩, 용입 불량, 표면균열, 기공 등을 검사할 수 있다.

13 파단선은 물체의 일부를 파단한 경계 또는 일부를 떼어낸 경계를 표시하는 데 사용한다.

15 미소 균열
외부 결함으로 침투탐상시험법을 적용한다.

17 전기적 점화원
전기불꽃(아크), 유도열, 유전열, 저항열, 정전기 등

18 투상도법에는 제3각법과 제1각법이 있으며, 제3각법은 눈-투상-물체의 순이다. 즉 제3각법은 정면도의 좌측에 좌측면도, 우측에는 우측면도가 위치한다.

19 정투상도법은 물체의 위치에 따라 제1각법과 제3각법으로 구분한다.

20 평면도는 정면도의 위에 위치하고 배면도는 우측면도의 우측에 위치한다.

21 제3각법에서 배면도의 위치는 우측면도의 우측에, 제1각법에서는 좌측면도의 우측에 위치한다.

22 제3각법과 제1각법은 정면도를 기준으로 나머지는 서로 반대에 위치한다.

24 기계가공작업에서는 장갑을 착용할 경우 회전체에 말려 들어갈 염려가 있으므로 맨손으로 작업을 실시한다.

25 사고 방지 및 안전을 위하여 정해진 규격에 따라 설치한다.

26 ① 인화성 액체의 반응이나 취급은 폭발 한계범위 이외의 농도로 할 것
② 필요한 곳에 화재를 진화하기 위한 방화 설비를 설치할 것
③ 배관부분에서 가연성 증기의 누출여부를 철저히 점검할 것 등이다.

28 자분 탐상시험은 철, 니켈, 코발트와 같은 강자성체 금속만 시험이 가능하다.

29 투과 능력이 우수해서 수 미터 정도의 두꺼운 부품도 검사가 가능하다.

30 가능한 한 맞대기 이음을 선택한다.

33 용접부에 물을 분무할 경우 용접 시 발생하는 수증기에 의해 기공발생의 원인이 될 수 있다.

34 아래보기 자세 : F(flat position)

35 X형은 양면에서 실시하는 용접법이므로 변형이 가장 적다.

36 정류기형 용접기의 정류자로는 Se, Si, Ge이 사용된다.

37 연소 속도가 빠르고 연속적인 연소가 이루어져야 한다.

38 실루민을 일명 알팩스라고도 한다.

39 ① 산소-프로판 : 4.5 : 1
② 산소-수소 : 0.5 : 1
③ 산소-아세틸렌 : 1.7 : 1

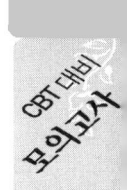

40 Al 표면의 산화막 제거를 위해 불활성가스를 사용한다.

42 엔드탭은 원칙적으로 모재의 홈과 같은 홈을 취한다.

43 ① 1종 결함 : 기공 및 이와 유사한 둥근 결함
② 2종 결함 : 가는 슬래그 섞임 및 이와 유사한 결함
③ 3종 결함 : 갈라짐(터짐) 및 이와 유사한 결함

44 전기로 인한 화재는 분말 소화기를 사용한다.

45 ① A급 화재 : 일반 화재
② B급 화재 : 유류 화재
③ C급 화재 : 전기 화재
④ D급 화재 : 금속 화재
⑤ E급 화재 : 가스 화재

46 ① 초정밀작업 : 700LUX 이상
② 정밀작업 : 300~700LUX
③ 거친 작업 : 150~300LUX

47 • 뜨임 : 강인성 부여
• 담금질 : 강도, 경도 증가
• 침탄 : 표면경화 열처리

50 기계와 시설물 사이의 통행로 폭은 80cm 이상으로 할 것

51 연소를 도와주는 산소와의 접촉 면적이 넓을수록 연소가 잘 된다.

52 방사선 투과 검사는 모재의 두께에 거의 제한이 없다.

53 용접물의 화학적 시험 방법에는 부식시험 및 수소시험이 있다.

54 비파괴 시험법의 종류로는 침투시험, 방사선시험, 초음파시험 등이 있다.

55 ① 초산 알코올액 : 철강용
② 연화철액 : 구리합금용
③ 피크린산 : 철강용

56 현미경 시험은 금속학적인 파괴시험방법으로 용접부를 부식시켜 50배 이상의 현미경으로 조직이나 미세결함 등을 검사한다.

57 판 두께가 6mm 이하일 경우 I형 홈을 이용하여 용접한다.

58 ① I형홈 : 6mm 이하
② V형홈 : 6~20mm
③ X형홈 : 15~40mm
④ U형홈 : X형과 비슷함

60 레이저 빔 용접은 강렬한 에너지를 가진 집속성이 강한 단색광선을 이용하는 방법으로 작은 물체, 가는 선, 박판의 용접에 적용된다.

제7회

01	02	03	04	05	06	07	08	09	10
④	①	②	①	②	①	③	①	④	④
11	12	13	14	15	16	17	18	19	20
②	④	③	③	④	③	②	③	②	②
21	22	23	24	25	26	27	28	29	30
③	②	②	③	④	③	②	①	①	③
31	32	33	34	35	36	37	38	39	40
④	③	①	④	②	③	①	②	①	④
41	42	43	44	45	46	47	48	49	50
②	③	④	③	③	②	③	④	③	①
51	52	53	54	55	56	57	58	59	60
①	④	②	①	②	①	④	①	②	③

03 화상부위는 냉찜질이나 붕산수로 찜질한다.

04 공기가 적을 경우 불완전연소로 탄화물 발생이 많다.

06 액체연료인 알코올은 액체 그 자체가 연소되는 것이 아니라 증발된 가스가 연소되는 형태이다.

07 공기와 접촉 시 공기 중의 산소와 혼합되면 폭발성

이 증가한다.

08 ① 15~20mA : 고통을 느낌
② 20~50mA : 호흡 곤란
③ 50~100mA : 사망 위험
④ 100mA 이상 : 확실히 사망

09 ① 접염연소 : 불꽃이 물체에 직접 닿아서 타는 현상
② 대류연소 : 열기류가 가연물을 가열하면서 끝내는 그 물질에 불이 붙은 현상
③ 복사연소 : 공간 속에 존재하는 매개물에 관계없이 열이 직접 이동해서 가연물이 불꽃의 접촉 없이도 연소하는 현상

11 ① : 한쪽 면 K형 맞대기 이음
③ : 양면 K형 맞대기 이음
④ : 부분 용입 한쪽 면 K형 맞대기 이음

12 원자 수소 아크 용접은 고도의 기밀, 수밀 및 내식성을 필요로 하는 곳에 쓰인다.

13 초음파 용접은 재료에 초음파 진동을 가하여 용접하는 방법으로 주로 얇은판, 얇은선 등의 용접에 주로 사용되며 판두께에 따라 강도변화가 크다.

14 가연성 가스는 연속된 절단을 위해 연소 속도가 빨라야 한다.

15 산소 85%와 아세틸렌 15%일 때 폭발 위험이 가장 크다.

16 연소온도가 높고 연소속도가 빨라야 한다.

17 산소는 자체가 연소하지 않고 연소를 도와주는 지연성(조연성) 가스이다.

19 산소는 대기 중에 약 17~21% 함유되어 있다.

20 엔진구동형 용접기는 엔진을 구동시켜 직접 발전을 하므로 전기시설이 없는 곳에서 사용이 가능하다.

21 U형 홈은 한쪽 용접에 의해 충분한 용입을 얻을 수 있고, V형 홈에 비해 홈의 폭이 좁아도 되지만 홈가공이 다소 어려운 단점이 있다.

22 용접이음으로는 맞대기 이음, 모서리 이음, 변두리 이음, 겹치기 이음, 필릿 이음, 십자 이음 등이 있다.

23 용락방지와 용접균열을 적게 발생시키기 위해서는 루트 간격을 작게 한다.

24 필릿 용접 시 각장은 보통 판 두께와 같게 하고, 목 두께는 각장의 70%로 한다.

25 ① 전면 필릿 용접 : 용접선과 하중의 방향이 동일
② 측면 필릿 용접 : 용접선과 하중의 방향이 직각일 때
③ 경사 필릿 용접 : 용접선과 하중의 방향이 경사져 있는 용접

27 직류 아크용접기는 정류기형과 구동형으로 구분하며, 구동형은 모터구동형과 엔진구동형이 있다.

28 모터구동이나 엔진구동을 통해 발전하므로 완전한 직류를 얻는다.

29 용접은 금속의 이음에 주로 사용된다.

30 ① 톰슨 : 전기저항용접
② 푸세 : 가스용접
② 베르나도스 : 탄소아크용접

31 정류기형은 교류전원을 정류자를 통해 직류로 바꾸어 주므로 완전한 직류를 얻지 못한다.

32 ① a5 : 목두께
② 3×20 : 용접수 3개에 용접길이 20mm
③ (15) : 용접부 간의 거리 15mm

33 구조가 복잡하여 보수가 어렵고, 발전기 또는 모터 구동을 통해 전류를 얻는다.

34 산소의 비중은 1.105로 공기보다 무겁고 타는 것을 도와주는 조연성(지연성) 가스이다.

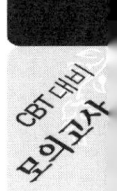

35 산소에 불순물이 많이 함유되었을 경우 소비량이 증가한다.

37 아크 빛과 열이 강렬하며, 와이어의 가격이 비싼 점은 이 용접법의 단점이다.

38 가연성 물질, 산소, 점화원을 연소의 3요소라 한다.

41 물질을 공기 중에서 가열할 때 발화하거나 폭발을 일으키는 최저온도로 착화점이라고도 함

44 안전모는 체형에 맞는 것으로 개인별로 지급한다.

45 첫째로 누설을 방지하고 착화의 원인을 제거한다.

47 경사 필릿은 하중의 작용 방향에 따른 분류방법이다.

48 균열부분 양 끝에 정지구멍(stop hole)을 뚫은 후 재용접한다.

50 ① I형 홈 : 판 두께 6mm 이하
② V형 홈 : 판 두께 20mm 이하

51 가연성 가스는 별도의 저장고에 보관하고 다른 가스와 섞이지 않도록 한다.

53 주강은 주철로서는 강도가 부족한 부분에 쓰이는 주물용 철강재이다.

54 공기보다 무거운 가스(LPG, 프로판)는 통풍구를 아래에 뚫어야 한다.

57 인화의 위험성이 있으므로 기름을 사용하는 것을 금지한다.

58 중량물 이동 시 면장갑을 착용하고, 아크 발생 중에는 전류조정을 하지 않는다.

59 전면 필릿 용접은 용접선과 하중의 방향이 90°이고, 측면 필릿 용접은 용접선과 하중이 방향이 일직선이며, 경사 필릿 용접은 용접선과 하중의 방향이 경사지게 작용한다.

60 ① : 2900℃ ② : 2820℃
③ : 3430℃ ④ : 2850℃

제8회

정답

01	02	03	04	05	06	07	08	09	10
②	④	①	③	②	①	③	②	④	④
11	12	13	14	15	16	17	18	19	20
④	②	④	④	①	②	④	①	③	②
21	22	23	24	25	26	27	28	29	30
②	③	②	①	①	②	①	④	③	①
31	32	33	34	35	36	37	38	39	40
③	①	②	①	②	②	④	④	④	①
41	42	43	44	45	46	47	48	49	50
①	①	③	①	②	①	③	②	①	③
51	52	53	54	55	56	57	58	59	60
②	①	①	①	④	①	②	④	②	③

01 철강은 탄소량에 따라 순철, 강, 주철로 구분한다.

02 킬드강은 Fe-Si, Al을 사용하며, 림드강은 Fe-Mn을 탈산제로 사용한다.

04 필릿 이음에서는 이론 목 두께를 다리길이(=판두께)의 70%가 되게 한다.

06 인장응력(σ)=P/A
∴ $800/5 \times 200 = 0.8 kgf/mm^2$

08 단순하고 용접선이 직선인 경우에 적용하기 쉽고 능률적이다.

11 폭발한계 순서
아세틸렌-수소-메탄-프로판의 순이다.

12 박판 절단 시에는 아세틸렌가스의 절단속도가 빠르고, 후판 절단 시 프로판 가스의 절단속도가 빠르다.

13 저항용접은 이외에 프로젝션 용접, 플래시 맞대기 용접 등이 있다

14 가스 누출의 염려가 있으므로 가스는 반드시 세워서 보관한다.

16 응력제거를 위한 풀림으로는 노 내 풀림과 국부풀림 두 가지가 쓰인다.

17 아크광선은 결막염을 발생시킬 수 있는 유해광선이며, 감전 방지를 위해서는 가죽장갑을 착용하고 교류용접기는 반드시 피복봉을 사용한다.

18 용접작업과 도장작업을 병행할 경우 화재의 위험이 있다.

19 홀더나 용접봉을 맨손으로 취급할 경우 감전의 위험이 매우 높아진다.

20 훼손된 케이블은 교체해서 사용한다.

21 전기저항용접은 동질 금속의 용접에 사용되며 이종 금속간 접합은 곤란하다.

22 전류의 세기, 통전 시간, 모재를 눌러 주는 압력을 저항용접의 3요소라 한다.

24 인장응력(σ)=P/A
∴ $9000/10 \times 200 = 4.5 kgf/mm^2$

25 인장응력=하중/단면적이다.

26 ②

27 인장강도 = $80/5 \times 20 = 0.8 kgf/mm^2$

28 ① 정하중 : 3
② 동하중 : 5(단진하중)와 8(교번하중)
③ 충격하중 : 12

29 플러그 용접이란 겹치기 용접의 일종으로 한쪽판에 구멍을 뚫어 구멍을 채우는 용접법이다.

30 안전율=인장강도/허용응력이므로,
허용응력=인장강도/안전율이다.

31 점 용접의 3요소는 전류의 세기, 통전 시간, 가압력이다.

32 도면의 윗부분 중심에 ×표시는 면이 평면임을 표시하는 기호이다.

33 강의 경도를 증가시키고 시효변형을 방지하기 위해 −80℃에서 하는 열처리를 심랭처리라 한다.

34 ① 불림 : 강의 표준화
② 풀림 : 내부응력 제거
③ 담금질 : 강도, 경도 증가
④ 뜨임 : 인성 부여

35 저항용접에서 기밀이나 수밀을 요하는 용접에는 심 용접이 가장 적합하다.

36 용해 아세틸렌 용기를 눕힐 경우 다공성 물질이 흘러 분출구가 막힐 수가 있다.

37 산소 85%, 아세틸렌 15%에서 가장 폭발 위험이 크다.

38 교류용접기는 무부하전압이 높으므로 직류 용접기에 비해 감전의 위험이 높다.

39 ① 애드미럴티 황동 : 7 : 3 황동에 Sn 1% 첨가
② 네이벌 황동 : 6 : 4 황동에 Sn 1% 첨가
③ 철 황동(델타메탈) : 6 : 4 황동에 철 1~2% 첨가

40 교류 아크용접기는 전류와 전압이 사이클을 형성하고 흐르기 때문에 아크가 직류에 비해 불안하다.

41 심 용접의 통전법은 단속, 연속, 맥동이 있으며, 이중 단속 통전법이 가장 많이 사용된다.

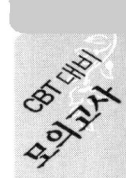

42 ①는 캐스케이드법이다.

43 프로젝션은 전류가 통하기 전의 가압력에 견딜 수 있어야 한다.

44 스패터 발생 또는 감전의 위험을 방지하기 위해 항상 긴 옷을 착용한다.

45 아크안정제로는 탄산나트륨, 산화티탄, 규산나트륨, 석회석, 규산칼륨 등이 있다.

46 결막염 발생 시 냉습포를 이용해 응급치료를 실시한다.

47 가스 용접 시 4~8번 정도의 보안경을 착용한다.

49 산소용기가 얼었을 경우에는 따뜻한 물로 녹여야 한다.

50 아세틸렌 > 수소 > 메탄 > 프로판

52 한 번에 여러 부분을 동시에 접합하는 압접법으로 프로젝션 용접이라 한다.

53 용접 이음효율
시험편의 인장강도/모재의 인장강도×100%

55 전연성이 풍부하고 소성가공이 용이하다.

56 Al은 면심입방격자로 비중이 2.7이며, 용융점은 660℃이다. 금속 중 은-구리-금 다음으로 전기전도율이 좋다.

57 온단면도는 물체의 1/2을, 반단면도(한쪽 단면도)는 1/4을 절단해서 표시한다.

58 현미경시험은 금속학적 시험방법에 속한다.

60 충격시험
인성 및 취성을 알아보기 위한 시험 방법

용접기능사 필기 과년도 3주완성

1판 1쇄 발행 2015년 1월 5일	8판 1쇄 발행 2022년 1월 5일
2판 1쇄 발행 2016년 1월 5일	9판 1쇄 발행 2023년 1월 20일
3판 1쇄 발행 2017년 1월 15일	
4판 1쇄 발행 2018년 1월 20일	
5판 1쇄 발행 2019년 1월 5일	
6판 1쇄 발행 2020년 1월 5일	
7판 1쇄 발행 2021년 1월 5일	

지은이 용접문제연구회
펴낸이 김 주 성
펴낸곳 도서출판 엔플북스
주 소 경기도 구리시 체육관로 113번길 45. 114-204(교문동, 두산)
전 화 (031)554-9334
F A X (031)554-9335

등 록 2009. 6. 16 제398-2009-000006호

> 저자와의
> 협의하에
> 생략

정가 **19,000**원
ISBN 978 - 89 - 6813 - 395- 4 13550

※ 파손된 책은 교환하여 드립니다.
　본 도서의 내용 문의 및 궁금한 점은 저희 카페에 오셔서 글을 남겨주시면 성의껏 답변해 드리겠습니다.
　http : //cafe.daum.net/enplebooks